高职高专教育“十三五”规划建设教材

心理健康教育

——让心灵快乐成长

第3版

礼国华　张泰复　主编

中国农业大学出版社
·北京·

内容简介

本教材是高校一线专职心理教师，依据最新心理学理论、结合“90后”大学生心理特点编写的适合各类高校学生使用的心理健康教育教材，也是适合心理学爱好者的参考读物。

本教材采纳目前心理学界各家理论之精华，通过对健康、人格、情绪、关系、爱情、性、自我意识、职业等重要问题的学习，立足培养学生爱的能力，使学生能够懂得对内寻求爱的滋养，而不是向外索取，进而滋养自己、滋养他人、滋养生命，提升生命的品质。因为，爱是人世间永恒的主题！爱是人生幸福的密码。

图书在版编目(CIP)数据

心理健康教育：让心灵快乐成长/礼国华，张泰复主编. —3版. —北京：中国农业大学出版社，2016.6 (2019.8重印)
ISBN 978-7-5655-1556-9

Ⅰ.①心… Ⅱ.①礼…②张… Ⅲ.①心理健康-健康教育-高等学校-教材 Ⅳ.①B844.2

中国版本图书馆CIP数据核字(2016)第083797号

书　名 心理健康教育——让心灵快乐成长 第3版
作　者 礼国华 张泰复 主编

策划编辑 姚慧敏 伍 斌　　**责任编辑** 韩元凤
封面设计 郑 川　　**责任校对** 王晓凤
出版发行 中国农业大学出版社
社　址 北京市海淀区圆明园西路2号　　**邮政编码** 100193
电　话 发行部 010-62818525,8625　　读者服务部 010-62732336
编辑部 010-62732617,2618　　出 版 部 010-62733440
网　址 http://www.cau.edu.cn/caup　　**E-mail** cbsszs @ cau.edu.cn
经　销 新华书店
印　刷 北京时代华都印刷有限公司
版　次 2016年7月第3版 2019年8月第2次印刷
规　格 787×1092 16开本 13.5印张 328千字
定　价 32.00元

第3版编写人员

主　编　礼国华　辽宁农业职业技术学院
　　　　张泰复　哈尔滨理工大学

副主编　王　萍　沈阳药科大学
　　　　鲍英善　大连理工大学
　　　　何夏玲　百色职业学院
　　　　田照军　黑龙江农业经济职业学院
　　　　鲁凤宇　辽宁农业职业技术学院

参　编　陈德奎　辽宁农业职业技术学院
　　　　齐桂敏　辽宁农业职业技术学院
　　　　段　恒　山西临汾明媚心理咨询工作室
　　　　王　琳　辽宁农业职业技术学院
　　　　高　岩　向日葵心理咨询中心

第 2 版编写人员

主　编　礼国华　辽宁农业职业技术学院

　　　　　宫林峰　辽宁农业职业技术学院

副主编　吴　静　郑州牧业工程高等专科学校

　　　　　田照军　黑龙江农业经济职业学院

　　　　　朴素艳　辽宁农业职业技术学院

参　编　张守琴　辽宁农业职业技术学院

　　　　　杨　璐　辽宁农业职业技术学院

　　　　　李　薇　沈阳师范大学

第1版编写人员

主　编　礼国华　辽宁农业职业技术学院

副主编　庄天威　黑龙江农业职业技术学院
　　　　武桂梅　辽宁职业学院
　　　　周　玲　江苏农林职业技术学院

参　编　陈大鹏　黑龙江农业职业技术学院
　　　　郝　平　辽宁农业职业技术学院
　　　　白　鸽　河北旅游职业学院

审　稿　施　刚　中国农业大学

第 3 版前言

总结多年大学生心理健康教育的实践我感受到，很多学生的心理问题是因为成长受阻所致，他们或缺少爱，或被溺爱，或不懂爱，或不会爱，或一味向外寻找爱。所以，本教材立足促进学生心灵成长为宗旨，学习用爱来滋养自己、滋养生命。在此我借用举世知名的美国心理治疗师和家庭治疗师，也是美国家庭治疗(Family Therapy)发展史上最重要人物之一维吉尼亚·萨提亚的《如果你爱我》作为本教材的前言。

如果你爱我

请你爱我之前先爱你自己
爱我的同时也爱着你自己
你若不爱你自己
你便无法来爱我

这是爱的法则
因为
你不可能给出
你没有的东西

你的爱
只能经由你而流向我
若你是干涸的
我便不能被你滋养

若因滋养我而干涸你
本质上无法成立

因为
剥削你并不能让我得到滋养
把你碗里的饭倒进我的碗里
看着你拿着空碗去乞讨
并不能让我受到滋养

牺牲你自己来满足我的需要
那并不能让我幸福快乐

那就像
你给我戴上王冠
却将它嵌进我的肉里
疼痛我的灵魂

宣称自我牺牲是伟大的
那是一个古老的谎言
你贬低自己
并不能使我高贵
我只能从你那里学到“我不值得”

自我牺牲里没有滋养
有的是期待、压力和负担
若我没有符合你的期望
我从你那里拿来的
便不再是营养
而是毒药
它制造了内疚、怨恨，甚至仇恨

我愿你的爱像阳光
我感受到温暖、自在、丰盛喜悦
我在你的爱里滋养、成长
我从你那里学会无条件的给予
因为你让我知晓我的富足
与那爱的源头连接，永不枯竭
永远照耀

请爱你自己吧
在爱他人之前先爱自己
爱自己不是自私
牺牲自己并不是爱的表达方式
爱的源头就在那里

然而，除非你让自己成为管道
爱不能经由你而流向我
你若连接
爱会滋养你我双方
你若断开连接
爱便不能经由你而流向我

你的爱便不是真爱
而是自我牺牲
然而，那不是我想要的

爱自己，是生命的法则
除非爱自己
你不可能滋养到别人
我愿意看到充满爱和滋养的你
而不是自我牺牲的你

因为，我也爱你
我爱你
必先爱我自己
否则，我无法爱你

而你，亦当如此
生命的本质是生生不息的流动
生命如此
爱如此
请借此机会好好爱自己

本教材礼国华负责统稿，第一章由鲁凤宇编写；第二章、第四章由田照军编写；第三章由鲍英善编写；第五章、第七章由何夏玲编写；第六章、第八章由王萍编写；心理委员指导手册由段恒编写。参编的还有陈德奎、齐桂敏，张泰复对教材进行指导，在此对参与编写的各位老师表示衷心的感谢。并对中国农业大学出版社姚慧敏的支持表示诚挚的谢意。

本教材有很多疏漏和不足，欢迎读者批评指正。

编　者
2016 年 3 月

第2版前言

美国著名心理学家赛利格曼在担任美国心理学会主席数月后的一天，与五岁的女儿在园子里播种。他的女儿叫尼奇。赛利格曼虽然写了大量有关儿童的著作，但实际生活中对孩子并不算太亲密。他平时很忙，有许多任务要完成，种地也只想快一点干完了。尼奇却手舞足蹈，将种子抛向天空。

赛利格曼叫她别乱来。女儿却跑过来对他说："爸爸，我能与你谈谈吗？""当然"，他回答说。"爸爸，你还记得我五岁生日吗？我从三岁到五岁一直都在抱怨，每天都要说这个不好那个不好，当我长到五岁时，我决定不再抱怨了，这是我从来没做过的困难的决定。如果我不抱怨了，你可以不再那样经常郁闷吗？"

赛利格曼产生了一种闪电般的震动，仿佛出现了神灵的启示。他太了解尼奇的成长，太了解自己和自己的职业。他认识到，是尼奇自己矫正了自己的抱怨。培养尼奇意味着看到她心灵深处的潜能，发扬尼奇的优秀品质，培养她的力量。培养孩子不是盯着他身上的短处，而是认识并塑造他身上的最强，即他拥有的最美好的东西，将这些最优秀的品质变成促进他们幸福生活的动力。

这一天也改变了赛利格曼的生活。他过去的五十年都在阴暗的气氛中生活，心灵中有许多不高兴的情绪，而从那天开始，他决定让心灵充满阳光，让积极的情绪占据心灵的主导。

继而，赛利格曼将这种关心人的优秀品质和美好心灵的心理学，定位为积极心理学。

本教材尝试着应用积极心理学的理论指导编写工作，理论上突出提炼每个学生的优秀品质，通过心理训练让学生在游戏活动中锻炼他们的优秀品格，开发潜力、激发活力、促进人的能力与创造力的发展，把乐观、积极变成一种习惯，自然而然地得到快乐和幸福，迈向自我实现，过上健康、积极、成功的生活。

本教材可以做高职高专大学生的教材，也可以作为教学辅助材料为大学生业余生活提供指导。教师在团体辅导时也可以参考使用其中的心理游戏，对培养学生的沟通能力、自信心训练、团队建设都有指导作用。尤其是本教材中的一些内容可以用于培训心理委员、朋辈辅导员等，成为他们工作的辅助工具书。

本教材的理论是先进的，积极心理学由关注少数到关注多数，由关注消极到关注积极的转变，标志着心理学找到了更广阔的应用空间，以开放的、科学的、更有建设性的方法展示心理学。

本教材大胆地把团体心理训练、丰富多彩的课余活动策划案引入教材，一方面使学习成为快乐；另一方面在游戏活动中更有利于提高学生的综合素质，使学生的成长更快。

本教材由辽宁农业职业技术学院礼国华、宫林峰主编，郑州牧业工程高等专科学校吴静、黑龙江农业经济职业技术学院张照军、辽宁农业职业技术学院朴素艳任副主编，其他编写人员有辽宁农业职业技术学院张守琴、辽宁农业职业技术学院杨璐、沈阳师范大学李薇。

在本教材的编写过程中，我们参阅了大量的同类教材和许多研究者的有关书籍和文章，并引用了一些资料，在此表示衷心感谢。书中难免有纰漏和不足之处，欢迎读者和专家不吝赐教。

编　者

2010 年 12 月

第1版前言

你也许见过0.5千克左右的红薯,可你见过15千克的大红薯吗?有一位退休的陈老先生在楼顶养花、种菜中无意保留的一棵红薯,在其精心照料下长到15千克。它是什么特殊的品种吗?——不是。他用什么特殊的方法了吗?——没有。原因很简单,就是红薯原本就能长这么大。人也是这样,谁能成才?谁都能!

我国高等职业教育与普通高等教育平分秋色,这是时代快速发展的需要。高等职业院校的大学生有他们自身的独特性,如果能善于发挥他们的长处,在各行各业中必将造就更多的优秀人才。因此,我们的教材内容旨在通过理论课程和心理训练课程的综合运用,构建教材内容和课程内容,培养健康的、自知的、快乐的职业人。

本教材的几个突出特点:

(一)针对性

高等职业院校的大学生不同于普通高等院校的大学生,他们的参与意识浓厚、表现欲望强烈、操作能力强,然而他们也不同程度地存在着学习基础薄弱、自我认识能力、自我约束能力和自我规划能力差等问题,影响他们成为近距离性的高级技术应用型人才。所以,教材中选用高等职业院校大学生成功的实例,从积极心理学的角度出发,鼓励他们扬长避短,成功成才。

(二)实用性

高等职业教育的一个突出特点就是近距离性。近距离性是指正规、严格的学校职业教育与社会实践性的紧密联系,距离更短。它的人才输出是人才生产的终端输出,毕业生直接进入实践领域。这种近距离性不仅包括学生的技能适应力要强,还包括学生的心理适应性也要快。因此,本教材作为高等职业教育各专业大学生必选的一门基础课程,编写的主要目的是提高大学生的心理素质和岗位适应力。

(三)可操作性

本教材根据高等职业院校大学生的特点,选取一些心理训练的内容,提高他们的心理能力。如情绪表达训练、情绪调节训练、沟通训练、自信心训练、快乐训练、认识自我训练、悦纳自我训练、激发潜能训练等,用具有可操作性的方法培养大学生的心理能力。

(四)先进性和趣味性

本教材吸收了心理学发展的最新成果,增加了网络心理学、积极心理学、幸福心理学等心理学研究领域的最新成果,并适应时代发展的特点和大学生心理发展的规律,在教材中选用一些寓言、故事、案例来增强教材的趣味性,提高教材的可读性。尽量减少篇幅,难度适中,避免学生产生“视觉疲劳”。

本教材虽然是用于教学,但其趣味性和通俗性又使本教材具有普遍的阅读性,是青年养成健康心理、愉悦身心、成人成才的参考书籍。

本教材是在各位参编者的共同努力下完成的，他们是黑龙江农业职业技术学院庄天威，辽宁职业学院武桂梅，江苏农林职业技术学院周玲，黑龙江农业职业技术学院陈大鹏，辽宁农业职业技术学院郝平，河北旅游职业学院白鸽。全书由礼国华统编。由于中国农业大学出版社的大力支持，本书得以顺利出版，在此谨致谢意！由于编者的水平有限，书中难免有错漏和不足之处，谨请广大读者、专家及同行学者不吝赐教，多加批评指正。

礼国华

2007 年 4 月

目　录

第一章　健康的高度

——健康是成长的根基

内在的自由感也许是一个人最珍贵的心理状态之一。

——南希·麦克威廉斯

高情商的运动员——姚明

他用高超的体育技能，在一个强手如林的国家运动项目中占有了一席之地，成就了很多人的梦想，更成为中国人的骄傲。他出色的表现和随时听从祖国召唤的爱国精神，使他带给人们的思考已经远远超过了体育本身。对祖国的情感、对现在的把握和对未来的期待，都将使他成为中国体育和NBA的历史人物。

姚明的职业生涯中，一共只经历过13次技术犯规，无论是赛场内外，他都表现得神态自若，展示出超高的职业道德和运动风度。

犯规作为一种攻击性行为，心理学上的定义是“个体受到挫折时由愤怒情绪表现出来的向一定对象进攻的行为。”篮球本身是一个高情感唤起的运动，需要在训练和比赛中为争夺荣誉唤起高昂斗志，为冠军而战。当然，这其中必然会伴随着愤怒、恐慌和压力感等。情绪化的运动员很容易因此出现犯规的举动，在触犯职业道德的同时，也会影响到自己的比赛成绩。

心理学家曾将运动员分为4种：第一种运动员在比赛中不大会感受到挫折和愤怒，他们表现出的高情商，只是因为负面情绪已经积累在心中，并可能导致他们输掉比赛；第二种运动员经常感到极端的愤怒和很强的挫折感，情绪会是他们职业生涯中的杀手；第三种运动员也会有情绪，并且一般是负面的情绪，阻碍他们的成长；第四种运动员就像姚明这种高情商的运动员，他们很少受到负面情绪的影响，职业生涯也会取得很高的成就。

尽管心理学调查表明，高个子的球员更容易犯规，但运动榜样姚明却因为对于情绪的超高控制能力，在赛场上来去自由，不受情绪困扰，在为自己梦想努力的同时，也为祖国争光。

第一节　健康的高度

一、健康

1946年世界卫生组织(WHO)成立时对健康的定义是：“健康是人在躯体上、精神上和社会上的完满状态，而不仅仅是没有疾病和衰弱状态。”1978年9月国际初级卫生保健大会发表的《阿拉木图宣言》里不仅重申:"健康不仅是疾病与体弱的匿迹,而且是身心健康、社会幸福的完美状态。"并且指出:"健康是基本人权,达到尽可能的健康水平,是世界范围内的一项最为重要的社会目标。"1989 年 WHO 在宣言中把健康定义为:躯体健康、心理健康、社会适应良好和道德健康。

按世界卫生组织的定义,健康是一座有四个层次的金字塔,健康是指躯体的、心理的、社会人际适应的和精神道德上的良好和完满状态,而不仅仅是没有疾病和不虚弱。因此,假如一个人去医院做体检,一切化验和心电图、B 超都正常,那么他是不是就健康呢?不一定,如果他做了亏心事,他贪污了,他已经不健康了。一个人肌肉发达,比如世界拳王,他是不是就健康呢?也不一定,如果他犯罪了,进监狱了,那么他就不健康了。所以健康分四个层次,一层比一层高,一层比一层重要,特别在今天竞争激烈的社会里,心灵健康尤其重要。

世界卫生组织据此制定了健康的 10 条标准:

(1)充沛的精力,能从容不迫地担负日常生活和繁重的工作而不感到过分紧张和疲劳。

(2)处世乐观,态度积极,乐于承担责任,事无大小,不挑剔。

(3)善于休息,睡眠好。

(4)应变能力强,能适应外界环境中的各种变化。

(5)能够抵御一般感冒和传染病。

(6)体重适当,身体匀称,站立时头、肩位置协调。

(7)眼睛明亮,反应敏捷,眼睑不发炎。

(8)牙齿清洁,无龋齿,不疼痛,牙龈颜色正常,无出血现象。

(9)头发有光泽,无头屑。

(10)肌肉丰满,皮肤有弹性。

健康的人寿命有多长?

细胞分裂测算法推算,人类寿命是其细胞分裂次数与分裂周期的乘积。鸡的细胞分裂次数是 25 次,平均每次分裂的周期为 1 年零 2 个月,其寿命为 30 年。美国的海弗利克在 1961 年做实验发现胎儿的细胞分裂到 50 代时,细胞就全部衰老死亡。人体细胞从胚胎期开始分裂,每分裂 1 次的间隔是 2.4 年,这样推算人的寿命也应该在 120 岁左右。

性成熟期测算法推算,哺乳动物的寿命一般是性成熟期的 8～10 倍。人的性成熟期为 14～15 岁,那么由此推算人的寿命应该在 110～150 岁。

生长期测算法推算,哺乳动物的寿命相当于它生长期的 5～7 倍。如犬的生长期为 2 年,它的寿命为 10～15 年;牛的生长期为 4 年,它的寿命为 20～30 年;马的生长期是 5 年,它的寿命是 30～40 年。由此推算,人的生长期是 20～25 年,那么人的寿命应该是在 100～150 岁。

怀孕期测算法推算,苏联著名生物学家埃尔蒙斯基则认为,人类的发育与寿命有一个变异系数,此系数为 15.15。人类怀孕期为 266 天,此值乘以 15.15 为 11 年,11 年再乘 15.15 为 167 年,即是人类的最高寿限。

不少人认为生理健康和心理健康是两个没有关系的概念。实际上,这是不正确的。在现实生活中,心理健康和生理健康是互相联系、互相作用的。身体会说话,身体健康的人,心理承受力相应地会增强。一个人身体不舒服,一定引起心理不舒服;而心理健康每时每刻都在影响人的生理健康。如果一个人性格孤僻,心理长期处于一种抑郁状态,就会影响内激素分泌，使人的抵抗力降低，疾病就会乘虚而入。一个原本身体健康的人，如果老是怀疑自己得了什么疾病，就会整天郁郁寡欢，最后导致真的一病不起。

为什么人类会很早就重视心理健康，就是因为认识到心理健康在生理健康中占有重要地位。心理精神是人类特有的素质，人类也因此号称为万物之灵。但这个心理精神也是容易出问题的，并由此拖累了身体健康。在中医学里，心理因素被归纳为七情，即喜、怒、忧、思、悲、恐、惊，并认为只要其中任何一种表现过度，就会造成身体的不适。现代医学研究发现，人体的防病、抗病能力与心理的稳定性有着非常密切的关系。所以医学模式中又增加了一个门类，即心身医学。

如悲观者看问题总是从坏的方面着眼，心理学上叫弊导思维，这种思维方式易引起人的愤怒、抑郁、焦虑和失望，这时因大脑、下丘脑、脊髓与自主神经的相互作用，通过神经递质使脑下垂体释放作用因子，从而使肾上腺放出肾上腺素及去甲肾上腺素，促使血压上升，血中糖及脂肪酸增加，血液黏滞度也加大，时间一长就可能使人患高血压、动脉硬化、心肌梗死、脑梗死或脑出血等。由于焦虑状态使血液中产生“血清抑制因子”，可降低体内各种免疫细胞功能，这些人就容易患上癌症。

与此相反，如能对事物采取乐观态度，即心理学上讲的利导思维，就可对许多问题自我疏导，并在大脑的作用下使体内脑啡肽、内啡肽、干扰素、生长激素及白细胞介素等分泌增加，使人体内 T 细胞、B 细胞、巨噬细胞等免疫细胞功能增强，不但可使血流通畅、血栓减少，促进血脂代谢，还可清除及吞噬体内已经癌变或刚开始癌变的细胞，对预防心脑血管疾病及癌症都有很大好处。

当今医学领域里又出现了一门新兴学科——心理神经免疫学。借助 8 600 倍的电子显微镜人们发现，神经纤维与免疫细胞之间的距离仅为 6/100 mm，临床研究证明，“精神可以通过二者之间的微小空隙与肉体进行对话”。因此，才会出现“情绪乐观活百岁，情绪不好百病生”的生命奇观。因为任何心情的变化都可以传递到身体的每一个细胞，或加强或削弱机体的防御能力。轻松、愉快的心情可以增强免疫力，预防疾病的发生或扩散，甚至还能延长绝症患者的寿命；相反，抑郁、紧张的心情则会破坏机体的免疫力。兴奋、乐观等积极的心理状态与恐惧、绝望等负性情绪之所以会影响人体的健康，是因为这些精神状态能使大脑细胞发出相反的信号，神经末梢便会产生一些化学物质来调节机体免疫细胞的活动。正如马克思所说：“一种美好的心情比十副良药更能解除生理上的疲惫和痛楚。”现代医学认为：“在一切对人不利的影响当中，最使人短命灭亡的，是不好的情绪和恶劣的心境。”

二、心理健康

心理健康的概念是随时代的变迁、社会文化因素影响而不断变化的。1946 年第三届国际心理卫生大会对心理健康的定义是：所谓心理健康是指在身体、智能以及情感上与他人的心理健康不相矛盾的范围内，将个人心境发展成最佳状态。心理学家英格里斯在 1958 年指出：“心理健康是指人的一种持续的心理状态，主要在这种情况下能作良好地适应，具有生命的活力，能充分发挥其身心的潜能。这乃是一种积极的、丰富的情况，不仅仅是免于心理疾病而已。”1985 年英国《简明不列颠百科全书》中译本将心理健康定义为：“心理健康是指个体心理在本身及环境条件许可范围内所能达到的最佳功能状态，但不是十全十美的绝对状态。”

目前在国内虽然对心理健康还没有一个公认的定义，但是纵观各类定义，从广义上来讲，心理健康是指一种高效而满意的、持续的心理状态，个体在这种状态下能够良好地适应，具有生命的活力，能充分发挥其身心潜能；从狭义上来讲，心理健康是指人的基本心理活动的过程和内容完整、协调一致，即在知、情、意、行、人格方面的健康状态，能顺应社会，与社会同步。从消极方面讲，心理健康是指没有心理障碍和疾病，这是心理健康的起码标准；从积极层面讲，心理健康是指一种积极发展的心理状态，这是心理健康最本质的内涵，它意味着不仅要减少一切不健康的心理倾向，更要使一个人的心理处于最佳状态。

美国著名的心理学家马斯洛和密特尔曼提出了心理健康的10个标准：①有充分的安全感；②充分了解自己，并能对自己的能力作恰当的估计；③生活目标、理想的确定要切合实际；④与现实环境保持接触；⑤能保持个性的完整和谐；⑥具有从经验中学习的能力；⑦能保持良好的人际关系；⑧适度的情绪控制和表达；⑨在不违背集体利益的前提下，有限度地发展个性；⑩在不违背道德规范的情况下，适度满足个人的基本需要。

安全感是心理健康的基础。马斯洛认为，心理的安全感是一种从恐惧和焦虑中脱离出来的信心、安全和自由的感觉，特别是满足一个人现在和将来各种需要的感觉，表现为人们要求稳定、安全、受到保护、有秩序、能免除恐惧和焦虑等。幼儿安全感的建立是和父母功能的发挥紧密联系在一起的，这个时期婴儿的心理营养主要有两种：其一，被无条件地接纳；其二，被看成最重要的。如果孩子在“无条件接纳”和“重要感”两个方面得不到满足，孩子的安全感就会出现问题，占有欲强，爱妒忌，长大后就会特别“黏人”，幼儿园、小学黏老师，中学谈恋爱，总之，会不断寻觅一个在他面前自己最重要、最能被接纳的人。所以，生小孩一定要准备好，物质上有一定基础，情感心理上也准备好，比如没有性别偏好、夫妻关系稳定亲密等。

对孩子安全感影响最大的就是父母之间的关系，对于幼小的孩子（0～3岁）来讲，父母就是他们的整个世界，父母之间偶尔的不快相当于世界局部冲突，父母之间的冷漠和敌对如同德国竖起柏林墙，父母之间的激烈争吵甚至拳脚相加就是世界大战。而且，因为还不能够区分自己的行为和环境的关系，孩子经常把父母间的冲突归因于自己不好、不乖，从而产生很大的不安和负疚感。从这个意义上来讲，父母能送给孩子最大最好的礼物，就是父母有一个美好的婚姻，这不仅直接利于孩子安全感的建立，对于孩子社会化、人际关系等诸多方面也是大有裨益。

从4岁开始，孩子的自我意识逐渐建立，孩子开始有“我”的概念了，也就开始有记忆了。而父亲的影响也开始渐渐赶上甚至超过母亲了。

这个“我”是一个崭新的我，孩子们会非常关注这个“我”够不够好，这就像作家写完第一篇小说、建筑家建好第一栋建筑特别关心这些作品的反响一样。这个“我”又是相当稚嫩的“我”，在自我认知和评价方面非常依赖他人，非常需要他人的赞美、肯定和认同。而最主要的他人就是孩子的父母，其中父亲的影响力通常又大大地超过母亲。之所以如此，和男性在人类几千年的文明中的统治地位有很大关系，母亲通常代表家庭和情感，父亲通常代表社会和责任。

综上所述，倘若孩子在以上各个时期，所需的心理营养都能得到充分满足，那么孩子下一个阶段的成长就会很自然很顺利，也就是说孩子社会化发展、功课、情绪控制等方面都不会有太大的困难，这样，孩子整个人生的发展也就有了一个良好的基础。

安全感是学前儿童乐于交往、与人建立积极情感关系的保证，是人与人进行交往、建立信任关系的前提。一般而言，当儿童拥有了安全感，他就敢接近别人，与人交往，并建立信任关系，从中体验到交往的快乐，而这会进一步增强儿童与人交往的意愿，提高他社交的能力；反之，如果儿童对人缺乏安全感，那么他就不敢或不愿与别人进行交往。从另外一种情况看，假如在与别人进行交往的过程中，儿童的安全感遭到了破坏，那么，他的社交意愿也会遭到阻抑。

安全感高的孩子：愿意表达自己的意见；对自己的评价高；愿意和别人亲近；遇到新鲜事物主动去接触。

安全感低的孩子：拒绝和陌生人交往；对新鲜事物没有探索欲；对陌生人和陌生环境感到害怕；不敢一个人在家；不愿意或不敢和同学说话；发生矛盾时退缩；不喜欢学校，不愿意上学。

拥有安全感是一种心理健康的状态，是对自己、自然、社会的一种和谐、有序、平衡的心态，去掉杂念，才能达到。

幼儿的安全感主要来自于外部环境，创造良好的家庭环境有利于孩子安全感的形成。成人的安全感来自于内部的自信，美国著名作家、医学博士、心理治疗大师斯科特·派克说："人生唯一的安全感，来自于充分体验人生的不安全感。"

往往不安全感来自从小到大对安全的认知。长辈总告诫我们什么样的工作安全，什么样的环境安全，什么样的处事方式安全，于是我们便朝着这些方向去寻觅，结果发现事与愿违。其实一开始我们就错了，错把目光放在了"外部"而不是"内部"，放在了现象而不是觉悟。安全感别人给不了，必须自备若干。

真正的安全感只可能来自于一个地方，那就是内心。有安全感的人不一定占据着社会上最稳固的资源，但一定占据了这样的天赋——"不在乎有的，不惦记没的，不害怕失去的，不追求强扭的。觉得什么都是自己的，万一什么都没有了也无所谓。对得到适可而止，对失去心无畏惧。"

三、心理问题

对心理问题，可以有几种解释：

第一，心理问题是指心理学中的问题，如心理是什么、心身关系、心理与实践、心理学的理论与应用等，均为心理问题。

第二，心理问题是指心理学中研究的问题或心理学工作者研究的问题，如心理学研究什么问题、心理学研究的课题、某心理学工作者正在研究什么问题，均属心理问题。

第三，心理问题是指人们心理上出现的问题，如情绪消沉、心情不好、焦虑、恐惧、人格障碍、变态心理等消极的与不良的心理，都是心理问题。严格来说，心理问题无褒贬之意，既包括积极的，也包括消极的。

心理问题不同于生理疾病，它是由人内在精神因素，准确地说是大脑中枢神经控制系统所引发的一系列问题，它会间接地改变人的性格、世界观及情绪等。

(一)等级划分

心理问题等级划分从健康状态到心理疾病状态一般可分为 4 个等级：健康状态—不良状态—心理障碍—心理疾病。

1.健康状态

心理健康状态与非健康状态的区分标准一直是心理学界讨论的话题，不少国内外心理学学者根据自己研究调查的结果提出了多种心理健康标准。笔者在临床心理学实践工作中，总结了前人的理论与经验，提出了一种简捷的评价方法。即从本人评价、他人评价和社会功能状况三方面分析。

本人不觉得痛苦，即在一个时间段中（如一周、一个月、一季或一年）快乐的感觉大于痛苦的感觉。

他人不感觉到异常，即心理活动与周围环境相协调，不出现与周围环境格格不入的现象。

社会功能良好，即能胜任家庭和社会角色，能在一般社会环境下充分发挥自身能力，利用现有条件（或创造条件）实现自我价值。

2.不良状态

又称第三状态，是介于健康状态与疾病状态之间的状态。是正常人群组中常见的一种亚健康状态，它是由于个人心理素质（如过于好胜、孤僻、敏感等）、生活事件（如工作压力大、晋升失败、被上司批评、婚恋挫折等）、身体不良状况（如长时间加班劳累、身体疾病）等因素所引起。它的特点是：

时间短暂。此状态持续时间较短，一般在一周以内能得到缓解。

损害轻微。此状态对其社会功能影响比较小。处于此类状态的人一般都能完成日常工作、学习和生活活动，只是感觉到的愉快感小于痛苦感，“很累”“没劲”“不高兴”“应付”是他们常说的词汇。

能自己调整。此状态者大部分通过自我调整如休息、聊天、运动、钓鱼、旅游、娱乐等放松方式使自己的心理状态得到改善。小部分人若长时间得不到缓解可能形成一种相对固定的状态。这小部分人应该去寻求心理医生的帮助，以尽快得到调整。

3.心理障碍

心理障碍是因为个人及外界因素造成心理状态的某一方面（或几方面）发展的超前、停滞、延迟、退缩或偏离。它的特点是：

不协调性。其心理活动的外在表现与其生理年龄不相称或反应方式与常人不同，如成人表现出幼稚状态（停滞、延迟、退缩）；儿童出现成人行为（不均衡的超前发展）；对外界刺激的反应方式异常（偏离）等。

针对性。处于此类状态的人往往对障碍对象（如敏感的事、物及环境等）有强烈的心理反应（包括思维、情绪及动作行为），而对非障碍对象可能表现很正常。

损害较大。此状态对其社会功能影响较大。它可能使当事人不能按常人的标准完成其某项（或某几项）社会活动。如社交焦虑者（又名社交恐惧）不能完成社交活动，锐器恐怖者不敢使用刀、剪，性心理障碍者难以与异性正常交往。

需求助于心理医生。此状态者大部分不能通过自我调整和非专业人员的帮助而解决根本问题。心理医生的指导是必需的。

4.心理疾病

心理疾病是由于个人及外界因素引起个体强烈的心理反应（思维、情感、动作行为、意

志)并伴有明显的躯体不适感,是大脑功能失调的外在表现。其特点是:

强烈的心理反应。可出现思维判断上的失误,思维敏捷性的下降,记忆力下降,头脑黏滞感、空白感,强烈自卑感及痛苦感,缺乏精力、情绪低落而忧郁,紧张焦虑,行为失常(如重复动作,动作减少,退缩行为等),意志减退等。

明显的躯体不适感。由于中枢控制系统功能失调可引起所控制人体各个系统功能失调,如影响消化系统则可出现食欲不振、腹部胀满、便秘或腹泻(或便秘与腹泻交替)等症状;影响心血管系统则可出现心慌、胸闷、头晕等症状;影响到内分泌系统可出现女性月经周期改变、男性性功能障碍……

损害大。此状态之患者不能或勉强完成其社会功能,缺乏轻松、愉快的体验,痛苦感极为强烈,“哪里都不舒服”、“活着不如死了好”是他们真实的内心体验。

需心理医生的治疗。此状态之患者一般不能通过自身调整和非心理科专业医生的治疗而康复。心理医生对此类患者的治疗一般采用心理治疗和药物治疗相结合的综合治疗手段。在治疗早期通过情绪调节药物快速调整情绪,中后期结合心理治疗解除心理障碍并通过心理训练达到社会功能的恢复并提高其心理健康水平。

世界卫生组织估计,全球每年自杀未遂者数目达 1 000 万人以上;造成功能残缺最大的前 10 位疾病中有 5 个属于精神障碍;中国神经精神疾病负担到 2020 年将上升至疾病总负担的 1/4。在中国,目前保守估计,大概有 1.9 亿人在一生中需要接受专业的心理咨询或心理治疗。据调查,13 亿人口中有各种精神障碍和心理障碍患者达 1 600 多万人,1.5 亿青少年人群中受情绪和压力困扰的青少年就有 3 000 万人。中国科学院心理研究所吴瑞华研究员认为,缺乏从事心理咨询的专业人才是造成我国自杀率相对较高的原因之一。心理咨询与压力管理专家郝滨老师日前在接受记者采访时建议,当您遇到生活中的困扰,准备选择一位心理咨询师走入咨询室时,应选择具有心理学、医学或教育学等相关教育背景、接受过专业训练、有长期丰富的心理咨询与治疗经验、阅历比较丰富、得到专业心理治疗协会或社会认可的心理咨询师。

(二)判断标准

1. 如何判断一般心理问题和严重心理问题(表 1-1)

表 1-1 一般心理问题和严重心理问题

项目	一般心理问题	严重心理问题
情绪反应强度	由现实生活、工作压力等因素而产生内心冲突,引起的不良情绪反应,有现实意义且带有明显的道德色彩。	是较强烈的、对个体威胁较大的现实刺激引起心理障碍,体验着痛苦情绪。
情绪体验持续时间	求助者的情绪体验时间不间断地持续 1 个月或者间断地持续 2 个月。	情绪体验超过 2 个月,未超过半年,不能自行化解。
行为受理智控制程度	不良情绪反应在理智控制下,不失常态,基本维持正常生活、社会交往,但效率下降,没有对社会功能造成影响。	遭受的刺激越大,反应越强烈。多数情况下,会短暂失去理智控制,难以解脱,对生活、工作和社会交往有一定程度影响。
泛化程度	情绪反应的内容对象没有泛化。	情绪反应的内容对象泛化。

2.如何判断心理问题与精神病

在严重心理问题之上还需要判断区分严重心理问题和精神病，其中若是属于精神病范畴需要由具有处方权的心理医生或精神病医生提供专门的治疗，特别是药物治疗。在心理学界与精神病学界有公认的判断病与非病三原则：第一，是否出现了幻觉（如幻听、幻视等）或妄想；第二，自我认知是否出现问题，能否或是否愿意接受心理或精神治疗；第三，情感与认知是否倒错混乱，知、情、意是否是统一，由此社会功能是否受到严重损害（即行为情绪是否已经严重脱离理智控制）。重点在于对幻觉妄想与情感是否倒错混乱两个方面，对于是否有自我认知的判断应是在这两个重要判断基础之上进行。

（三）问题类别

根据对心理健康的定义，按照程度的不同，可以将个体心理问题的类型划分为三类：发展性心理问题、适应性心理问题与障碍性心理问题。

1.发展性心理问题

所谓发展性心理问题，主要是指个体自身不能树立正确的自我认知，特别是对自我能力，自我素质方面的认知，其心理素质及心理潜能没有得到有效、全面的发展。这是管理心理学、学习心理学、教育心理学、特别是现代积极心理学等心理学科研究的范畴。

发展性心理问题的解决重在帮助个体提高心理素质，健全人格，通过有针对性的教育和训练，培养其良好的心理素质，塑造健康、完整的人格，成为适应现代社会需要的合格个体。其特点主要体现在自负或缺乏自信、志向愿望过高或偏低、责任目标缺失等几个方面：

（1）发展性心理问题针对的是心理健康、身心发展正常的个体，但在发展方面仍有潜力可挖，心理素质尚待完善。

（2）发展性心理问题的解决，重在引导个体在一个更新的层面上认识自我，开发自我潜能。而这种潜能的开发因为更具有突破自我认识局限性的特征，往往使个体在能力发展、信心重建等方面实现一定的飞跃，使自己得到更充分的发展。

（3）强调发展的原则。发展性心理问题的解决，虽然也对个体的工作、适应、发展等问题给予指导与帮助，但更侧重于"发展"方面，即促进心理素质的发展。它对个体所做的一切工作包括指导个体调节和控制情绪、改善精神状态、建立自信心等，都是以个体能够更好、更充分地发展为目标的。

2.适应性心理问题

适应是个体通过不断做出身心调整，在现实生活环境中维持一种良好、有效地生存状态的过程。而适应性心理问题则是个人与环境不能取得协调一致所带来的心理困扰。主要是健康心理学、发展心理学、社会心理学、工程心理学、生理心理学、人格心理学、犯罪心理学、咨询心理学、教育心理学、管理心理学、环境心理学等心理学科研究的范畴。

哈特曼认为，适应是个体终生维护心理平衡的持续过程，以无须付出太高的代价去处理一个具有一般性及可预期性的环境。由此不难发现，适应是个体与环境在相互作用中发生改变的过程。既然是相互作用，发生改变的应该是双方。但人们在谈到适应时，心目中想的主要是个体的改变，是个体改变自身去顺应环境的变化；个人与环境的关系体现为一种状态，即个人与环境之间的一种和谐、平衡的状态，这种平衡是机体在不断运动变化中与环境所取得的，这种平衡不是绝对静止的，某一个水平的平衡成为另一个水平平衡运动的开始。如果机体与环境失去平衡，就需要改变自身以重建平衡。

适应性心理问题的特点：

(1)适应性心理问题针对的是身心发展正常，但带有一定的心理、行为问题的个体，或者说“在适应方面发生困难的正常人”。

(2)适应性心理问题的解决，注重的是个体的正常需要与其现实状况之间的矛盾冲突，大部分工作是在个体的认识水平上加以帮助。

(3)强调教育的原则。适应性心理问题的解决，重视个体自身理性的作用，教育者并不是要亲自帮助个体直接去解决问题，满足其需要，而是帮助其分析情况，提出合理解决的途径和方法。强调发掘、利用其潜在积极因素，自己解决问题。对于环境的改善，也是在现有条件的基础上提出改进意见。

(4)适应性心理问题的内容，侧重于工作指导、交往指导、生活指导等方面，主要解决个体在这些方面所遇到的各种心理问题。

3. 障碍性心理问题

障碍性心理问题有时候也称为“心理障碍”“心理疾病”。是变态心理学、临床心理学、健康心理学、生理心理学、犯罪心理学、咨询心理学等心理学科研究的范畴。

其特征：一是个体持久地感受到痛苦(一般以 6 个月为界限)；二是社会功能受损，表现为人际关系糟糕，容易产生对抗甚至敌对行为；三是表现出非当地文化类型的特殊行为。当个体遭遇人际关系的严重冲突、重大挫折、重大创伤或面临重大抉择时，一般都会表现出情绪焦虑、恐惧或者抑郁，有的表现沮丧、退缩、自暴自弃，或者异常愤怒甚至进行冲动报复。有的往往是过度应用防卫机制来自我保护，且表现出一系列适应不良的行为。如果长期持续的心理障碍得不到适当地调适或摆脱，就容易导致严重精神疾病，产生比较严重的后果。

个体障碍性心理问题是多种多样的，常见的有以下几种类型：

(1)焦虑性障碍　焦虑是一种不明原因的害怕，是不能达到目标和不能克服障碍时表现得紧张不安、心烦意乱、忧心忡忡；经常怨天尤人、自忧自怜，毫无缘由地悲叹不已；碰上一点小事，往往坐立不安；遇到一点紧张的心理压力，便会慌张地不知所措，注意力难以集中，难以完成工作任务，并伴有身体不适感，如出汗、口干、心悸、嗓子有堵塞感、失眠等。

焦虑和焦虑症是不同的概念。有的人把自己的紧张或者焦虑称为神经衰弱。焦虑是面对未来，紧张是面对现实。什么情况可能产生焦虑呢？一般讲对未来事件 50%以上的不确定性，就容易产生焦虑。广泛性的焦虑症一般指持续性时间超过 6 个月(短时间的一般只称为一种焦虑现象)，总是有对可能性不高的事件的无理由的担忧，明明不可能也要过分地担忧。特征主要有：①思绪狭窄、紊乱；②长时间过分担忧；③情绪急切、过于激动紧张(有时候歇斯底里)；④往往伴随失眠、反复噩梦等。广泛性的焦虑症几乎是一切精神心理障碍问题的一般特征。恐惧症也是一种以焦虑为基础的心理障碍。如“创伤后应激障碍”，亲临车祸、凶杀、战争、地震等都容易产生这样类似的后遗症。

当今学术界还认为焦虑性障碍还可以包括十分典型的病态“完美主义”人格心理障碍。主要表现：①过度的自我批评、过多的体验失败、自我强加的过高标准或者过高的目标追求；②恐惧失败；③不顾后果地追求成功；④饱受应该得到目标的折磨；⑤一般都很难有幸福的家庭生活感受；⑥喜欢把意志强加给别人。如华为集团追求完美事件、绵阳一高考“机器”等例子都是“完美主义”导致的典型事件。

(2)抑郁性障碍　主要表现是情绪持续低落，郁郁寡欢，悲观厌世，心理功能下降，自我评价降低，不愿与人交往，情绪呆板，总以“灰色”的心情看待一切，对什么都不感兴趣，自罪自责，内心体验多不幸、苦闷、无助、无望，总感到活着没有意思。主要表现特征有：①心境恶劣；②对事物没有兴趣；③人际关系紧张，好像看哪个都不顺眼，缺乏亲情感；④自我评价降低，无自我价值感。

(3)恐怖性障碍　患有恐怖性障碍的个体，所害怕的对象在一般人看来并没有什么可怕的，但仍出现强制性的回避意愿和紧张、焦虑、眩晕等反应。

(4)强迫性障碍　做事反复思考，犹豫不决，自知不必想的事仍反复想，不该做的事仍反复做，因而感到紧张、痛苦。强迫性症状中常见的有：①强迫观念，如强迫回忆、强迫怀疑等；②强迫意向或强迫冲动等；③强迫动作，如反复检查门锁等。

强迫症状几乎每个人都曾出现过，但只要不成为他们的精神负担，不妨碍正常的工作、生活，就不应算作强迫性障碍。

(5)疑病性障碍　主要表现为对自己健康状态过分关注，深信自己患了某种疾病，经常诉述不适，顽固地怀疑、担心自己有病，经实验室检查和医生的多次解释后仍不能接受，反复就医，甚至影响其社会功能。这种对自身健康过度担忧的心理倾向就是疑病性障碍的表现。

产生心理障碍，几乎人人都可能会遇到，较长时间内不良心境的持续积累，就可能会造成兴趣减退、生活规律紊乱，甚至行为异常、性格偏离等，这些都需要寻求心理咨询师的帮助。心理咨询也适用神经症，包括强迫症、焦虑症、恐怖症等。

四、大学生心理健康的标准

1.智力正常

这是大学生学习、生活与工作的基本心理条件，也是适应周围环境变化所必需的心理保证。因此衡量智力关键在于是否正常地、充分地发挥了效能，即有强烈的求知欲，乐于学习，能否积极参与学习活动。

2.情绪健康

其标志是情绪稳定和心情愉快。包括的内容有：愉快情绪多于负性情绪，乐观开朗，富有朝气，对生活充满希望；情绪较稳定，善于控制与调节自己的情绪，既能克制又能合理宣泄；情绪反应与环境相适应。

3.意志健全

意志是人在完成一种有目的的活动时，所进行的选择、决定与执行的心理过程。意志健全者在行动的自觉性、果断性、顽强性和自制力等方面都表现出较高的水平。意志健全的大学生在各种活动中都有自觉的目的性，能适时地做出决定并运用切实、有准备的方式解决所遇到的问题，在困难和挫折面前，能采取合理的反应方式，能在行动中控制情绪和言行，而不是行动盲目、畏惧困难、顽固执拗。

4.人格完整

人格指的是个体比较稳定的心理特征的总和。人格完整就是指有健全统一的人格，即个人的所想、所说、所做都是协调一致的。人格结构的各要素完整统一。具有正确的自我意识，不产生自我同一性混乱，以积极进取的人生观作为人格的核心，并以此为中心把自己的需要、目标和行动统一起来。

5. 自我评价正确

正确的自我评价乃是大学生心理健康的重要条件。大学生在进行自我观察、自我认定、自我判断和自我评价时，做到自知、恰如其分地认识自己，摆正自己的位置，既不以自己在某些方面高于别人而自傲。也不以某些方面低于别人而自惭。面对挫折与困境，能够自我悦纳，喜欢自己，接受自己。自尊、自强、自制、自爱适度，正视现实，积极进取。

6. 人际关系和谐

良好而深厚的人际关系，是事业成功与生活幸福的前提。其表现为：乐于与人交往，既有广泛而深厚的人际关系，又有知心朋友；在交往中保持独立而完整的人格，有自知之明，不卑不亢；能客观评价别人和自己，善取人之长补己之短，宽以待人，乐于助人，积极的交往态度多于消极态度，交往动机端正。

7. 社会适应正常

个体与客观现实环境保持良好秩序。做客观观察以取得正确认识，以有效的办法对应环境中的各种困难，不退缩，还要根据环境的特点和自我意识的情况努力进行协调，或改革环境适应个体需要，改造自我适应环境。

8. 心理行为符合大学生的年龄特征

大学生是处于特定年龄阶段的特殊群体，大学生应具有与年龄、与角色相应的心理行为特征。

第二节　亚健康的暗度

【爱思考】

飞燕是一个瘦小的姑娘，大眼睛很有神，可是脸上有很多痘痘，有头皮屑。她最近一段时间因为有心事，不吃早饭，不去锻炼，常常一个人呆呆地想心事。晚上做噩梦，眼睛开始有血丝了。她的心事是与好朋友的关系出现危机，感觉朋友不够关心自己，很失落，经常跟男朋友发脾气。

你觉得飞燕的健康是否出现了问题？问题在哪儿呢？

一、亚健康及危害

亚健康概念已经越来越为人们所知。所谓亚健康指无器质性病变的一些功能性改变，又称第三状态或“灰色状态”，它是人体处于健康和疾病之间的过渡阶段，是由于激烈竞争和物质极大丰富等原因所导致的心理、生理失衡状况，如心悸、疲劳、紧张、失眠、健忘、注意力分散等。

大学生亚健康表现在以下几个方面：

身体成长亚健康，学生营养过剩和营养失衡同时存在，体质较弱。

心理素质亚健康，来自家庭、学校的压力，引发了青少年的逆反心理、反复心理、自卑心理、厌学心理等，抗挫折能力较差。

情感亚健康，本应关心社会，对生活充满热情，但实际上他们对很多事情都很冷漠，使自己的“心理领空”越来越狭小。

思想亚健康，思想表面化，脆弱、不坚定，容易接受外界刺激并改变自我。

行为亚健康，表现为行为上的程式化，时间长了容易产生行为上的偏激。

(一)生理亚健康的表现

1. 心病不安，惊悸少眠

主要表现为心慌气短，胸闷憋气，心烦意乱，惶惶无措，夜寐不安，多梦纷纭。

2. 汗出津津，经常感冒

经常自汗、盗汗、出虚汗，自己稍不注意就感冒，怕冷。

3. 舌赤苔垢，口苦便燥

舌尖发红，舌苔厚腻，口苦、咽干，大便干燥、小便短赤等。

4. 面色有滞，目围灰暗

面色无华，憔悴；双目周围，特别是眼下灰暗发青。

5. 四肢发胀，目下卧蚕

有些中老年妇女，晨起或劳累后足踝及小腿肿胀，下眼皮肿胀、下垂。

6. 指甲成像，变化异常

中医认为，人体躯干四肢、脏腑经络、气血体能信息层叠融会在指甲成像上称为甲像。如指甲出现卷如葱管、似如蒜头、剥如竹笋、枯似鱼鳞、曲类鹰爪、塌同瘪螺、月痕不齐、峰突凹残、甲面白点等，均为甲像异常，病位或在脏腑或累及经络、营卫阻滞。

7. 潮前胸胀，乳生结节

妇女在月经到来前两三天，四肢发胀、胸部胀满、胸胁串痛，妇科检查，乳房常有硬结。

8. 口吐黏物，呃逆胀满

常有胸腹胀满、大便黏滞不畅、肛门湿热之感，食生冷干硬食物常感胃部不适，口中黏滞不爽，吐之为快。重时，晨起非吐不可，进行性加重。

9. 体温异常，倦怠无力

下午体温常常 37～38℃，手心热、口干、全身倦怠无力，应到医院检查是否有结核等。

10. 视力模糊，目胀头疼

平时视力正常，突感视力下降(非眼镜度数不适)，且伴有目胀、头疼，此时千万不可大意，应及时到医院检查是否有颅内占位性病变。

(二)心理亚健康状态表现

1. 记忆力下降，注意力不集中

是否在日常生活、工作中，老是忘记很多事情，在进行学习工作时，容易走神，无法集中自己的精力？其实这些都是心理亚健康的一种表现，它在提醒你，你的状态已经处于一种亚健康的状态，要注意调整！

2. 思维缓慢、反应迟钝

如果发现自己想问题时有些困难，与人交流时，脑海中偶尔“短路”、大脑的反应变慢，与人交谈时，总会慢上半拍时，那么就说明你是处于一个亚健康的状态了。

3. 长时间的不良情绪

我们每一个人都会出现不良情绪，一般来说都能自我调整，但是如果不良情绪持续的时间比较长，无法自我调整，那么这时就需要注意了，如果不及时的注意心理保健，有可能就会恶化,出现抑郁症、焦虑症等心理疾病!

4.不自信,安全感不够

如果你发现越来越不自信,总是对未来忧虑,喜欢独处,回避社会,那么你就要小心了!

综上所述,亚健康的症状多种多样,又不固定,它是人体处于健康和疾病之间的过渡阶段,在身体上、心理上没有疾病表现,但主观上却有许多不适的症状和心理体验。我们说任何疾病均有一个漫长的形成过程,这个过程就是亚健康状态。如果人类能正视亚健康,努力摆脱亚健康,就完全可以活到自然寿命。

(三)亚健康有五大危害

(1)亚健康是大多数慢性非传染性疾病的疾病前状态,大多数恶性肿瘤、心脑血管疾病和糖尿病等均是从亚健康人群转入的。

(2)亚健康状态明显影响工作效能和生活、学习质量,甚至危及特殊作业人员的生命安全,如高空作业人员和竞技体育人员等。

(3)心理亚健康极易导致精神心理疾患,甚至造成自杀和家庭伤害。

(4)多数亚健康状态与生物钟紊乱构成因果关系,直接影响睡眠质量,加重身心疲劳。

(5)严重亚健康可明显影响健康寿命,甚至造成英年早逝、早病和早残。

世界卫生组织指出,21世纪威胁人类的头号杀手是生活方式病,尤其是它的"前奏"——亚健康。世界卫生组织调查发现,亚健康状态者占人群总数的75%,亚健康通常发生在生活节奏快、工作压力大的中年人群中,但随着社会的发展,亚健康所困扰的主体人群正出现低龄化发展趋势,尤其是在校大学生,他们已成为亚健康的高发人群。

二、大学生亚健康的根源

某研究院研究:大学生的身心健康状况令人担忧,迫切需要加强学校健康教育,做好健康知识的普及工作,提高学生健康意识,消除不良习惯。其内容应包括正确的健康理念教育、合理营养与体育锻炼、生活技能(人际关系能力、调节情绪的能力、缓解压力的能力等)教育,使学生树立正确的健康观,掌握促进健康的方法,使用正确的生活技能,提高学生预防亚健康的能力。

导致大学生亚健康的因素主要有:饮食不合理,休息不足,特别是睡眠不足,过度紧张,压力太大,长久的不良情绪影响等。而在大学生这个群体中,这一系列的诱因都有或多或少的反应。

1.饮食不合理

进入大学,远离了家长的"唠叨",什么时候吃饭、吃什么已经成了一个被忽视的问题,我们不再讲究食物是不是有营养,是不是应该在吃饭点进食,外面小摊上的饭是不是卫生,我们不再"为吃饭而吃饭"。或者根据自己起床时间,或者根据自己玩电脑的时间,或者根据自己的心情等,我们充分享有了吃饭的"自主权"。于是,饮食不合理的现象贯穿很多大学生的生活。习惯了,也就不再成为话题。

某研究院的调查结果显示,有83%的同学认为不吃早饭的原因是赖床,没时间,只有20%的同学会去关注自己的合理膳食,饮食很有规律同学的比例也少得可怜。

俗语有云:"民以食为天。"有一个好的饮食习惯,才能拥有强健的体魄,也才能更好地去做自己喜欢的事情。

2.休息不足特别是睡眠不足

对于很多大学生而言，起居无规律、作息不正常已经成为常见现象。影视、网络、游戏等娱乐活动的普及，或者是因为考研、考试等学习的压力，使我们的睡眠时间越来越少，且睡眠质量也出现很多问题，失眠、半夜惊醒等也时不时地困扰着我们。

3.过度紧张，压力太大；不良情绪的影响

大学，不仅仅是一个可以更好地去学习深造的地方，他要求有更好的适应能力、处理人际关系的能力、更高的学习能力……尤其是在将近毕业时，来自找工作或考研的压力，学校、社会及家庭的压力，在很多时候都成为我们紧张的来源，也使很多人产生了焦虑、冷漠、心神不定、容易激动等不良情绪。没有好的心情，日常的学习和工作又会受到不同程度的影响，恶性循环下，往往会把事情搞得更糟。

要防止过早地出现亚健康现象，就要从青年期开始预防，从今天开始行动，为自己的健康买“保险”，即养成健康的生活习惯，科学饮食，充足睡眠，经常锻炼身体，并注重保持乐观情绪、平和心态。

三、亚健康自测

对照下面的这些症状，测一测自己是不是处于亚健康状态。如果你的累积总分超过50分，就需要坐下来，好好地反思你的生活状态，加强锻炼和营养搭配等；如果累积总分超过80分，赶紧去医院找医生，调整自己的心理，或是申请休假，好好地休息一段时间。

(1)早上起床时，常有较多的头发掉落。5分

(2)感到情绪有些抑郁，会对着窗外发呆。3分

(3)昨天想好的事，今天怎么也记不起来了，而且近些天来，经常出现这种情况。10分

(4)害怕走进教室，觉得学习令人厌倦。5分

(5)不想面对同学和老师，有自闭症趋势。5分

(6)学习效率下降，老师已对你不满。5分

(7)学习1小时后，身体倦怠，胸闷气短。10分

(8)学习工作情绪始终无法高涨。最令人不解的是无名的火气很大，但又没有精力发作。5分

(9)一日三餐，进餐甚少，排除天气因素，即使口味非常适合自己的菜，也经常味同嚼蜡。5分

(10)盼望早早地逃离教室，为的是能够回家，躺在床上休息片刻。5分

(11)对城市的污染、噪声非常敏感，比常人更渴望清幽、宁静的山水，休息身心。5分

(12)不再像以前那样热衷于朋友的聚会，有种强打精神、勉强应酬的感觉。2分

(13)晚上经常睡不着觉，即使睡着了，又老是在做梦的状态中，睡眠质量很糟糕。10分

(14)体重有明显的下降趋势，早上起来，发现眼眶深陷，下巴突出。10分

(15)感觉免疫力在下降，春、秋季流感一来，自己首当其冲，难逃“流”运。5分

(16)对性没有兴趣。10分

第三节　健康的亮度

世界卫生组织认为，影响健康的基本因素是：父母遗传占 15%，环境因素占 17%（其中社会环境占 10%、自然环境占 7%），医疗条件占 8%，个人生活方式占 60%。其中父母遗传及环境因素属个人不可控因素，而医疗及个人生活方式属可控因素共占 68%。在这 68%中个人生活方式占 60%，相当于可控因素的 88%，也就是说：治病靠西医，养生找中医，若想寿而康，九成靠自己。自己才是自己健康的主人。2 400 年前，医学之父希波克拉底就指出："病人的本能就是病人的医生，而医生是帮助本能的。"

个体维护健康的六个方面：合理膳食、适量运动、生活规律、戒烟限酒、心理平衡、定期保健。这四句话，十六个字，能使高血压减少 55%，脑中风、冠心病减少 75%，肿瘤减少 33%，平均寿命延长 10 年以上，而且不花什么钱。因此健康方式很简单，但效果非常大。

一、平衡膳食

中国居民平衡膳食宝塔

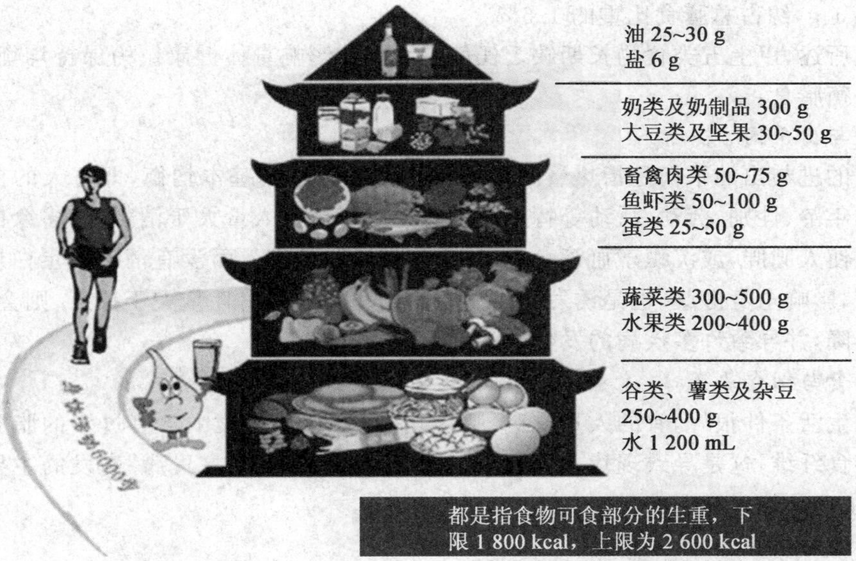

所谓膳食平衡是指：膳食中所含的营养素种类齐全、数量充足、比例适当，即氨基酸平衡、热量营养素平衡、酸碱平衡以及各种营养素摄入量之间也要平衡，只有这样才利于营养素的吸收和利用。

众所周知，日常生活中人们将必需食物分为五类：

第一类是粮食类，是热量的主要来源。一般轻体力劳动者每天的摄入量以 300～500 g 为宜，其余的热量由副食品供给，所以，粮食类食物的占热能供给量为 60%～70%，约占膳食总量的 32%。

第二类是富含动物蛋白质的食物，包括瘦肉、蛋、禽、鱼等，成人每天应摄入 70～100 g 的蛋白质。据研究，人体对动物蛋白质的吸收率高于植物蛋白，较为理想的蛋白质摄入应是，动物蛋白占 1/4，豆类蛋白占 1/4，其余 2/4 则由粮食供给。因此，营养专家建议，每人每天应摄禽、畜肉类 50～100 g，鱼虾类 50 g，蛋类 25～50 g，此类食物应占膳食总量 13%。

第三类是豆、乳及制品。因豆类富含蛋白质、不饱和脂肪酸和卵磷脂等，其蛋白质氨基酸的组成接近人体需要，所以每人每天应补充豆类 50 g，奶类 100 g，此类食物占总量的 9.5%。

第四类是蔬菜、水果，这是人体维生素、无机盐和食物纤维的主要来源，但因蔬菜品种很多，营养成分也存在很大差异。如绿叶类蔬菜含大量的胡萝卜素、抗坏血酸以及钙、磷等无机盐；根茎类蔬菜有丰富的淀粉、蛋白质和胡萝卜素；鲜豆类蔬菜中的碳水化合物、铁及硫胺素是其他蔬菜所不能比的，所以每人每天应摄入 400～500 g，其中绿叶菜应保持 1/2 以上。新鲜水果是抗坏血酸的良好来源，可以提供大量的蛋白质、磷、铁等无机盐，故而每人每天应摄入 100～200 g 鲜果。此类食物应占总量的 40%。

第五类是油脂类。油脂类可供给热量，促进脂溶性维生素的吸收，供给不饱和脂肪酸。植物油所含的必需脂肪酸比动物油高，而动物油的饱和脂肪酸多，脂肪熔点也比较高，因此不易为人体消化吸收，故而应少吃动物脂肪，多吃植物油。因此，营养学家建议油脂的摄入比例为饱和脂肪酸与多烯不饱和脂肪酸及单烯不饱和脂肪酸各占 1/3，油脂应按每千克体重每天摄入 1 g，约占总膳食比重的 1.5%。

综上所述，以上五类食物长期缺乏任何一种都会影响身体健康。为保持均衡膳食，要满足十大平衡膳食：

1. 进与出平衡

这里的进与出的平衡是指热量的摄入量与消耗量达到基本均衡，即每天的摄入量应根据自己的年龄、性别、劳动、活动等特点而定。如果每天摄入量大于消耗量，多余的热量会转变成脂肪使人肥胖，或沉积于血管壁上，使血管变硬和狭窄。而没有消化的蛋白质在肠道中变成毒素，影响全身健康，也是诱发肠癌的原因之一。如果消耗量大于摄入，则会导致消瘦、免疫力下降，并导致许多疾病的发生。

2. 主食与副食平衡

现在生活条件很好，有的人只吃鸡、鸭、鱼、肉等荤食，荤菜中含有过多的脂肪、蛋白质，而缺乏膳食纤维，这是导致现代人高血压、冠心病、糖尿病等“富贵病”高发的主要原因。所以，不吃主食是绝对错误的。

3. 荤食与素食平衡

只吃荤食或只吃素食都不利于营养素的平衡，荤素搭配才能达到益补得当的目的，特别不能缺少绿色蔬菜。

4. 粗与细平衡

长期吃细粮会导致维生素、微量元素缺乏，只吃粗粮会因缺乏蛋白质及多种营养素而致营养不良，所以不要只吃细粮，也不要大吃粗粮。这里需特别提醒大家的是，经过精加工的玉米不属于粗粮。

5. 热与寒平衡

中医认为，食物有热、寒、温、凉四性，所以要做到“热者寒之，寒者热之”。例如，冬天宜吃火锅,夏天可多吃些绿豆汤。吃热性的羊肉时宜吃些白菜、豆腐等凉性的食物,吃寒性的螃蟹时一定要吃些姜末。

6. 饥与饱平衡

过分饥饿会伤肠,过分饱食会伤胃,饥饱不均会影响肠胃功能,诱发慢性消化道疾病。长期饱食会因血液长时间集中在消化系统而使大脑血流减少,致使大脑成纤维细胞生长因子明显增加,更容易诱发大脑供血不足、功能早衰,致使老年痴呆早发。

7. 干与稀平衡

只吃干饭容易引起便秘,长期吃粥,容易导致营养不良。每餐有干有稀,不但吃起来舒适,还有利于食物消化吸收。

8. 动与静平衡

吃饭前应该避免运动,以免影响消化液的分泌。饭后不能立即躺下休息,宜稍稍活动,以帮助食物消化吸收。

9. 酸碱平衡

酸性食品是指食品中氯、硫、磷等非金属元素的含量较高的食物,碱性食品是指食品中钙、铁、钾、镁、锌等金属元素含量较高的食物。酸碱食物摄入不平衡将会使血液 pH 值偏离正常值范围,就容易引起人体生理上酸碱失调,这就是酸碱失衡。

有的食品在体内分解代谢后,最终产生酸性物质,这类食品就称为酸性食品(或酸性食物或成酸食品)。常见的酸性食品有:猪肉、牛肉、鸡肉、鸭肉、鱼类、奶酪、奶油、各种蛋及蛋制品、大米、面粉、酒类、甜食类等。

有的食品在体内经过分解代谢后,最终产生碱性物质,这类食品就叫碱性食品(或称碱性食物或称碱食品)。常见的碱性食品有:蔬菜、水果、豆类及其制品,其中包括杏仁、椰子、海带、柠檬、洋葱、豆腐等。

10. 情绪与饮食平衡

在饮食量的把握上,古今中外,延年益寿办法不下几百种之多,但是都无效,真正公认最有效的能够延年益寿的办法就一种,我们叫"低热量膳食",也就是七八分饱。中医有句老话"若要身体安,三分饥和寒"。三分饥和寒比一切药物都好,当你离开饭桌时还有点饿,还想吃,你就离开饭桌,这就是七八分饱。

天地有五行,人有五脏,而五脏亦配合五行。其实,五行除代表我们熟悉的五种物质:金、木、水、火、土之外,也代表了我们的五脏:心、肝、脾、肺、肾,同时可引申出五色:白、青、黑、红、黄。只要每餐都吸收到五色的食品便可做到五行相生,达到调和五脏,从而滋补身体的机能。

红色食物养心,红色食物包括胡萝卜、番茄、红薯等。黄色食物养脾,黄色食物摄入后,其营养物质主要集中在脾胃区域。如南瓜、玉米等,常食可对脾胃大有裨益。绿色食物养肝,绿色入肝,多食绿色食品具有舒肝强肝的功能,是人体"排毒剂",能起到调节脾胃消化吸收的作用,绿色蔬菜无疑是补钙佳品。白色食物养肺、入肺,利于益气。大多数白色食物,如牛奶、大米和鸡鱼类等,蛋白质成分都较丰富,经常食用既能消除身体的疲劳,又可促进疾病的康复。黑色食物养肾,黑色食物是指颜色呈黑色或紫色、深褐色的各种天然动植物。黑芝麻、黑木耳、紫菜等的营养保健和药用价值都很高,它们可明显减少动脉硬化、冠心病、脑中风等疾病的发生率,对流感、慢性肝炎、肾病、贫血、脱发等均有很好的疗效。

除此之外，苦、辣、酸、甜、咸各种味道的食物都有利于各种脏器的保健。

发涩的食物：食品学专家表示，未熟的柿子、紫色的葡萄皮，这些都是涩味很重的食物。它们的涩味是食物中的单宁、植酸和草酸带来的。这些物质都是强力的抗氧化物质，对预防糖尿病和高血脂有益。不仅如此，同一种水果，发涩的品种营养价值更高，比如酸涩的小苹果就比大而甜的富士苹果好。

粗糙的食物：比如扎嘴的粗粮、难嚼的芹菜秆和白菜帮。这是因为此类食物含有丰富的不可溶性膳食纤维。可就是这些膳食纤维，能帮助人们预防便秘、防止肠癌、有利金属离子排出，帮助身体排毒，减轻体重。

苦的食物：像柠檬皮、茶叶、黑巧克力等，其中富含各种甙类、萜类物质和多酚类物质，正是它们让食物变苦。比如柠檬皮和柚子皮中的柚皮甙，茶中的茶多酚，红酒、巧克力中的多酚，都能预防癌症和心脏病，也给食物带来了一点苦涩的风味。

"冲"的食物：比如萝卜、大蒜、洋葱等。这些食物味道很冲，甚至吃完了还会有臭味。原因就是它们含有硫甙类物质和烯丙基二硫化物，这些物质都对预防癌症很有帮助。比如大蒜就是人的"健康卫士"。

"臭"的食物：榴莲气味强烈，营养科教授称，榴莲性热，可以活血散寒，缓解痛经，特别适合受痛经困扰的女性食用；它还能改善腹部寒凉的症状，可以促使体温上升，是寒性体质者的理想补品。榴莲虽然好处多多，却不能一次吃太多，否则容易导致身体燥热，还会因肠胃无法完全吸收而引起"上火"。

"怪香"食物：有些食物虽然以"香"字命名，但味道却很奇怪，比如香菜、香椿等。香菜中含硼量很多，这种物质能帮助身体吸收矿物质，保护骨骼，最适合进入40岁后的中老年人。香菜有利于维持血糖稳定，并能防癌。而香椿中含有香椿素等挥发性芳香族有机物，可健脾开胃，增加食欲。它具有清热利湿、利尿解毒之功效，是辅助治疗肠炎、痢疾、泌尿系统感染的良药。

辛辣食物：食物中的辣味一般是由辣椒素或挥发性的硫化物提供的。辣椒素具有镇痛作用，还能提高新陈代谢，起到燃脂、减肥的功效。此外，芥末还有预防高血脂、高血压、冠心病，降低血液黏稠度等功效。

酸味食物：沙果、山楂、泡菜等。它们的酸味是柠檬酸、苹果酸等有机酸带来的，这些天然的酸性物质能促进矿物质的吸收，比如铁等。同一品种的水果，味道酸的一般维生素C含量更高，维生素也更稳定，更容易保存。

健康饮食的理念是：吃不只是为了满足口味和食欲，更是为了营养脏器，储备健康。民以食为天，而三餐分配要合理，零食要适当。早餐要吃好，营养充分，以保证旺盛的精力。食物应包括奶制品、谷类（馒头或面包）、鸡蛋等。可食牛奶加燕麦粥。中餐要吃饱，应多吃蛋白质高的食物，如瘦猪肉、牛肉、羊肉、鸡肉、动物内脏、各种鱼、豆类及豆制品。由于中餐多为外食，所以在食物的选择上应注意，尽量少吃肥肉和荤油，每天还需吃绿叶蔬菜。晚餐要吃少，宜清淡，多吃纤维含量高的食物，如各种新鲜蔬菜，饭后吃点新鲜水果。可在各餐之间加些水果。

健康要求我们食用健康食品的同时，远离不健康的食品。世界卫生组织公布的十大垃圾食品包括：油炸类食品、腌制类食品、加工类肉食品（肉干、肉松、香肠、火腿等）、饼干类食品（不包括低温烘烤和全麦饼干）、汽水可乐类饮料、方便类食品（主要指方便面和膨化食品)、罐头类食品(包括鱼肉类和水果类)、话梅蜜饯果脯类食品、冷冻甜品类食品(冰淇淋、冰棒、雪糕等)、烧烤类食品。

二、适量运动

《黄帝内经》五劳:久视伤血,久立伤骨,久行伤筋,久卧伤气,久坐伤肉。

适量运动讲究劳逸结合,因地制宜,因人而异,顺应季节,循序渐进,长期坚持。

劳逸结合:运动健身刚开始时,不应进行剧烈运动,应选择适合自己的运动规律,以快乐中不感疲劳为好。过量过度的运动,对身体没有益处,反而还会出现意外的伤害。

因地制宜:户外活动一般选择花草树木繁茂的公园,以场地平坦、环境雅静、阳光明媚、空气新鲜的地方最好,也可在家门口或在室内进行。自然环境最好。

因人而异:应根据自己的健康状况、性别、年龄、生活习俗、兴趣不同,选择适合自己的健身项目。一般有行走、慢跑、保健操、太极拳、踏步、仰卧起坐等,也可利用健身器材进行锻炼。参加运动量适中的集体活动,如扭秧歌、跳集体舞、做集体操等。锻炼和兴趣相结合,锻炼和自身条件相结合。每天的运动量要根据自己体力水平而定,半小时至 2 小时均可,一般不少于半小时,否则达不到有氧运动标准。

每次运动量接近而不超过"靶心率"。一般来说,靶心率为 170－年龄的数值。如果你 60 岁,靶心率就是 170－60＝110(次/分)。你在运动时,可随时数一下脉搏,心率控制在 110 次/分以下,运动强度就是合适的,当然这是指健康的运动者,体弱多病者不在此列。如果运动时的心率只有 70～80 次/分,离靶心率相差甚远,就说明还没有达到有氧运动的锻炼标准。什么运动最好?走路是世界上最好的运动。要做到三个字:三、五、七。"三"最好一次 3 km 30 分钟以上。"五"是一个礼拜最少运动 5 次。"七"是每分钟心跳次数加自己年龄不超过 170。

顺应季节:人类经受四季气候变化的制约,运动必顺应这种规律而变化。春季是锻炼的最佳时机,应早睡早起抓紧锻炼。冬季是万物生机潜伏闭藏的季节,应减少户外活动,锻炼应在 10～12 时为佳。夏季气温较高,防暑是前提,户外活动时间不宜过长,不宜剧烈运动。秋季气候适宜锻炼,食欲明显增强,人的体力增强,可以适当增加运动量和锻炼时间。

循序渐进:根据自己的身体情况,科学地进行运动健身,具体来说就是有目的、有计划、有步骤地进行。掌握适合自己的锻炼规律,要达到既健身又防病治病的目的。要循序渐进,先易后难,由浅到深,由简到繁,由慢到快;运动量由小到大,强度由弱到强。要按动静结合、逐渐过渡的原则进行。

长期坚持:运动健身要坚持不懈地进行下去,不要半途而废。

三、戒烟限酒

大量研究已经证明吸烟者肺癌的发病率比普通人高 20～25 倍,且与吸烟的量和吸烟时间的长短正相关。调查结果显示,十几岁便学会抽烟的人,比二十几岁才开始抽烟的人,更易患癌症,而其患有动脉硬化、心脏病等疾病的比例也高了许多。另外,产生疾病的概率和抽烟也有密切的关系。根据美国研究报告指出,在心肌梗塞和冠状动脉硬化的死亡率上,抽烟的人要比不抽烟的人高。

饮酒过量,可发生急性酒精中毒,出现恶心、呕吐、嗜睡、判断力减退等现象,俗语称"醉酒”。酒精通过肝脏分解，长期过量饮酒可造成肝功能减退、脂肪肝或酒精中毒性肝硬化。如原来已患有肝病者，就是少量的酒也不要饮，因为酒精会损害肝脏功能，加重病情。酒精通过胃黏膜吸收，影响食欲及食物的消化，并刺激胃黏膜，使胃黏膜充血，发生慢性炎症。经常饮酒可引起胃炎、胰腺炎，并可使溃疡病加重，诱发溃疡病出血等。经常饮酒可使代谢紊乱，造成营养障碍，降低身体的抵抗力。

健康人偶尔适量饮一点酒，一般对健康不会有太大的影响，如果少量喝一点葡萄酒或果酒，还可以促进食欲，帮助消化，使小动脉暂时扩张，促进血液循环。

吸烟者的饮食原则：

(1)多吃新鲜水果、蔬菜。每吸一次烟，可以破坏 10～25 mg 的维生素 C，吸烟者血液中维生素 C 含量比不吸烟者低 30%～50%。多吃山楂、柠檬、猕猴桃、芒果、橘子、菠萝、苹果、绿叶蔬菜。

(2)B 族维生素：调节新陈代谢，维持皮肤和肌肉的健康，增进免疫系统和神经系统的功能，促进细胞生长和分裂。

维生素 B_1 的主要食物来源为：豆类、糙米、牛奶、家禽。

维生素 B_2(核黄素)的主要食物来源为：瘦肉、蛋黄、糙米及绿叶蔬菜、小米。

维生素 B_3 的主要来源为：动物性食物、肝脏、酵母、蛋黄、豆类。其中豆类中含量丰富，蔬菜、水果中则含量偏少。

维生素 B_5 的主要来源为：酵母，动物的肝脏、肾脏、麦芽和糙米。

维生素 B_6 的主要来源为：瘦肉、果仁、糙米、绿叶蔬菜、香蕉。

维生素 B_{12} 的主要来源为：肝、鱼、牛奶。

除了食物中摄入，还可以额外或者直接补充复合 B 族维生素片剂，一天一片。

(3)类胡萝卜素：胡萝卜、南瓜、红薯、芒果、橘子、菠萝等富含类胡萝卜素等抗氧化物质，每天可吃 100～300 g。

(4)维生素 E：瓜籽、葵花籽、核桃、杏仁。

(5)多喝茶。

(6)力求戒烟，戒不了烟的，一天不超过 4 支烟。

另外，生活规律。人的一生有 1/3 时间是在睡眠中度过的，好的睡眠习惯对恢复体力、增强智慧、保证健康，十分重要。科学研究证明，睡眠还是提高身体免疫机能的一个重要过程。

评价睡眠质量好坏的标准，不是睡眠时间的长短，而在于看第二天的精神状态，只要第二天感觉精力充沛，没有觉得不舒服，这就表明睡眠质量高，是健康的睡眠。据了解，一般情况下，人体对睡眠的要求是青壮年一夜睡 7～9 小时，少年幼儿增加 1～3 小时，老年人减少 1～3 小时，这是不同年龄段对睡眠量(时间)的要求。

上床半小时内即能入睡，整夜不醒或醒一次，不是间断多醒或早醒；不梦少梦，不是多梦或噩梦；睡眠深沉，不是似睡非睡，或易受环境干扰、惊醒，这是对睡眠质量的要求。

另外，人类最佳睡眠时间应是晚上 10 点至清晨 6 点，老年人稍提前为晚 9 点至清晨 5 点，儿童为晚 8 点至清晨 6 点。

这只是一个大致的平均数，每个人每天所需的睡眠时间差异很大，这与人的性格、健康状况、工作环境、劳动强度等许多因素有关，与每个人的睡眠习惯也有一定关系。

四、心理平衡

阳光心理是我们心理平衡最主要的措施。心理的作用超过一些保健措施的总和。只要注意心理平衡，就掌握了健康的金钥匙。百岁以上的健康老人，个个心胸开阔、性格随和、心地善良，没有一个健康老人心胸狭隘、脾气暴躁、鼠肚鸡肠、钻牛角尖的。人的心理状态很重要，得病与康复因人而异，有的人不容易得病，有些人就容易得病，这与心理状态关系极大，良好的心理状态就是最好的抗癌良药。一个人心理平衡，生理就平衡，什么病就不得，得了病也好得快。任何病都是这样，这个力量非常非常强大，有时强大得不可想象。

正如我国传统医学所强调的："药疗不如食疗，食疗不如神疗。"

第二章　人格的深度

——稳定的人格是成长的果实

如果我们的人格有问题的话，我们就没有办法享受我们的成就。

一个人格更加健康的人，他会允许自己接触很多的情感。

德蕾莎修女

1997年9月5日，一个生命离开了我们，这一天，全世界都哭了，天也哭了，印度的加尔各答大雨倾盆，在大雨中痛哭的人有回教徒、印度教徒、基督徒、伊斯兰教徒、佛教徒……而死去的这个人是基督徒，20世纪最伟大的人、诺贝尔和平奖获得者——德蕾莎修女。

1979年，德蕾莎修女获得诺贝尔和平奖。她穿着一件只值一美元的印度纱丽走上领奖台，不管是和总统会见还是服侍穷人，她都穿着这件衣服，她没有别的衣服。台下坐着珠光宝气身份显赫的贵人，她视而不见，她的眼中只有穷人。

她创建的仁爱传教修女会有4亿多美元的资产，全世界最有钱的公司都争相给她捐款。但是她一生却坚守贫困，她住的地方，只有两样电器，一个是电灯，一个是电话。她的全部财产是一个耶稣画像、三套衣服、一双凉鞋，她从来不穿袜子。她努力要使自己成为穷人，为了要服务最穷的人，她的修士修女们都要把自己变成穷人，只有如此，被他们服务的穷人才会感到有一些尊严。

一个18岁的姑娘，自己都还没有固定的地方住，但是她每天做的事情，就是推着小车，在垃圾堆里、在水沟里、在教堂门口、在公共建筑的台阶上，去拣回那些奄奄一息的病人、被遗弃的婴儿、垂死的老人，然后到处去找吃的喂他们，找药给他们治病，求医生来帮忙……很多人把她也当成乞丐，把她当成疯子，甚至骂她、打她、赶她走，因为他们根本不明白她为什么要做这些事情。

但是后来，所有的人都被她感动了，她救的人里面大多数是和她信仰不同的印度教徒，她尊重他们，按照他们的信仰处理他们的后事。

一个马上要离开人世的人努力地对德蕾莎修女说出最后一句话："我生活得像条狗，可你让我死得像个天使。"

一个女人活得如此伟大，人格的深度到底有多深呢？人格的成长空间到底有多大呢？

不同的人有不同的人格，人格体现出不同的深度与广度，有的人苟且偷生、苟延残喘，有的人光明磊落、光彩照人，有的人悲观厌世、冷漠无情，有的人朝气蓬勃、热情洋溢，这是为什么呢？

真的是人格决定命运吗？

第一节　人格的深度

一、人格

人格是一系列复杂的、具有跨时间、跨情境特点的，对个体特征性行为模式（内隐的以及外显的）有影响的独特的心理品质。

人格的结构：从构成方式上讲，人格其实是一个系统，其由三个子系统组成。

1. 个性倾向性

指人对社会环境的态度和行为的积极特征，包括需要、动机、兴趣、理想、信念、世界观等。个性决定着人对现实的态度，决定着人对认识活动的对象的趋向和选择。个性倾向性是个性系统的动力结构。它较少受生理、遗传等先天因素的影响，主要是在后天的培养和社会化过程中形成的。个性倾向性中的各个成分并非孤立存在的，而是互相联系、互相影响和互相制约的。其中，需要又是个性倾向性乃至整个个性积极性的源泉，只有在需要的推动下，个性才能形成和发展。动机、兴趣和信念等都是需要的表现形式。而世界观属于最高指导地位，它指引和制约着人的思想倾向和整个心理面貌，它是人的言行的总动力和总动机。由此可见，个性倾向性是以人的需要为基础、以世界观为指导的动力系统。

2. 个性心理特征

指人的多种心理特点的一种独特结合。其中包括完成某种活动的潜在可能性的特征，即能力；心理活动的动力特征，即气质；对现实环境和完成活动的态度上的特征，即性格。个性心理特征是个性系统的特征结构。

3. 自我意识

指自己对所有属于自己身心状况的意识，包括自我认识、自我体验、自我监控等方面，如自尊心、自信心等。自我意识是个性系统的自动调节结构，而心理过程是个性产生的基础。

二、人格的心理特征

1. 独特性

一个人的人格是在遗传、环境、教育等因素的交互作用下形成的。不同的遗传、生存及教育环境，形成了各自独特的心理特点。人与人没有完全相同的人格特点。所谓“人心不同，各有其面”，这就是人格的独特性。但是，人格的独特性并不意味着人与人之间的个性毫无相同之处。在人格形成与发展中，既有生物因素的制约作用，也有社会因素的作用。人格作为一个人的整体特质，既包括每个人与其他人不同的心理特点，也包括人与人之间在心理、面貌上相同的方面，如每个民族、阶级和集团的人都有其共同的心理特点。人格特征是共同性与独特性的关系，就是共性和个性的关系，个性中包含共性，共性又通过个性表现出来。

个性是个体动力倾向系统的结构，不是被客观环境任意摆布的消极个体。个性具有积极性、能动性，并统帅全部心理活动去改造客观世界和主观世界。

2. 稳定性

人格具有稳定性。个体在行为中偶然表现出来的心理倾向和心理特征并不能表征他的人格。俗话说，“江山易改，秉性难移”，这里的“秉性”就是指人格。当然，强调人格的稳定性并不意味着它在人的一生中是一成不变的，随着生理的成熟和环境的变化，人格也有可能产生或多或少的变化，这是人格可塑性的一面，正因为人格具有可塑性，才能培养和发展人格。人格是稳定性与可塑性的统一。

3. 整体性

人格是由人格中的各种心理特征彼此交织，互相影响，构成的一个有机整体，具有内在统一的一致性，受自我意识的调控。人格整体性是心理健康的重要指标。当一个人的人格结构在各方面彼此和谐统一时，他的人格就是健康的。否则，可能会出现适应困难，甚至出现人格分裂。它虽然不能直接观察得到，但是，却表现在行动中，让人的各种行为所表现出来的特征是一个整体，体现出来其独特的精神风貌。

4. 功能性

外部环境刺激是通过人格的中介才起到作用的，也就是说，对于个人的行为具有调节的功能。人格决定一个人的生活方式，甚至决定一个人的命运，因而是人生成败的根源之一。当面对挫折与失败时，坚强者能发奋拼搏，懦弱者会一蹶不振，这就是人格功能的表现。

5. 自然性与社会性的统一

人格是在一定的社会环境中形成的，因而一个人的人格必然反映出他生活在其中的社会文化的特点和所受教育的影响，这就是人格的社会制约性。人格的社会性并不排除人格的生物性，人格是在个体遗传和生物性的基础上形成的，人格的生物性是人格形成的基础。所以，人格是先天具有与后天学习的统一。

婴儿出生后并没有形成自己的个性，随着其成长，其心理不断丰富、发展、完善，逐渐形成其个性。从形式上讲，个性不是预成的，而是心理发展的产物。

心理学研究表明，儿童生下来时只是一个生物实体，以后通过一定的社会活动与社会交往，形成一定的社会关系，才逐渐具有社会性。社会性是在生物实体上形成和发展起来的，因此，在人格形成和发展中，既不能排除社会因素的作用，也不能排除生物因素的作用。但是，也不能把这两种因素在人格形成和发展中的作用等量齐观。对野生儿的心理研究表明，一个人无论在出生时继承了多么优越的遗传素质，如果脱离了人类社会生活，人的正常心理就无法形成，更谈不上健康人格的发展。人格作为一个整体、作为一个系统，主要是由社会生活环境所影响的。

第二节 人格的区分度

人格理论是对个体人格结构和功能的假设性说明。它们可以帮助我们达成心理学的两个目标:①理解人格的结构、起源及与此有关的特点。②根据对人格的理解预测行为和生活事件。不同的理论对人在一定条件下如何做出反应或是适应有不同的预测。

也就是说运用人格理论可以区分不同特点的人,再预测不同的人的行为和生活事件。

一、人格的类型和特质理论

人格(personality),又译为个性,指人类心理特征的整合、统一体,是一个相对稳定的结构组织。并在不同时间、地域下影响着人的内隐和外显的心理特征和行为模式。

早期类型理论之一是公元前 5 世纪古希腊的一位著名内科医生希波克拉底提出来的,他认为体液即是人体性质的物质基础。他在"四根说"发展为"四液说"的基础上,进一步加以系统化。希波克拉底认为人体中有四种性质不同的液体,它们来自于不同的器官。其中,黏液生于脑,是水根,有冷的性质;黄疸汁生于肝,是气根,有热的性质;黑胆汁生于胃,是土根,有减温的性质;血液出于心脏,是火根,有干燥的性质。人的体质不同,是由于四种体液的不同比例所致。

多血质:外向,活泼好动,善于交际;思维敏捷;容易接受新鲜事物;情绪情感容易产生也容易变化和消失,容易外露;体验不深刻等。

黏液质:情绪稳定,有耐心,自信心强。

抑郁质:抑郁质的人神经类型属于弱型,他们体验情绪的方式较少,稳定的情感产生也很慢,但对情感的体验深刻、有力、持久,而且具有高度的情绪易感性。

胆汁质:反应迅速,情绪有时激烈、冲动,很外向。

这个理论流行了几个世纪,影响一直延续到中世纪。

1942 年,威廉·赛尔顿提出了一种类型理论,根据人外层、中层和内层胚叶的发育程度将气质分成三种类型。

内胚叶型:丰满、肥胖。特点是图舒服,好美食,好睡觉,会找轻松的事干,好交际,行为随和。

中胚叶型:肌肉发达,结实,体型呈长方形。特点是武断,过分自信,体格健壮,主动积极,咄咄逼人。

外胚叶型:高大细致,体质虚弱。特点是善于自制,对艺术有特殊爱好,并倾向于智力活动,敏感,反应迅速。工作热心负责,睡眠差,易疲劳。

体型说虽然揭示了体型与气质的某些一致性,但并未说明体型与气质间关系的机制、体型对气质是直接影响或是间接的影响、二者之间是连带关系还是因果关系。另外,研究结果主要是从病人而不是从常态人得来的。因此,体型说缺乏一定的科学性。

1996 年弗兰克·沙洛威提出了基于出生顺序的现代类型理论。根据达尔文的生物体是为了找到生存的合适环境而出现多样化这一观点，沙洛威提出了使用出生顺序预测人格的方法。

根据沙洛威的观点，头生儿的位置是现成的，他们直接要求父母的爱和关注，他们通过认同和遵从父母来寻求保持最初的依恋。相反，后来出生的孩子的位置就不同了——一个无法非常清晰地得到父母模范作用的位置。随之，沙洛威将后出生的孩子特征化为“天生的反叛”：他们要在先前出生的孩子还没有占到主导地位的领域里占有优势。后出生的孩子通常被培养成对经验持有开放性态度，以在生活中获得更新颖、更成功的位置。为了验证后出生的孩子喜爱创新而头生儿安于现状这一假设，沙洛威调查了科学、历史以及文化上的革命，以及大量对这些革命持支持态度或反对态度的历史和当前时代人的出生顺序。

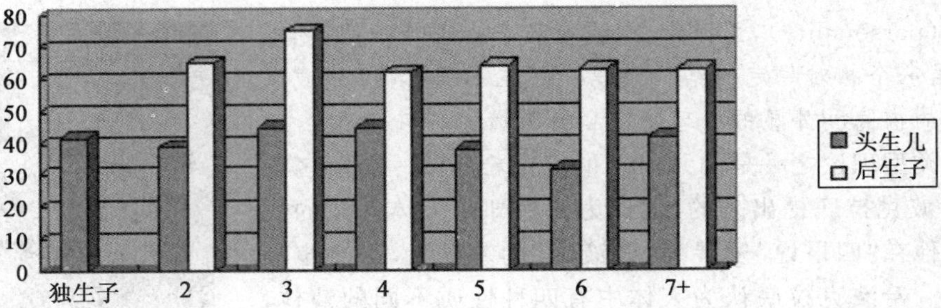

从上表中可以看出，无论家庭里兄弟姐妹的数量有多少，后出生的孩子比头生儿更倾向于支持创新理论。

类型理论认为可以把人划分成为不同的类型，这些类型是独立的、不连续的，就像头生儿和后生子一样。与此同时，特质理论推崇连续的维度，比如智力和友谊等。特质是持久的品质和特征，这些品质或特征使个体在各种情况下的行为具有一致性。比如，某一天你可能会通过归还一个拣到的钱包来证明你的诚实，而另一天，你可能会通过考试中不作弊来证明这一点。一些特质理论家认为，特质是引起行为的先决条件，但是，更加保守的理论家仅仅将特质作为描述性维度，该维度简单地总结被观测到的行为模式。

1. 阿尔波特的特质理论

阿尔波特将特质看作人格的框架和个性的根源。他认为，特质使行为具有一致性，这是因为它们将一个人对于各种刺激的反应联系并统一起来。特质可能作为一个中介变量，使一系列刺激和反应产生联系，而这些刺激和反应最初看起来可能彼此间几乎没有联系。比如：

刺激条件	特质（中介变量）	反应
做演讲 参加聚会 见陌生人 遇到熟悉的人 还一本侦破小说	羞怯	回避—退缩 脸红 记忆缺失 沉默 笨拙的姿态 很少目光接触

阿尔波特确定了三种特质：首要特质、核心特质和次要特质。

首要特质影响一个人如何组织生活，比如对于特蕾纱修女来说，首要特质可能是为了他人的利益自我牺牲。但并不是所有的人都会发展出这样明显的首要特质。

核心特质是代表一个人主要特征的特质，比如诚实和乐观。

次要特质是有助于预测个人行为的特定、个人的特征，但次要特质对于理解个体的人格帮助要小得多。对于食物和衣着的偏好是次要特质的例子。

2.确定普遍的特质维度

1936年，阿尔波特和他的同事通过对字典的检索，发现在英语中有超过18 000个形容词被用来描述个体的差异。从那时起，研究者就一直试图在浩如烟海的特质词汇中确定基本的维度。他们希望弄清有多少维度存在，哪些维度有助于心理学家给出一个对于所有个体都可用的、普遍的特征。

卡特尔使用阿尔波特的形容词表作为他的研究起点，想要揭示出一些数量适宜的、基本的特质维度。通过研究，他提出了人类人格的16因素。卡特尔将这16因素称为根源特质，因为他相信这16因素是表面行为的潜在根源，而这一根源就是我们通常说的人格。卡特尔的16因素包含了重要的行为范畴，比如保守和开放、信赖和怀疑、放松和紧张等。

在特质研究的领域里，还有很多不同的研究结果，比如著名的艾瑞克森人格环等，但是，近年来，多数人的意见认为，五因素模式可能是最好的描述人格结构的模型。

在五因素模型中，特质被压缩到大约200个同义词类群，用于组成一个两极的特制维度：这些维度有一个最高的极点和一个最低的极点，比如负责任和不负责任。下一步，要求被试者给他们或他人在两极维度上评分，用适当的统计方法来处理这些评分结果，以确定这些同义类群是如何相互联系的。运用这个方法，许多独立的研究小组得到了相同的结论：人们用来描述自己和他人的特质时共有五个基本的维度。

这五个维度是非常宽泛的，因为在每一个维度中都包含许多特质，这些特质有着各自独特的内涵，但又有一个共同的主题。人格的五个维度现在被称为五因素模型，或者，用一种不太正式的称谓，叫作“大五”。

因素	双极定义
外向性	健谈的、精力充沛的、果断的/安静的、有保留的、害羞的
和悦性	有同情心的、善良的、亲切的/冷淡的、好争吵的、残酷的
公正性	有组织的、负责的、谨慎的/马虎的、轻率的、不负责任的
情绪性	稳定的、冷静的、满足的/焦虑的、不稳定的、喜怒无常的
创造性	有创造性的、聪明的、开放的/简单的、肤浅的、不聪明的

为了证明五因素模型的普遍性，研究者将他们的研究扩展到了英语以外，五因素的结构在许多语种都得到了重复，包括汉语。

需要强调的是，五因素模型只是勾画出一个分类的方法，让我们可以对我们认识的所有人进行一个描述，抓住这些人之间互相区别的最重要的维度，它仅仅是一种描述性的方法。

类型和特质理论能够让研究者对不同人的人格进行精确的描述，但是，另外一些科学家指出，这些理论不能比较全面地解释“行为是如何产生的”或者“人格是如何发展的”这些问题，它们仅仅是识别和描述了与行为相关的特点。典型的特质理论仍然只是按照人格结构现有的样子对人格结构提供静态的或者只是稳定的描述。

人格特质遗传性：从影响人格形成因素的多个层面来看，凡是基本的而又与身体或生理有关的人格特质，受遗传的影响较大，如动机和情绪；凡属较为复杂的人格特质，诸如兴趣、态度、价值观等，其形成受环境的影响大。因此，不可误解为任何一项人格特质都受遗传较大的影响。

人格是个复杂的系统，因为人格是环境和遗传交互作用的产物，这种交互作用有多种方式，其中主要有三种：第一，反应的交互作用，即面对相同的环境，不同的个体以不同的方式进行感受和解释；第二，唤起的交互作用，即个体的人格特质和行为会引起周围的人对他的特别反应；第三，超前的交互作用，即个体主动选择和建构自己所喜爱的环境，这些环境反过来进一步塑造人格。总之，个体与环境的动态交互作用造就了一个人的人格。

类型理论将人们分为互不重合的类别（比如头生儿和后生儿），进而对他们的行为进行预测。与之形成对照的是，特质理论从连续的维度上对人格的概念进行划分。当今的理论家提出有五个普遍的因素形成跨文化意义上的人格维度：外向性、和悦性、公正性、情绪性和创造性。行为基因学的研究表明人格特质是具有高度遗传性的。理论家现在认识到，为了寻找行为上的一致，我们需要从个人特点和他周围环境的心理特征两方面进行准确描述。

二、弗洛伊德的精神分析理论

西格蒙德·弗洛伊德（Sigmund Freud，1856 年 5 月 6 日—1939 年 9 月 23 日）是奥地利精神病医师、心理学家、精神分析学派创始人。1873 年入维也纳大学医学院学习，1881 年获医学博士学位。1882—1885 年在维也纳综合医院担任医师，从事脑解剖和病理学研究。然后私人开业治疗精神病。1895 年正式提出精神分析的概念。1899 年出版《梦的解析》，被认为是精神分析心理学的正式形成。1919 年成立国际精神分析学会，标志着精神分析学派最终形成。1930 年被授予歌德奖。1936 年成为英国皇家学会会员。1938 年奥地利被德国侵占，赴英国避难，次年于伦敦逝世。他开创了潜意识研究的新领域，促进了动力心理学、人格心理学和变态心理学的发展，奠定了现代医学模式的新基础，为 20 世纪西方人文学科提供了重要理论支柱。

心理动力学理论的创始人是弗洛伊德，心理动力学人格理论认为，强大的内在驱动力塑造人格并引发行为。

弗洛伊德把人格结构分为三个层次：本我、自我、超我。

本我位于人格结构的最低层次，是人的原始的无意识本能，特别是性本能组成的能量系统，包括人的各种生理需要。它遵循快乐原则，寻求直接的满足，而不顾社会现实是否有实现的可能。

超我位于人格结构的最高层次，由社会规范、伦理道德、价值观念内化而来，是个体社会化的结果。它遵循道德的原则，是道德化了的自我，起着抑制本我冲动、对自我进行监控以及追求完善境界的作用。

自我位于人格结构的中间层次，是在本我的冲动与实现本我的环境条件之间的冲突中逐渐发展起来的。它在本我与超我之间起着调节作用，一方面要尽量满足本我的要求，另一方面又受制于超我的约束。它遵循的是现实性的原则。

人格结构中的三个层次相互交织，形成一个有机整体。它们各司其责，分别代表着人格的某一方面：本我反映人的生物本能，按快乐原则行事，是“原始的人”；自我在环境条件允许的情况下，让本能冲动能够得到满足，是人格的执行者，按现实的原则行事，是“现实的人”；超我追求完美，代表了人的社会性，按道德的原则行事，是“道德的人”。当三者处于协调状态时，人格表现出一种健康的状况；当三者发生冲突并且无法解决的时候，就会导致心理的疾病。

根据精神分析理论，人格的核心是一个人思想中的各种事件，这些事件是产生行为的动机。通常情况下人们会意识到这些动机；然而，某些动机也会产生在非意识层面。心理动力学理论本质就在于对这些行为产生的内在来源以及这些内在驱动力之间冲突的关注。

弗洛伊德认为，所有的行为都是动机引发的。行为从来不会由随机和突发事件引起，所有的行为都是动机所决定的。人类的每一个动作都有一个原因和一个目的，这种原因和目的能够通过对思维联想、梦、错误和其他的关于内在情绪的行为线索进行分析而被发现。

在弗洛伊德的理论当中，人格的差异是由于人们对待基本驱动力方式的不同而引发的。为了揭示这种差异，弗洛伊德描绘了一场人格大战——本我和超我之间的无休止的斗争，这种战斗，又是通过自我来调和的。

本我，可以看作是原始驱动力的储存处。它非理性地运作着，它跟随冲动运动并追求即时的满足感，而不考虑渴望的行为是否现实可行、被社会认可。本我被快乐原则所支配，无节制地寻找满足感能随时被实现而不考虑其后果，这种快乐是指性、生理和情感快乐。

超我，是一个人的价值观的储存处，包括从社会习来的道德态度。超我大致上和良心的概念相对应。当儿童开始将父母或者其他成年人对于某些社会禁忌作为他的价值观的一部分时，超我便逐步发展起来。超我也包括理想自我，这是一个人想让自己努力成为的样子。这样，超我经常和本我出现矛盾。本我想做感觉上快乐的事情，而超我则坚持做那些正确的事情。

自我，是一个基于现实的自我方面，来调和本我冲动和超我需求之间的冲突。自我代表一个人关于生理和社会现实的观点，是他关于行为的原因和结果的理性认识。自我的一部分工作是选择那些能够满足本我冲动的行为，但这些行为同时又不会带来不愿看到的结果。自我是受到现实原则支配的，这种原则为快乐的需求提供现实的选择。

弗洛伊德的追随者认为，人格的基本表征就是潜意识的原始冲动和社会价值冲突的战场。弗洛伊德的许多有才华的后继者对人格的精神分析观点进行了修正。

阿尔弗雷德·阿德勒认为，作为无助的、依赖的儿童，人人都会体验到自卑感。所有生命都会被寻求办法克服自卑感而控制。通过补偿获得胜任感，更多情况是过度补偿而追求优越。人格就是围绕着这种基本的奋斗来建构；以克服基本的自卑感的特定方式为基础建立生活风格。人格冲突不是源于人们之间的竞争，而是起因于外部环境压力和内部奋斗的矛盾。

卡尔·容格极大地扩展了潜意识的概念。在容格看来，潜意识并不限于个体独特的生活经验，而是包括整个民族共同具有的基本心理事实，即集体潜意识。集体潜意识可以解释你对普遍存在原型的原始神话、艺术形式和象征的直觉性理解。原型是特定经验或人物的原始象征的直觉性理解。对于每一种原型，人们都有一种本能性的倾向，以一种特殊的方式去感受它、思考它或体验它。

弗洛伊德的精神分析理论强调所有的行为都是有动机的，而且动机在潜意识水平发生作用。力比多提供了一种重要的动机源泉。随着个体的成长，性能量通过身体上一系列敏感区表现出来。弗洛伊德在发现病人的症状反映了早年生活事件以后，提出心理决定论。根据弗洛伊德的理论，维护道德的超我与追求现实的自我试图调和寻求性、情绪以及身体快乐即时满足的本我。尽管弗洛伊德的理论的许多方面遭到批评，但是像潜意识、防御机制等概念还是得到许多心理学家的认可，弗洛伊德的追随者如阿德勒、霍尼以及荣格又对其理论进行了修正和补充。

后弗洛伊德理论认为，人格的基本表征是潜意识的原始冲动与社会价值冲突的战场。他们更强调自我功能，包括自我防御机制、自我的发展、意识思考过程和个人控制。他们认为社会变量（文化、家庭和同伴）对人格形成具有重要影响。他们较少强调性冲动或力比多的重要性。他们认为人格发展不仅限于儿童，而是持续一生。

三、人本主义理论

卡尔·罗杰斯（Carl Ranson Rogers，1902—1987）美国心理学家，人本主义心理学的主要代表人物之一。人本主义心理学的理论家和发起者、心理治疗家，被心理学史学家誉为"人本主义心理学之父"。从事心理咨询和治疗的实践与研究，并因"以当事人为中心"的心理治疗方法而驰名。1947年当选为美国心理学会主席，1956年获美国心理学会颁发的杰出科学贡献奖。

人本主义从个人、意识经验与成长潜能整合的角度理解人格，其核心是强调自我实现的驱动力。自我实现是指个体不断努力开发自身才智与能力，实现个人潜能的倾向。

人本主义人格心理学家认为，个体先天或后天的追求自我实现的动机，会驱使个体一直向积极的方向发展和变化。自我实现的倾向，作为一种建设性、指导性的力量，驱动个体不断扩展自我以及做出积极的行为。

自我实现的驱动力有时会与获得自己和他人认可的需要发生冲突，尤其在个体觉得必须服从某些约束或先决条件才能得到认可时。例如，卡尔·罗杰斯认为，无条件的积极关注在儿童成长过程中十分重要。通过无条件的积极关注，儿童感到尽管他们可能有错误和过失，但总是处于被爱与认可的气氛中，而这种爱与认可纯粹发于自然，不是他们必须努力才可能争取得来的。

无条件积极关注对于成人也十分重要，因为成人也经常为获得认可与自我实现之间的冲突而焦虑。对于那些与自己亲近的人，成人应该同时给予和获得无条件的积极关注。更加重要的是，成人需要无条件的、积极的自我关注，也就是悦纳自我，而不是关注那些试图改变的缺点。

人本主义人格理论基础的主要理论家之一凯伦·霍妮坚信，人们的"真实自我"需要一个良性的环境氛围，如温暖、别人的美好祝愿、父母对子女"独特个体"式的关爱等，才能得以实现。当缺乏这样一个良性的环境氛围时，儿童会产生基本焦虑，进而压制了真实情感的自然流露，阻碍了有效人际关系的形成。为了应付基本焦虑，个体发展出内部或人际的防御。人际防御引发个体亲近别人(过度顺从与自我抹杀)、对抗别人(攻击性、傲慢、自恋)和远离别人。

人本主义理论还有一个重要的观点，就是马斯洛的需求理论。

尽管在具体方法上有所不同，但是，所有的人本主义理论都强调自我实现和实现真实自我的过程。

人们经常批评弗洛伊德的理论太过悲观，关注充满矛盾、创伤和焦虑的人性。人本主义理论倡导驱动人们追求快乐与自我实现的健康人格。当然，人本主义也有自身的局限性，比如：自我实现究竟指什么？自我实现是先天的倾向还是基于文化环境产生的？人本主义也并不是历来就关注那些个体所独有的特征，而是更多关注人性和那些作为个人人格的个体差异之基础的人们普遍的特征。由于强调自我作为经验和行动的来源的地位，人本主义理论也不可避免地忽略了那些影响行为的重要的环境因素。

四、社会学习和认知理论

班杜拉于1952年获得博士学位。由于他的创造性研究工作使他在心理学界树立了很高的声望。1974年他当选为美国心理学会的主席。他于1977年出版的《社会学习心理学》一书，是社会学习理论及其研究成果的一本总结性的著作。从这部著作中，不仅可以看到他的理论的基本观点、主要研究成果，而且也可以看出其理论思想的形成过程。

前文谈到的所有理论的共同点就是都强调某种内部机制，如特质、本能、冲动、自我实现倾向等概念，它们推动着相应的特定行为，并进一步形成了人格的功能结构基础。然而，这些理论大多缺少在人格和特定行为之间的稳固关系。例如，心理动力学和人本主义的理论只是提供了对于人格的解释，却没有能够对特定的行为进行预测。人格理论的另一个传统来自于对个体行为差异的更为直接的关注。但是，人类大多数行为都可以被环境事件所预测。支持学习理论的心理学家往往更关注环境对于行为的控制作用。人格被看作是个体显性和隐性反应的综合。学习理论的方法是根据人们曾经受到的不同强化来考察个体间的差异。

通过耶鲁大学心理学家约翰·多拉德等提出了关于习得的内驱力、反应抑制以及习得的习惯模式等概念。他们强调了紧张度的动机性压力作用和在紧张度减少过程中的强化或奖励作用。机体未得到满足的驱力引发了相应的行为以减少紧张度。由于这些行为能够成功地减少有机体的紧张感，于是得到了强化，而且最终变为一种习得的习惯。他们还提出个体能够通过社会模仿来学习的观点：即个体通过观察其他人的行为而习得复杂行为的过程，且这种学习可以不依赖强化而进行，行为的获得和行为的表现是不同的过程。比如，一个儿童观察到，当父亲回家时，他的姐姐总是抢着冲上去迎接父亲，从而能够获得糖果奖励。这个儿童便会因为想得到糖果而采用了同样的行为，模仿学习便发生了。模仿学习概念的引进，拓宽了心理学家们对于习得的习惯的理解，而不论这种习得是有效的还是具有破坏性的，都是由模仿所得来。所有这些习得的习惯的综合产生了人格。

当代的社会学习和认知理论通常都赞同这种观点，即环境事件将影响行为。这些理论更进一步强调认知过程与行为的作用是同等重要的。那些支持人格理论的心理学家指出，在对外界情境的理解和定义方面存在着显著的个体差异。认知理论强调心理过程在人们对现实的感觉和知觉印象进行组织时的重要性。

与人本主义理论类似，认知理论也强调有机体本身在形成自己独特人格过程中会有主动的参与并起到决定性作用。人们会主动选择去适合自己的环境发展；人们并不是被动反应的机器；人们还会权衡不同情境的利弊而做出选择——人们选择进入他们期待获得正强化的情境而避开那些令人不满意和不确定的情境。

情感认知理论把个人看作是通过认知组织处理外界信息、在与环境的互动行为中能主动解决问题的个体。这种理论强调考察行为在个体与不同环境的互动中如何发生并起作用的。

人格的社会学习理论强调学习原则和个人与社会环境的互动的结合。社会学习理论观点认为，人既不是由内部因素驱动的，也不是完全受环境所左右。他们强调在获得和保持某种行为中的认知过程，这也是人格形成的过程。

社会学习理论提出了一个由个体因素、行为和环境刺激三者构成的复杂的互动系统。这三者中每一个都会影响并能改变另一个元素，并且这种影响极少是单向的。你的行为会受到你的态度、观念、以前的强化经历以及环境中可获得的刺激所影响；你所做的可以对环境产生作用，同时人格中某些重要的成分受到环境和行为反馈的影响。因此，交互决定成为社会学习理论中一个重要的概念，它意味着如果要完整地理解人格和社会生态学就必须全面地考察所有的这些因素。

比如，如果你是一个肥胖的人，你可能不会在田径场上表现得很活跃。但是，如果你住的靠近某个游泳池，你可能会花时间去游泳；如果你性格外向，你可能会和游泳池的人交谈，在那里创造一个非常友好的气氛。这样，游泳池的环境会变得更加令人愉快。这是一个由人、地点和行为组成的交互影响系统。

社会学习理论强调观察学习过程，即个人通过观察别人的行为来改变他们的行为。通过观察学习，儿童和成人都获得了大量的社会环境的信息。通过观察，你可以知道什么行为是受到欣赏的，什么是受到惩罚的，什么是不被重视的。因为你可以使用记忆对外部事件进行思考，你可以预测你某个行为的结果而不必亲身去体验。仅仅是通过观察别人做什么和他们的行为结果，你就可以获得一些技能、态度和观念。

社会学习理论的发展，提出了自我效能为核心的概念。自我效能是一种相信自己在某种情景下能够充分表现的信念。你的自我效能感会以多种方式影响你的知觉、动机和绩效。当你预期不能产生效果时，你不会尝试采取行动或者捕捉机会，当你认为不够充分时你会逃避。甚至事实上你拥有能力并存在意愿时，如果你认为自己缺乏某种事情需要的资源，你也不会去采取需要的行动或者是不能坚持去成功地完成任务。

除了根据现实的成绩和表现，人们还从依靠以下几个方面的信息来判断自我效能：

各种经验——你对其他人的表现的观察。

说服——别人可能让你确信你能够做一些事情，或者你让自己获得这样的确信。

当你考虑或开始某项任务时对你的清晰唤起的监控。例如，焦虑表明较低的自我效能期望，而兴奋则表明较高的自我效能期望。

自我效能的判断影响着人们在人生的各种情境下当面临困难时付出多少努力和能够坚持多久。对成功和失败的期望受实际表现的反馈影响。但是，这些期望也可能创造出一个预期的反馈而变成一种自我实现的语言。

自我效能理论也承认环境的重要性。对成功和失败的预期以及与此相应的中止或者坚持行动的决定，可能是以对周围环境究竟是支持性的还是非支持性的判断的基础，当然，还有对于自己能力的知觉。行为结果取决于人们对自己能力的知觉和对环境的知觉。

在这些早期的认知和社会理论的基础上，社会智力理论产生了。社会智力，是指人们在不同的人生任务时期需要的专门技能。社会智力理论定义了以下三个类型的个体差异。

人生目标的选择：人生目标和任务的区别对人们是最重要的。例如，大学生可能关心的是“获得好分数”或者是“获得和保持友谊”。人们的目标随着不同时间阶段而改变。你 10 年前的目标可能和你现在的完全不同，也可能不同于你未来的目标。

社会互动的知识：人们之间的区别还在于他们在社会任务和个人问题解决方面的技能上。

完成目标的策略：人们在解决问题中所采用的策略也是各不相同的。

你也许知道有两个人有相同的生活目标，但是，他们所知道的和所能运用知识的方式不同，他们在行为过程中所做的决策也可能有很大的不同。一个可能采取外在的学习策略，而另一个可能自己应付而不愿意寻求帮助。社会智力理论对人格为什么具有一致性给出一个新的视角：在一定时期，人们的目标、知识和策略使用是具有一致性的。

社会学习和认知理论认为，人们的行为会受到环境因素的影响，米希尔认为人们对特定的环境信息的反应取决于他们的信念编码过程、期望、信念、情感、目标、价值观、能力和自我调整。班杜拉提出了一个由个人、环境和行为交互影响的理论，其中自我效能是人们采取何种行为的一个主要的因素。坎特认为人们的差异性在于生活目标的选择、所拥有的知识和他们实现目标时采取的策略。

五、自我理论

威廉·詹姆斯（William James，1842—1910），美国心理学家和哲学家，美国机能主义心理学和实用主义哲学的先驱，美国心理学会的创始人之一。1875 年，建立美国第一个心理学实验室。1904 年当选为美国心理学会主席，1906 年当选为国家科学院院士。是关注自我研究的最坚定的早期倡导者。他说：“让自己感觉勇敢起来，表现得很勇敢，并以意志力来实现这个目标，勇气便可取代恐惧。”

詹姆斯将自我经验分为三个部分：物质我（与周围物质客体相伴随的躯体我）、社会我（关于别人对自己的看法的意识）以及精神我（监控内在思想与情感的自我）。詹姆斯认为，一切与自身相关的事物都会在某种程度上成为自我的一部分。这就解释了人们为什么当其朋友和家庭成员——自我的一部分——受到打击时做出防御性反应。

（一）自我概念的动力性

自我概念是一个动态的心理结构，它引发、解释、组织、传递、调节内心及人际的行为和活动。自我概念包括几个部分，它们是：关于你自己的记忆，关于你的特质、动机、价值以及能力的信念，你最想成为的理想自我，对你自己的积极或消极评价（自尊）；以及关于别人怎么看待你的信念。

“知识块”——对环境结构的综合概括表达——图式。自我图式让你能组织有关你自己的信息，经常用来解释自己行为的图式也会影响你对有关别人信息的加工方式。

可能自我(possible selves)定义为“我们非常想达到的理想自我，也是我们可能达到和害怕实现的自我”。

(二)自尊和自我表现

某些人有着消极的自我概念，我们也称之为低自尊。一个人的自尊(self-esteem)是对自我的概括性评价。

当你担心自己没有能力完成某项任务时，你也许会采取自我妨碍(self-handicapping)，你在故意破坏你的任务完成！

自尊的某些重要方面和自我表现有关。当人们知道结果要公开的话，采取自我妨碍的可能性就会增加。

(三)自我的文化结构

马库斯与基塔雅玛就每一种文化对于自我的不同解释有过讨论：

个人主义文化鼓励对于自我作独立的解释(independent construal of self)——“要达到独立这个文化目标，需要把自我看作一个独立的个体，根据其自己内部的全部技能，包括想法、感受和行动来对自己的行为进行组织和赋予意义，而不是依靠他人。”

集体主义文化鼓励对于自我作互相依赖的解释(interdependent construals of self)——“体验互相依赖使得个体需要把自我看作周围社会关系的一部分，并且要认识到一个人的行为在很大程度上受到他/她感受到的社会关系中的其他人的想法、感受和行动的影响的”。

(四)对人格理论的比较

没有一个统一的人格理论是主流心理学家都认可的，在考察不同的人格理论时，我们可以从以下四个主要方面的假设来认识人格理论的差异。

1. 遗传和环境

这种差异被称为先天和后天的差异，对人格发展来说，哪一个更加重要，是基因、生理因素还是环境的影响？特质理论回避了这个问题；精神分析理论强调遗传；人本主义、社会学习、认知学派和自我理论强调环境决定人的行为或者与环境的交互作用造成了人格的差异，推动了人格发展。

2. 学习过程和先天法则

前者强调学习改变人格，后者强调人格发展的先天时间表。特质理论没有明确；精神分析持内在决定论；而人本主义乐观的假设经验可以改变人；社会学习、认知学派、自我理论则明确认为行为和人格是学习的结果。

3. 过去、现在和未来

特质理论强调无论先天还是学习，现在都是过去的结果；精神分析学强调在孩提时代的早期经验；社会学习认知学派强调过去的强化作用和现在偶然性；人本主义强调当前的现实和将来的目标；社会学习和认知学派、自我理论强调过去和现在，将来则通过目标的设置来体现。

4.内在倾向与外在情境

社会学习、认知学派强调情境因素；特质理论强调内在倾向；其他理论采取个人和情境交互作用的观点。

不同理论对我们理解人格做出了不同的贡献，如果把人比作一步汽车，则：特质理论提供人格的部件和结构；精神分析理论提供了动力引擎和燃料；人本主义理论把人请到了驾驶座上；社会学习理论提供了车轮、指示信号和其他操作仪器；认知理论则为旅行加上种种注释，使所计划、组织的旅行方式更符合人为实现目标所选择的心理地图；最后，自我理论提醒驾驶员考虑她的驾驶对后座的人员和行人负有责任。

第三节　人格的美度

健全人格的标准：

(1)对世界抱开放的态度，乐于学习，吸取新经验；

(2)以正面的眼光看待他人，有良好的人际关系；

(3)以正面的态度看待自己，能自知自尊，自我接纳；

(4)以辩证的态度对待挫折，能调控情绪，心境良好。

总之，以辩证的态度对待世界、他人、现在、未来，做一个自立、自信、自尊、自强、幸福的进取者。

根据人格形成的生物遗传基础、遗传与环境交互作用的理论，塑造人格美的途径就是生得好，育得好，自我发展得好等几个方面。

一、优生

优生起源于英国，意思为“健康遗传”。主要是研究如何用有效手段降低胎儿缺陷发生率。现在优生已经成为一项重要医疗技术、国家政策，其主要的内容是利用B超、染色体、基因诊断技术控制先天性疾病新生儿，以达到逐步改善和提高人群遗传素质的目的。可以通过科技手段，来确保胎儿健康。目前，我国开展优生工作主要有如下几点：有明显血缘关系禁止结婚，进行遗传咨询，提倡适龄生育和产前诊断等。

“优生”一词由英国人类遗传学家高尔顿于1883年首次提出，其原意是“健康遗传”。他主张通过选择性的婚配，来减少不良遗传素质的扩散和劣质个体的出生，从而达到逐步改善和提高人群遗传素质的目的。通俗地说，优生的“生”是指出生，“优”是优秀或优良，优生即是生优，就是运用遗传原理和一系列措施，使生育的后代既健康又聪明。

要优生首先要控制劣生。我国每年出生的异常胎儿多达过万，其中不少是患无脑、脑积水、脑迸出等严重残疾婴儿，近10年来我国的优生科学得到迅速发展，在分子水平的遗传学研究、基因探针、染色体切割和原位杂交等高新技术方面，已接近或达到国际先进水平，对胎儿缺陷的产前诊断和遗传咨询等工作也在许多医疗机构开展。但是也应该看到，我国是一个人口大国，各地发展水平尚不平衡，优生工作在宣传、普及和应用方面还要做大量的工作。

优生禁忌：

(1)忌同病相“恋”并结婚生子。同病相“恋”并最终结成眷属的婚姻，是一种极不健全的婚姻。仅从生育上来说，夫妻双方患有同一种疾病是很容易将这种疾病遗传给后代的，这就会严重影响孩子的健康。

(2)忌近亲结婚。近亲结婚能导致胎儿畸形，孩子智力下降，并患有许多先天性疾病，这已经是被科学早就证明了的事实。

(3)忌带病结婚。带病结婚后，随着婚后生活的变化，会影响夫妻双方的健康，如果是大病还会给家庭带来危机和裂痕。更为重要的是，如果在病没治好的情况下受孕生子，则很可能会给孩子的健康带来不良影响。

(4)忌婚前不进行体检。婚前体检是结婚所必须履行的手续，它也是夫妻双方婚后生活和谐幸福的保障。在婚前体检中，还可以检查出夫妻双方是否有影响优生优育的问题，防患于未然。

(5)忌对生育知识缺乏必要的了解。有不少新婚夫妻由于对生育知识缺乏了解，婚后几年仍不见生子。他们对此焦急万分，甚至相互埋怨，导致家庭不和睦。

(6)忌蜜月怀孕。受孕是生子的第一步，此时夫妻双方身体状况直接决定了以后孩子的体质。蜜月期间，夫妻的双方一般都疲劳，而且性生活也不太协调，此时怀孕显然并非最佳。此外，夫妻双方在酒后、旅游中或过度疲劳之后都应避免怀孕。

(7)忌高龄妊娠。对女性来说，最佳怀孕年龄应在25～30岁，超过35岁再怀孕，同样会影响孩子的健康和智力。男性年龄可以适当高点，但也不宜太高。

(8)忌怀孕期滥用药物。女性怀孕期滥用药物，会直接影响体内胎儿的生长发育，有时也会造成早产、流产或死胎等现象，所以必须加以避免。确实需要用药时，也应在医生的指导下服用，切勿滥用。

(9)忌怀孕期病毒感染。病毒感染不仅会影响母体的健康，而且也对胎儿构成一定的危险，故也应避免。

(10)忌怀孕期间性生活无度。怀孕对女性来说是一个重要时期，在这一阶段中，夫妻应节制性生活而不能频繁过度，尤其怀孕初期和最后2个月，更应特别注意，否则容易引起流产或早产。

(11)忌怀孕期过度疲劳，休息不好。过度疲劳会使胎儿供养不足，影响胎儿健康。

(12)忌妊娠期拒不体检。经常定期检查身体，可以及时消除可能出现的隐患，使胎儿得到一个更好的发育环境，这对母体、胎儿都是极为重要的。

(13)忌怀孕期间大量吸烟。孕妇吸烟会使胎儿发育迟缓，体重下降，容易早产或患先天性心脏病，还影响孩子的智力。

(14)忌妊娠期酗酒。孕妇酗酒，会使胎儿得胎儿酒精中毒综合征，引起胎儿畸形。

(15)忌妊娠期接触有害有毒物质。孕妇过多地接触化学农药、铅、X射线等会使胎儿畸形，也可能会使胎儿患白血病、恶性肿瘤等疾病。故也应避免。

二、优育

1.保护好子宫

孕期的健康水平具有难以估量的持续力作用。一旦宫内营养环境失衡，宝宝一生的健康就会受到影响，近则是小胖墩，远则是慢性病。从更长远的角度来看，这种影响力还将长久延续，甚至波及几代人。

子宫内膜过薄过厚的危害：

凡事适可而止。对于子宫内膜亦是如此，子宫内膜过薄或过厚都会导致不好的影响。如果把胚胎比喻成“种子”，那么子宫内膜就是“土壤”，好的“种子”也需要适宜它的“土壤”才能健康发育成长，如果“土壤”养分不够就会导致“种子”没有营养可以吸收就会走向死亡，如果“土壤”养分过分充足，就会导致“种子”养分过甚，这样也不利于“种子”的生存，凡事有个度，够用就好。

子宫内膜太薄，受精卵就不能很好地着床，即使着床也容易导致发生流产或者死胎。

子宫内膜太厚，就有可能是病理现象，如无排卵性功血、子宫黏膜下肌瘤、子宫内膜炎、子宫内膜息肉等，这些疾病也会导致不孕不育的风险。

【爱思考】

琳琳是大学二年级的女生，与初恋男友相处一年后，发现男友沉溺网吧，还发现与其他女孩接触，就决定分手。可是她还是依恋男友，理智又不允许她回头，于是她频频更换男友，已经堕胎过三次，第四次的时候，她对医生说：我要把孩子生下来！医生对她说已经不可能了，她当时大哭起来！

你觉得是什么让琳琳如此狼狈不堪？

如果女人堕胎超过3次以后，女性的子宫口已经阔开，加上现在条件好，营养好，婴儿都比较重，子宫拖不住婴儿，自然流产！

而且堕胎还带来一种严重的隐性心理疾患，美国科学家研究，堕过胎的妇女患抑郁症的比例高于没堕胎的3倍。堕过胎的妇女的自杀率竟然高于没堕过胎的妇女5倍。最令人匪夷所思的是，研究表明，堕过胎的妇女，意外死亡（车祸、被杀等）的概率也高于没堕过胎妇女3倍……

宫寒对胎儿也有重要影响，最明显的是供血不足，孩子体虚。因为自己子宫血流不畅，就会缺血，导致胎儿营养供应不足。

2. 胎教

就是通过调整孕产妇身体的内外环境，消除不良刺激对胎儿的影响，并采用一定的方法和手段，积极主动地对胎儿进行训练和教育，以使胎儿的身心发育更加健康成熟，为其出生后的继续教育，奠定了良好的基础。

目前，行之有效的胎教方法主要有以下几种。

音乐胎教：音乐胎教是各种胎教方法中的首选措施。声音作为一种能量和信息，可以在母亲及胎儿之间传递，当胎儿觉醒活动时，应经常给胎儿听轻松舒缓的乐曲。心理学家认为音乐可以渗入人们的心灵，激发人们进入无意识的超境界幻觉，从而唤起平时被抑制了的记忆；生物学家认为，有节奏的音乐可刺激生物体内的细胞分子发生一种共振，使原来处于静止和休眠状态的分子，和谐地运动起来，起到调节血液流量和神经细胞兴奋的作用，改善胎盘供血状况，使血液中的有益成分增多，以此促进充分衡量音乐的质量，以达到最佳的胎教效果。

对话胎教：有人主张胎儿期便给胎儿取一相应的乳名，经常隔着腹壁呼唤，并与之对话，或唱歌，或朗读诗歌给胎儿听，日久天长，胎儿便可铭记在心。这样可以起到沟通父母与胎儿间的情感作用，形成孕育、养育、教育的最佳气氛。

抚摸胎教：自妊娠后半期开始，父母可透过孕妇腹壁轻轻抚摸或拍打背部和肢体，与之玩耍和锻炼，以促进胎儿肌肉的发育；并通过神经末梢传递到大脑，促进胎儿的发育成熟。

艺术胎教：通过进行一些艺术类练习，如书法、绘画等，孕妇本身会提高自己的文化素养，并给胎儿创造更为安宁与舒服的生活环境。

总之，努力为胎儿教育创造一个优雅和谐的理想环境，则有益于他们出生后拥有更加健康的体魄和聪明的头脑。

3.建立安全的依恋关系

依恋理论最初由英国精神分析师约翰·鲍尔比(Bowlby)提出，他试图理解婴儿与父母相分离后所体验到的强烈苦恼。鲍尔比观察到，被分离的婴儿会以极端的方式(如哭喊、紧抓不放、疯狂地寻找)力图抵抗与父母分离或靠近不见了的父母。在当时，精神分析著述者们认为婴儿的这些表达是婴儿仍不成熟的防御机制的表现，它们被调动起来，以抑制情感痛苦。但鲍尔比指出，在许多哺乳动物中这种表达是很常见的，他认为这些行为可能具有生物进化意义上的功能。

Ainsworth 的研究结果明确肯定了很多 Bowlby 的想法，同时她也有自己独立的研究贡献，对依恋的发展有绝对重要的影响。Ainsworth 的研究通过 1963 年的"陌生情境实验"达到顶峰。她对依恋理论最重要的贡献，是从陌生情境实验中发现了三种截然不同的依恋模式。

婴儿依恋分类：

(1)安全依恋　安全型婴儿似乎有两种彼此对等的能力，在他们感到安全的时候，能随着自己的冲动去探索周围环境；在他们感到不安全的时候，能自然从连接中寻求安慰。Ainsworth 总结说，婴儿在重聚时的反应，而不是在分离时的反应，更能表明依恋是安全型还是不安全型。安全型婴儿——不管在分离时多么难过——与母亲的再次连接让他们几乎瞬间就得到安慰了，而且很容易继续去玩耍。

婴儿的这种灵活性和复原力似乎是和母亲互动的产物，这敏感的母亲能够对婴儿发出的信号和发起的交流进行反应。一般而言，安全型婴儿的母亲在婴儿哭泣时能很快地抱起他们，并充满柔情和关怀地抱着他们——但是母亲只有在婴儿需要的时候才这么做。这些母亲好像能很顺畅地将自己的节奏与婴儿的节奏紧密配合在一起，而不是把自己的节奏或安排强加给婴儿。通过这些看起来"足够好"的方式，这些母亲的行为倾向于反映出敏感性而非谐调错误、接受而非拒绝、合作而非控制，以及能提供情绪上的获得性而非疏离等。

(2)回避型非安全依恋　回避型依恋风格的婴儿会回避或忽视母亲——在母亲离开或返回时几乎没有情感反应，出奇的漠不关心。母亲的离开或者回来，婴儿好像都无动于衷，只是不停地探索周围的环境。对待陌生人及母亲的态度没有什么不同。无论室内是否有人或有何人，儿童的情绪都不会有多大变化。他们这种明显缺乏痛苦的表现很容易被错误地理解为平静。实际上，在分离的场景中，他们的心率和那些看上去很痛苦的安全型同龄人一样，都是加快的，并且，他们的皮质醇水平(身体主要的压力荷尔蒙)在试验过程前后都明显高于安全型婴儿。

这种依恋风格源于漫不经心的养育风格。儿童的需要经常得不到满足，使得儿童相信对需要的传达不会影响到母亲。

(3)矛盾型依恋　Ainsworth 的研究甄别出两种矛盾型婴儿：其中一种婴儿是生气的，

另一种婴儿则很被动。这两种婴儿都对母亲在哪儿太过于迷恋，以至于无法自由地探索，对母亲离开的反应，也都表现出淹没性的悲伤——其势头之猛，常常使得实验中常规的分离情境不得不中断。和母亲重聚后，生气型婴儿，他们的反应是在主动表示跟母亲连接和对她表达拒绝之间来回摇摆——表达拒绝的幅度会从挣脱母亲的怀抱到大发脾气。与此相反，被动型婴儿，看上去只能很胆怯地或含蓄地向母亲寻求安慰，好像他们完全被无助、悲苦的状态所压倒，以至于无法直接接近母亲。

Ainsworth 发现，实际上矛盾型婴儿的母亲，她们的可获得性充其量也只是婴儿无法预期和不经常拥有的。尽管这些母亲并没有对婴儿表现出口头或身体上的拒绝（回避型婴儿的母亲会这么做），但她们对婴儿发出的信号就是不敏感。最后，这些矛盾型婴儿的母亲似乎或者微妙地阻碍婴儿的独立自主——这一点或许部分的解释了这些婴儿抑制自己探索行为的特点。

随着 Ainsworth 划时代的研究（该研究后来被多次重复验证），大量的后续研究表明了婴儿期的依恋风格具有长期的影响。研究者发现，婴儿期安全型、回避型、矛盾型以及混乱型的依恋历史，或好或坏地都与后来儿童期及成年期的发展结果有关。

具有安全依恋历史的婴儿，与不安全型依恋的同龄人相比，在更高的程度上表现出自尊、情绪健康、指纹复原力、正性情感、主动性、社交能力，以及在游戏中有更集中的注意力。在学校里，这些儿童常会得到教师的温暖、与其自身年龄相符合的对待。但是，回避型的儿童（看上去经常是闷闷不乐的、傲慢的或对抗的）却容易引发出别人愤怒的控制性反应。而矛盾型的儿童（看上去经常既黏人又不成熟）容易被过度宠爱，被当作更小的孩子对待。常常看到回避型儿童欺负其他孩子，而矛盾型儿童经常是被欺负的孩子，安全型儿童既不欺负人，也不被人欺负。

4. 顺利度过敏感期

所谓"敏感期"是指在 0～6 岁的成长过程中，儿童受内在生命力的驱使，在某个时间段内，专心吸收环境中某一事物的特质，并不断重复实践的过程。顺利通过一个敏感期后，儿童的心智水平便从一个层面上升到另一个层面。

0～2 岁

听觉敏感期：喜欢处在有声音的环境中。

视觉敏感期：刚出生的时候，婴儿对明暗相间的光线变化很感兴趣。

空间的敏感期：孩子需要感知不同的空间，透过感知而建立空间的概念，发展空间认知智能。

手的敏感期：儿童用手来感知，剥夺他用手的自由，就是剥夺他认识世界的机会、阻碍他自我和智能的发展。

走的敏感期：从最初的要成人拉着走、借助物体走到独立行走，到要上下坡、爬楼梯，再到专爱走不平的路。

模仿的敏感期：模仿是孩子学习的重要途径，是儿童对身体和自己的确认。放手让孩子去模仿，放慢自己的动作，满足孩子模仿的需要。

口的敏感期：在生命的早期，婴儿的口、舌肩负着一个重要的使命：用口唤醒和认识身体的其他部分，口不仅是进食器官，也是婴儿认识世界的最重要的工具。

细小事物敏感期：对极小而精致的东西感兴趣，看见、观察细小的东西需要专注、耐心、聚精会神和时间，这些比观察对象更重要，儿童在对细小事物的敏感的同时发展精细动作。

2～3 岁

自我意识的敏感期：儿童自我意识的觉醒从 2 岁左右开始，最初他会用打来表示他不同意、不喜欢的态度。然后是说“不”，什么都是“不”，不管做与不做都是“不”。从“打人”、说“不”、说“我的”开始，到坚定不移地坚持自己的看法，在形成自我的过程中，建立和发展出优秀的个人品质——专注和意志。

秩序的敏感期：儿童秩序的敏感期呈螺旋式上升的三个阶段：第一个阶段，为了秩序的错乱和破坏而苦恼，表现为大哭，秩序一旦恢复就会平静下来；第二个阶段，为了维护自己内在的秩序感而说“不”，表明儿童的自我意识开始萌芽；第三个阶段，为了维护秩序而执拗，一切被破坏了秩序的事情都要重新来做。

3～4 岁

语言的敏感期：开始对句子表达的意思感兴趣，会重复或模仿他人的话。

垒高的敏感期：垒高是儿童发现和探索空间的最基本的方式，在儿童期数学逻辑智能就是借助于这类的活动得以发展和提升的。

诅咒的敏感期（强有力的语言的敏感期）：儿童发现语言本身是有力量的，比如有的话能像利剑一样刺伤别人，儿童会使用强而有力的语言（诅咒）来试探、发展自己的力量和观察别人的反应。

色彩的敏感期：2.5 岁左右就开始对色彩产生感觉和认识，儿童对色彩的认识更多地体现在生活中，比如他会选择玩具的颜色、衣服的颜色和用具的颜色。

绘画的敏感期：绘画敏感期到来时，儿童往往对绘画表现出痴迷的热情，绘画敏感期会持续一个月到一年不等。

逻辑思考的敏感期：孩子会问很多“为什么”常常把成人追问得不知如何回答。当儿童用语言探索逻辑关系时，就会发出一连串的“为什么”。

4～5 岁

出生的敏感期：儿童关心并开始询问“我从哪里来？”儿童需要知道，作为生命，我们有自然诞生和自然死亡的过程。这种对自然的生命过程的探索会带给孩子巨大的安全感。

符号的敏感期：儿童 5 岁左右对文字、符号、涂色、数学、逻辑、阅读等各方面都进入了一个迅速发展的敏感期，开始对识字、拼读、认识符号感兴趣。只有孩子的敏感期到来时，才进行相关内容的学习，而且要用科学的方法，不把它作为评判孩子的标准。

性别的敏感期：对性别以及自身身体感兴趣，对性别及身体差异的认识，主要来自观察和体验，就像认识眼、耳、鼻、舌身一样。

婚姻的敏感期：婚姻的敏感期旨在发现婚姻关系的本质和核心，关系是彼此相爱的，互爱是婚姻的基础。不是彼此相爱的关系就可以重新选择，不会因失去爱而丧失选择生活的能力。

数学概念的敏感期：儿童的数学敏感期呈螺旋状发展，对数名的兴趣，对数字的兴趣，对数量的兴趣，对数书写的兴趣，对数序列的兴趣，对数的运算的兴趣……在这个周期性发展的过程中，探索时间、生活和数的关系。

身份确认的敏感期：儿童会想象自己是超人、蜘蛛侠、白雪公主等角色，对于孩子来说，梦想就是真实生活。儿童会内化这些人物形象背后的人格特征，这正是自我创造的过程和特征。

5～6岁

数学逻辑的敏感期：儿童依据自己心智的需要选择进度和教具，教具帮助孩子从感觉走向抽象，孩子对数学教具的操作会内化成为数学逻辑智能的重要内容。

人际交往的敏感期：5岁以前，孩子的交往特征往往是一对一；5岁以后，开始进入三四个人一组的交往形式中，在选择朋友上有了明显的精神倾向，也基本结束了以交换为目的的交友方式。他们开始相互表达爱意，解除孤独感，也开始出现从心理上对别人的控制和反控制，出现了情感上的依赖和沟通。这奠定了孩子人际关系智能的基础。

社会性兴趣的敏感期：通过去大学、花圃、理发店、邮局、大自然以及卖报纸、购物、参观博物馆等社会实践课，使孩子的视野扩展到社会的各个领域，孩子的认知通过具体可见、可以感知的方式被延伸和扩展。

总之，处在敏感期的孩子是受到生命本能的召唤、被无法遏止的动力驱使的，父母应顺应自然规律，帮助孩子顺利完成各个敏感期的智能发育目标。这就要求父母平时细心观察孩子的行为特点，准确判断孩子所处的敏感期类型，及时采取相应策略。敏感期是自然赋予幼儿的生命助力，明智的父母会利用好这股有效力，帮助孩子完美成长！

第三章　关系的厚度

——建立边界是成长的开始

期待是关系的杀手。

俞敏洪：从一名初中毕业的乡村拖拉机手，到一名乡村教师；从高考三次不中，到北京大学的高才生；从校园里内向自卑的丑小鸭，到英语系里耀眼的单词王；从被北大扫地出门的穷酸教师，到名动大江南北的培训界领军人物；从大街小巷刷广告的个体户，到亿万身家的上市公司老总；从付不起学费无缘出国的可怜虫，到学员遍布美国的"留学教父"……这就是俞敏洪，一个善于在演讲中激励学生的"圆梦大师"，一个没有一点架子、任由员工"开涮"的亿万富豪，一个创业伙伴们骑到他头上却不得不服气的校长。

中国人认为最好的团队是"刘、关、张"的团队，还有赵子龙、诸葛亮，这样的团队真是"千年等一回"。

有人认为世界上最好的团队是唐僧团队。唐僧是领导，也是最无为的一个，唐僧迂腐得只知道"获取真经"才是最后的目的，孙悟空脾气暴躁却有通天的本领，猪八戒好吃懒做但情趣多多，沙和尚中中庸庸但是任劳任怨挑着担子，这样的团队无疑比"一个唐僧三个孙悟空"的团队更能够精诚合作、同舟共济。

无论哪个团队，成功都是团队的成功，是关系的成功！

第一节　关系的厚度

关系的厚度、强度、韧度，决定了哪个团队能走得更远，走得最高，走得更踏实！

一、人的本质是一切社会关系的总和

马克思说："人的本质并不是单个人所固有的抽象物，在其现实性上，它是一切社会关系的总和。"

社会关系：社会中人与人之间关系的总称。

人的本质是一切社会关系的总和。此意即为社会关系源于人，因为有了人类，人与人之间便产生了各种复杂的关系，这些关系就统称为社会关系。

从关系的双方来讲，社会关系包括个人之间的关系、个人与群体之间的关系、个人与国家之间的关系；一般还包括群体与群体之间的关系、群体与国家之间的关系。这里群体的范

畴，小到民间组织，大到国家政党。这里的国家在实质上是一方领土之社会，即个人与国家之间的关系就是个人与社会之间的关系，而个人与世界的关系就是个人与全社会之间的关系。

从关系的领域来看，社会关系的涉及面众多，主要的关系有经济关系、政治关系、法律关系。经济关系即生产关系。此外，宗教、军事等也是社会关系体现的重要领域。

我们这里是从心理学角度探讨人与团队的关系；人与人的关系；人与自己的关系等。

为了探讨关系对于人的重要性，我们要从探讨人的属性开始。

人的属性

人本身所固有的特性。人的属性分为本质属性和非本质属性。人的自然物质性是人的非本质属性，指人的生物的、生理的属性，即维持肉体生存和种族延续的属性。人的本质属性只有在与动物的区别中才能得以最终体现。人与动物的根本区别在于人的社会性。

探索人的自然本性，是讨论社会中各种问题的基础。必须承认，从有人之始，人就没有作为单独的个体与其他人毫无关系的存在。最简单的实例证明就是人生而有父母，家庭是最简单的社会组织，尤其在初生儿非常弱小需要保护的时刻，家庭的影响更为重要。换句话说，人的社会属性同人的自然属性是天生共存的。但是，人的自然属性又是社会问题的关键，以至于不得不将其从人的属性中单独剥离出来讨论。

人的自然属性表现为：①人是自然界的产物；②人依赖于自然；③人自身就是一个生物体。“人们首先必须吃、喝、住、穿，然后才能从事政治、科学、艺术、宗教等。”

每个人的自然属性是不平等的，是指每个人周围环境不同，生活其中受到影响也各不相同，没有绝对一致的成长经历，所以人生存的客观自然环境是不平等的；每个人身体构造千差万别，没有绝对一样的个体，所以人成长的内部因素，即智力、体力等也是不平等的。这些是不可辩驳的事实。这些内外因素决定了对于同一种欲望，不同人有不同程度的反应，还有对于同一利益的范围，不同人也有不同程度的理解。

社会是人与人在一定契约下，彼此发生和满足交换的稳定集合。从简单的家庭来说，父母对子女的哺育，其实是本能的契约，为的是在日后能换来子女对父母的眷顾和帮助。这里暗含的是本能的感性与理性的交换，即爱的交换和获得资源共享的交换。再大而论之，以君主国家为例，人民为了保障个体生存，和更多的人可靠地发生关系以获得更多的资源等目的，推举出管理者，即君主，协调人与人之间的活动。这里暗含着每个人彼此间默认了这样一种协调方式，以便更好地发生彼此间交换行为，包括物物交换和情感交换。

由于个体人的自然不平等，注定个体人不会是全能的，为了生存，人与人免不了需要合作，尤其是近现代，随着生产力的发展，人的需求越来越丰富，社会对人来说也越来越重要。所以，交换，比如商品买卖、情感交流、劳动合作等不可避免。于是，社会，在人群对一定操作行为达成了共识后，自然而然地建立起来。从这里也可以看出，社会随着家庭的出现就自然出现了，社会形态演变从家庭社会，到家族社会，再到现代国家、各类组织、团体。社会是自然的产物，也有其自然规律。由于有了社会，人随之有了社会属性，即为了保障在社会中存在的人际关系，个体必须存在一定交换要件。

无论是人的自然属性还是社会属性，都决定了人的各种需求必然来自社会关系。

二、马斯洛需要层次论

亚伯拉罕·马斯洛是美国著名社会心理学家，第三代心理学的开创者，他提出了融合精神分析心理学和行为主义心理学的人本主义心理学，并于其中融合了其美学思想。

主要著作：《人的动机理论》、《动机和人格》、《存在心理学探索》、《科学心理学》、《人性能达到的境界》。

1. 生理需求(Physiological needs)

也称级别最低、最具优势的需求，如食物、水、空气、性欲、健康。

未满足生理需求的特征：什么都不想，只想让自己活下去，思考能力、道德观明显变得脆弱。例如，当一个人极需要食物时，会不择手段地抢夺食物。人民在战乱时，是不会排队领面包的。假设人为报酬而工作，就以生理需求来激励下属。

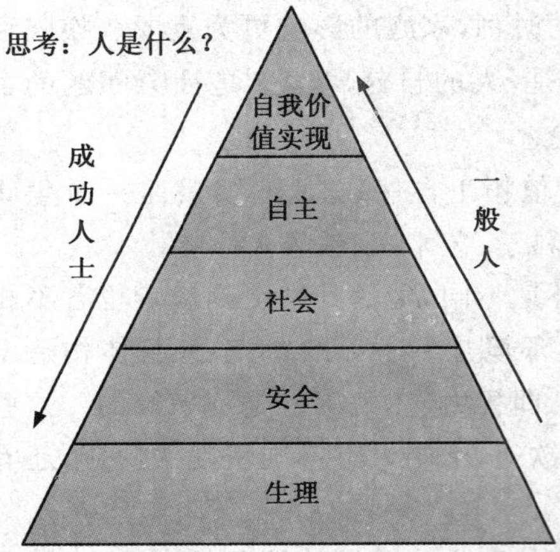

2. 安全需求(Safety needs)

同样属于低级别的需求，其中包括对人身安全、生活稳定以及免遭痛苦、威胁或疾病等的需求。

缺乏安全感的特征：感到自己受到身边事物的威胁，觉得这世界是不公平或是危险的。认为一切事物都是危险的、而变得紧张、彷徨不安、认为一切事物都是"恶"的。例如，一个孩子，在学校被同学欺负、受到老师不公平的对待，开始变得不相信这社会，变得不敢表现自己、不敢拥有社交生活(因为他认为社交是危险的)，而借此来保护自身安全。比如一个成人，工作不顺利，薪水微薄，养不起家人，而变得自暴自弃，每天利用喝酒、吸烟来寻找短暂的安逸感。

3. 社交需求(Love and belonging needs)

属于较高层次的需求，如对友谊、爱情以及隶属关系的需求。

缺乏社交需求的特征：因为没有感受到身边人的关怀，而认为自己没有价值活在这世界上。例如，一个没有受到父母关怀的青少年，认为自己在家庭中没有价值，所以在学校交朋友时无视道德观和理性积极地寻找"朋友"或是同类。譬如说，青少年为了让自己融入社交圈中，帮别人做牛做马，甚至恶作剧、吸烟等。

4. 尊重需求(Esteem needs)

属于较高层次的需求，如成就、名声、地位和晋升机会等。尊重需求既包括对成就或自我价值的个人感觉，也包括他人对自己的认可与尊重。

无法满足尊重需求的特征：变得很爱面子，或是很积极地用行动来让别人认同自己，也很容易被虚荣所吸引。例如，利用暴力来证明自己的强悍，努力读书让自己成为医生、律师来证明自己在这社会的存在和价值，富豪为了自己名利而赚钱或是捐款。

5. 自我实现需求(Self-actualization)

是最高层次的需求,包括对于真善美的至高人生境界获得的需求,因此前面四项需求都能满足的前提下,最高层次的需求方能相继产生,是一种衍生性需求,如自我实现,发挥潜能等。

缺乏自我实现需求的特征:觉得自己的生活被空虚感给推动着。要自己去做一些身为一个"人"应该在这世上做的事,极需有让他能更充实自己的事物,尤其是让一个人深刻地体验到自己没有白活在这世界上的事物。也开始认为,价值观、道德观胜过金钱、爱人、尊重和社会的偏见。例如,一个真心为了帮助他人而捐款的人。一位武术家、运动家把自己的体能练到极致,让自己成为世界一流或是单纯只为了超越自己。一位企业家,真心认为自己所经营的事业能为这社会带来价值,为了比昨天更好而工作。

6. 超自我实现(Over actualization)

超自我实现是马斯洛在晚期时所提出的一个理论。这是当一个人的心理状态充分地满足了自我实现的需求时,所出现短暂的"高峰经验",通常都是在执行一件事情时,或是完成一件事情时,才能深刻体验到的这种感觉,通常都是出现在艺术家或是音乐家身上。例如,一位音乐家,在演奏音乐时,所感受到的一股"忘我"的体验。一位艺术家在画图时,感受不到时间的消逝,他在画图的每一分钟,对他来说跟一秒一样快,但每一秒却活得比一个礼拜还充实。

由此看出,人的任何一个需求都离不开社会,离不开人与人的关系。狼孩的事实证明:如果人离开了社会,就不能成为人。人的关系出了问题,就导致很多心理问题的产生,就得不到正常健康的成长。或者说,人的一生都在寻找。

第二节 关系的限度

为了处理好各种关系,明确关系的界限是非常重要的。

一、自我界限

界限:边界,分界限;限度,止境。

关系界限:主要是心理界限,人与人之间(人与团体之间)的心理界限。

人际关系是人与人之间在活动过程中产生的心理上的关系或心理上的距离。人际关系反映了个人或群体寻求满足其社会需要的心理状态,因此,人际关系的变化、发展决定于双方社会需要满足的程度。人在社会中不是孤立的,人的存在是各种关系发生作用的结果,人正是通过和别人发生作用而发展自己,实现自己的价值。

自我界限是指在人际关系中,个体清楚地知道自己和他人的责任和权力范围,既保护自己的个人空间不受侵犯,也不侵犯他人的个人空间。

每一个动物或者人,时刻都在尽力保持着自己的两种生存空间——物理空间和心理空间。这种空间与外界的界限,也称作界限。

相对有形的物理空间,我们每个人还需要一个看不见摸不到的心理空间,被一道无形的心理界限环绕着。

也就是说，我们的心灵和领土一样，也有一道界限。这道界限将我们自己与别人隔开，以保持自己的个性空间。

心理界限是在不损害他人及自己的身体、心理健康的前提下所设立的彼此之间的界限。

心理界限涉及考虑和感受事物的姿态，源自于情感需要。由于心理活动的隐秘性，心理界限不像生理界限那么好理解。但是当有人闯入你的心理界限时，你还是能感觉到的，例如有人对你讲一些话或问你什么事的时候让你感觉不那么好的时候。生理界限与此类似，也就是指你的私人空间。当别人闯入时，你会感到很不舒服，例如某人违背你的意愿去触碰你（并不见得是性骚扰），或者某人在和你交谈的时候与你的身体距离太近。

从心理发展上看，自我界限是逐渐形成的。胎儿在母亲体内，他感觉到他和母亲是一体的，母亲就是他，他就是母亲的一部分。出生以后，虽然在肉体上与母亲已经分开，但在心理上仍然是连在一起的。没有母亲或母亲的替代者，他一天也活不下去。

婴幼儿一般很少有界限，他们在身份上还依附于家长。但是随着他们步入儿童期和青春期，他们会形成并拥有心理和生理界限，因此变得个性化或具有独立意识。心理界限有助于孩子的个性形成，在一定意义上决定了他的与众不同。

自我界限清楚的人，并不意味着他不需要别人，也就是说，他并非在任何情形下都自己承担一切，拒绝别人在情感上和行动上的支持。自我界限清楚意味着，一个人与他人接近，但没有近到他失去自己的程度，也没有近到把别人当成了自己的一部分的程度，他还是他，别人还是别人；与此同时，他也不会离别人太远，不会远到丧失爱自己想爱的人的能力和可能性，在他真正需要的时候，他会从别人那里获得不虚假的安全感与温情。

自我界限不清楚的人，一方面，他会过多地在他人面前展露自己的内心世界，过分地渴望他人了解自己，并过度地依赖他人，希望他人在本来该自己做出决定的方面代替自己做出决定；另一方面，他会过多地想了解别人的内心世界，以便获得与别人融为一体的感觉，还想别人依赖自己，希望参与别人即使是很私人化的决定，等等。

自我界限不清的好处：

第一个好处是安全。小孩在学步的过程中，走几步就回头，抱住妈妈的腿，那是为了安全；再长大一点，打开自己家的房门，看见有陌生人走过，把门一关，又跑回来抱住妈妈，那也是为了安全。在孩子心中，只要与妈妈融为一体，就什么都不怕了。这种心理会保持到成年，一个没有充分成长的成年人，他会下意识地感到，只要跟另外一个人变成一个人，就会有安全感。比如恋人之间、家人之间、朋友之间、与上级之间。表现为一味退让、不求助。

自我界限不清的第二个好处是，可以获得想象的、虚假的温情。从生理的角度看，在我们用手触摸边界很清楚的物品，比如表面光滑的硬物时，我们的感受是它是它、我是我，较少有交流的体验。但当我们触摸一件软的、毛茸茸的物品时，我们就会感觉到与该物品在某种程度上的融合和某种意义上的温情。心理上也是如此，在我们觉得与一个人没有边界的时候，我们就会自然地感到来自他的温情，即使这些温情是我们自己想象的，也可以暂时帮助我们抵御人世间的风寒。比如“婚外情”。

自我界限不清的第三个好处是，可以控制他人。当然，这种控制感也是想象的、虚假的。需要这种控制感的原因是，自我界限不清的人往往都不太自信，他不能肯定别人会对他好，所以需要控制他人的态度，这样可以让自己感到有信心一些。比如“东北人的自来熟”，侵犯别人的界限；心理咨询中的移情，控制咨询师。

很清楚，这些好处实际上并不是真正的好处。如果把安全感建立在他人身上，这样的安全感是很不稳定的；假想的温情，随着时间的推移，也会露出其本来的面孔，结果是更令人难以承受的冷漠；而假想的控制感，会使人觉得自己对他人有巨大的权力，这迟早会导致关系的破坏。不仅如此，在他控制别人的同时，他自己实际上也失去了自由，他时常会有被别人控制的感觉，言行举止都会过多地考虑别人会怎么想，就好像在为别人而活着。

只有成长本身会带来真正的安全感。因为这种安全感是建立在自己的能力之上，所以它非常稳定可靠。当然，即使是一个成长得很好的人，也会需要温情，但是他所感受到的温情是真实的，不带任何虚情假意。至于控制感，他可能根本就不需要（理性的控制除外，比如作为行政首脑对下属的必要控制），他对自己有足够的信心，别人对他的态度的好坏，对他的自信心没有任何影响。

即使在夫妻之间、父母与儿女之间、朋友之间，每个人也都应该有清楚的自我界限。那种消弭了自我界限的情感，迟早会对身处这种情感关系中的每一个人造成伤害。也许有人会说，在这样亲密的关系中把界限弄得那么清楚，会不会使关系变得很冷漠？回答是不会。因为自我界限清楚，并不意味着没有情感。而且，两个都有着清楚的自我界限的人之间的情感交流，才是最深厚、最真实和最有价值的。

二、僵硬的自我边界

人是关系的动物。面临关系，作为独立个体的人要面对两种危险：

一是关系过近，自己与他人或者自己与群体的边界不清楚，你中有我、我中有你，于是独立性受到侵害，内心世界易受到环境的影响，变得不那么稳定和宁静；

二是关系过远，或者说与他人和群体的边界过于清楚，以至于到了边界僵硬的程度。在这种情形下，交流受到阻碍。

【爱思考】

阿楠从小被奶奶娇惯，自我中心很严重。在高中的时候因为不会处理人际关系而被孤立，甚至被歧视，便学会了讨好，活得很卑微。到了大学，因为心理问题没有得到解决，同学们还是轻视她。她不敢反抗，害怕冲突，害怕失去关系。

阿楠的关系出了什么问题？

没有交流的状况，是人类个体所经历的最糟糕的情形之一，所以关禁闭切断一个人所有的交流途径，是对这个人除了死刑之外最严厉的惩罚。遗憾的是，虽然没有来自外界的禁闭令，有些人却由于过于僵硬的人格边界，而使自己处于“精神禁闭”之中。具体表现包括：固执，听不进他人意见；过分坚持也许不必要坚持的所谓原则；拒绝一切人情世故；轻视情感，过度在乎理性；等等。这样的人，是让别人难受的人，也是让自己难受的人。

深度的心理分析，可以向我们呈现出这些人的内心世界是什么图景。

第一，貌似独立、冷峻的人，内心其实充满对他人的情感依赖。就像所有人一样，他们也曾无比依赖过他人，比如父母或者其他重要人物，但是，在依赖中，他们受到过较深的“伤害”，认为依赖永远都是跟伤害联系起来的。为了避免创伤重现，他们需要划清跟他人的界限，“灭绝”对他人的依赖关系。

第二，他们内心是充满激情的。但因为害怕自己的激情“闹事”，就过度压制它们。他们给人的理性印象，实际在以一种无可奈何的方式说：我有很多情感，却不敢让它们出来。

第三，这些人还对他人心存敌意，这种敌意可能导致他们对他人的边界的突破。毫无疑问，如果他们真的这样做，就一定会使他人反击。为了避免冲突，最好的办法当然是：我不逾越雷池一步，你也别过来，我们相安无事。

从整体上说，自我边界僵硬是一种画地为牢式的自我限定。他们会因此丧失必要的人际支持，以及失去在更大的人际平台上发展自己的可能性。突破这种限定，要做认知调整。首先，作为个体，对他人的依赖是必需的，这并不意味着羞耻。只要你对他人的依赖不是婴儿式的“完全依附”，那不管发生什么情况，你都不会受到心理创伤。其次，也许未成年的时候，激情的确是危险的、难以控制的，但作为成人，把那些激情象征化，却并不是太难。所以尽可以让激情以某种无害的方式展现，而不必一味地压制。最后，对成人来说，敌意也是可以象征化的，只要象征化了，就不会制造有严重后果的人际伤害。想想奥运赛场上的冠军们，他们就是把内心打败他人的敌意，象征性地转化成耀眼夺目的金牌。

僵硬的自我边界是可以变得柔软、灵活的。只有和他人的交流变得通畅，我们才能更好地生活。

【爱阅读】

我们是如何被伤害的？

伤害有两种：肉体的，心灵的。

心灵的伤害：如果一个人对我的实际态度比我希望他对我的态度要差，我就会认为自己受到了他的伤害。

比如我希望一个人喜欢我，但实际上他却对我不好，那我就会感到受到了伤害。

相应地，如果一个人对我的实际态度比我希望他对我的态度要好，那我就会有受宠若惊的感觉。从某种意义上来说，这也是一种伤害，一种内心的宁静被打破的伤害。更糟糕的是，这为下一次受到真正的伤害留下了隐患，因为这提升了我们对别人的希望。别人的态度是由别人控制的，我怎么能保证别人总对我好呢？

再比如，一个我不在乎的人，我对于他对我的态度没有任何希望，所以他无论怎么对我，都不会跟我的希望发生冲突，所以我绝不会受到他的伤害。

所以我们是否可以说，我们如果感觉到受了伤害，那并不是别人伤害了我们，而是自己的愿望伤害了自己？

如果站在别人的立场上，可以肯定地说，我们也在某些方面伤害过别人，因为我们对别人的态度不可能总是像他们所希望的那样。

古人说：宠辱不惊。

那是把对别人的希望降低到最低点了。这样的一个人，怎么会在人际关系中受到伤害呢？别被自己的希望伤害。请把希望寄托在自己身上，对自己好一点，再好一点，那你就永远不会受到来自人际间的伤害了。

期待是关系的杀手！

第三节 人际关系的尺度

一、人际关系的尺度就是人与人之间清晰的界限

刺猬理论，源于刺猬在天冷时彼此靠拢取暖，但保持一定距离，以免互相刺伤的现象。在管理学中，刺猬理论强调的就是人际交往中的"心理距离效应"。运用到管理实践中，就是领导者如要搞好工作，应该与下属保持亲密关系，但这种"亲密有间"的关系，是一种不远不近的恰当合作关系。与下属保持心理距离，可以避免下属的防备和紧张，可以减少下属对自己的恭维、奉承等行为，可以防止与下属称兄道弟、吃喝不分。这样做既可以获得下属的尊重，又能保证在工作中不丧失原则。一个优秀的领导者和管理者，要做到"疏者密之，密者疏之"，这才是成功之道。

一位生物学家在研究狼群时发现，每个狼群都有一个半径 15 km 的活动圈。把 3 个狼群的活动圈微缩到图纸上，便是一个有趣的现象：3 个圆圈是交叉的，既不隔绝，又不完全相融。狼群在划分地盘时，总留有一个公共区域。相交部分为它们提供了杂交的可能性，不相交部分又使它们保有自己的个性。当活动圈重合，狼群则厮杀；活动圈相离，狼种则退化。

交叉圈理论后来被心理学家引入了人际关系理论中，向世人暗示了一种与爱人相处的艺术。爱人间的心理疆界，应该是两个相交却不重合的圆。交叉部分是彼此的共同世界，可以尽享亲情和温馨。不交叉部分是各自独有的天地和隐私。再亲密的人，也不应该将这部分慷慨地全部让出，也不能因一时矛盾无限地扩大。当两个圆没有了距离时，加重的只是阴影。在阴影的笼罩下，放弃与获得都被赋予了一种疼痛和悲壮。因为心理学研究表明，每个人都是独立的个体，应该拥有自己的隐私和个人空间，一旦被入侵，就会对亲密关系造成破坏。在夫妇、亲子、雇主与员工之间缺乏相应的心理疆界，会导致怨言、误会、罪疚、玩弄等发生。但是完全隔离，则又会让爱人之间越走越远，最终可能导致分手。

所以，懂得交叉圈理论的人，懂得保持最合适的心理疆界的人，才会把握最完美的感情生活。

二、家庭中的界限

健康的家庭，就是分化得比较好，相互独立，不需要对方也能够活得下去，另一种情况呢，就是彼此之间的关系没有分化，在象征层面的相互吞噬，没有界限。

第一，家庭中有一个过度严厉的父亲。

中国人常说，严父慈母，这实在是对父亲功能的一个限制，因为父亲也可以是很温柔的，我理想化的一个父亲，是这样一个状态，他跟他人有一个非常清晰的边界，但是他也有温柔的能力，因为很多父亲，他的人格没有真正成长到一个男人的状态，所以他需要用过度严厉装模作样地像一个男人，实际上，是在拼命掩盖自己没有长大的这一部分，如果大家想象一下，青春期的男孩，在他喜欢的女孩儿面前如何地装模作样，你就可以理解已经有了女儿或儿子的男人，在孩子们面前那么严肃，是在干什么。

第二，家庭中有一个过分唠叨的妈妈。

就是对家庭里的事情过分控制，有可能指责，有可能唠叨，总是对孩子说很多很多话，这样实际上就是在通过她的嘴巴满足她的幸福，简单地说，她就是还停留在口欲期，我们可以想象一下，婴儿跟这个世界的链接就是嘴巴，那么一个到了妈妈级别的人，那么多的攻击性和情绪都是通过嘴巴出来的话，那就说明她正在用她的嘴巴对她的老公和孩子施虐，这样的现象在中国的家庭其实非常常见，如果以上两个方面画面化一下，可以想象，一个家庭，爸爸是在那里装模作样的严肃，妈妈在那里唠叨，孩子就在那里备受虐待。

第三，家庭里的话题被限制。

在中国的家庭里，最容易被谈起，也最容易掩盖事实真相的就是孩子的学习，大家会不会觉得这个有点耳熟，爸爸妈妈跟孩子没有任何的话题，只能够谈学习，这是被中国家庭最高谈论的事情，大家都躲在学习的后面，感觉比较安全，但是，当父亲开口谈学习的时候，就是他们掩盖他们内心的恐惧和不安，而他们自己也没有能力处理，所以就拿学习这块遮羞布来挡住。还有家庭里不能够谈什么，比如说性，这个话题是被高度限定的一个。

如果一个爸爸和妈妈，把自己内心修通好了，就不会有那么多恐惧来限定孩子，反过来，当父母在孩子说到某个话题时，特别地感到不安，想要去限定孩子时，就需要先看看自己的那份不安，有可能那里就是自己的无意识在限定着，需要去解开的一个心结，如果父母在此时，能够不断地清理自己的结，那么孩子将获得家族方式的解放，因为这个结，有可能是在自己童年时期被父母无意识地给植入的，当然了，我们毕竟是社会人，有的时候有意识地回避一些问题，是可以的，前提是，做父母的非常清楚，自己某个情绪是不是被这个话题掩盖住了，是为自己，还是为孩子，维持家庭之间必要的界限。这就需要两个人，或一家人共同约好的回避。这个界限让孩子可以感觉到，是可以让她自己控制的。

第四，家庭过度象征化。

现在世界上很多国家的人，对中国目前的一个印象是，全世界华人的孩子都在学钢琴，钢琴在这个家庭中是一个高度象征化的代表，人们在它上面赋予了很多的意义，比如高贵、优雅、阶层等，要靠近此物，来满足自己的一些需要；另一方面，这个也隐含着一些攻击性的需要，比如带着孩子去考级，看我孩子把别人打败了。但是呢，我有的时候有个矛盾的心理，就是看到现在孩子参加很多艺术或其他能力方面的培训班，而我那个时候呢，什么都没有，但是，反过来想，他们应该羡慕我们，因为我们那个时候玩的是更加原始的东西，比如说，象征化低的东西，泥巴、棍子，或一些小动物，但是，大家知道，现在的孩子没有机会如此的亲近大自然，这也是现在孩子们比较悲哀的一面。过度象征化会导致虚伪，还会导致一个人实际的生活能力的降低，还可以导致过度的情感隔离，因为，在可以直接对一个人说，我爱你的时候，他说："我给你弹一首曲子，"这个时候也可以看到，心与心之间遥远的距离，这里面包含着害怕，害怕跟另一个人亲近，就已经表明那种安全感的缺乏和摆脱孤独感之间，强烈的内耗，这种内在的硝烟密布，只有通过弹钢琴，这一条蜿蜒曲折的通道可以散发，大家可以想象得到这个人的内心状态的样子。

第五，家庭过度背景化。

现在社会上，很常见的一个词"拼爹"，无论是大学，还是中学，现在甚至在幼儿园，在入学前，老师先要调查的是，孩子父母是做什么工作的，好像现在这个被教育部明文禁止了，但是很多老师还潜伏地在做，而孩子们之间，谈论的也是，我爹是做什么的，我妈是做什么的，抛开社会道德的大旗来说，仔细体会了一下，这种言论的心理动机是什么，一个人的背景已经把这个人本身给掩盖。对于父母来说，过度在孩子面前证明自己的社会背景，说明他心里很虚，害怕自己在孩子心中不是一个好父母，所以需要这些背景挡在前面，来隔离孩子跟真实的自己靠近，说到底，就是父母自己心里觉得自己不是好父母，而他们又害怕孩子们看到这一点，所以，就努力编制了一幅宏伟的背景，来挡住孩子的视线，很遗憾，孩子天生就是父母的读心器，孩子们心中非常清楚，他们的父母在做什么。每个大人都当过孩子，仔细回味一下，应该不难体会到这点，只是孩子们很善良，所以，也就配合父母做了一个好观众，为了显得逼真，一开始，他们往往也会复制父母的言行，在学校或社会上来宣传父母的社会背景，而代价是，孩子会在这个过程中失去真实的自我价值，因为在虚假中待得太久了，就忘记了原本的真实，同时，社会中，老师和其他跟他一样的同学，会去迎合这样一种行为，被他华丽的背景所吸引，而忽视真实的他是一个什么样的人，他的内在潜能和特点是什么？在表面上的社会迎合和赞叹下，孩子就会慢慢地离真实的自己越来越远。回应式地以父母的背景为荣为傲，我可以想到的一个画面是，盘绕在大树上的藤，生存只能依附在大树上。相反，家庭背景又会成为另一些家庭发展自卑的土壤，孩子们在父母过度的遮掩中，听到他们心中认为自己不够好的声音，所以善良的孩子也会呼应父母的心声，将自卑的种子种在自己心里，在学校羞于谈及父母，大家也常常看见在学校中，有很多这样一些可怜的人总是被欺负，而这种羞愧，是一种在人群中非常注目的攻击靶（它弥散着一种信息，解码出来就是，我是一个不够好的人，不值得别人尊重）。在这里，我们也暂时抛开社会道德的大旗，来看看他们的内心世界，所以，周围的同学因为都是孩子，非常敏感地捕捉到了这个信息，就似回应式地来欺负他，让他重复体验到，我不够好。从而加深这样一种畸形的心理，这样的孩子以后在社会上常常会不平凡。要么成人后，愤怒地来力争更大的社会背景（汪峰的一首歌中所唱，保持愤怒），或者破坏社会背景（极端的例子是恐怖分子），要么自怨自恨，来吸取周围人的能量，他会无意识地制造出很多事件，让身边的人卷入悲伤的大海，或者把身边的人带入愤怒的火山。所以，在他身边的人，常常会被动感受到一种无能的感觉。就如当年，体验到父母背景来压低自己，不让真实的自己得到发育。

在家庭中弥漫着中药的味道，父母觉得孩子永远需要吃药，比如吃一些维生素之类的东西，这就暗示着孩子，你有病，还有一个就是这个家庭里有某一个成员有严重的躯体疾病，或心理疾病，比如高血压、牛皮癣、眩晕症、偏头痛，或者心脏不明原因地疼痛，只要没有器官性病变做底子的人员，大家是不是觉得现在这些发病率很高，这往往揭示着这个家庭有被掩盖的问题，要么是跟上一代，要么是跟下一代，而这个人有很敏锐的感觉，他发现了，很真实地表现出来时怕被集体指责，所以，他往往悲哀地选择了牺牲自己，来维系家庭的表面平衡。

比如：一条狗，看见主人全家围坐在一个狗肉火锅周围，用饥饿的眼神看着食物，它敏锐地闻到，这个食物有毒，所以在这家人准备享用食物时，疯狂地向所有人嚎叫，但人们没有听懂它要表达什么，都认为它是闻到了它同类的味道，或者是也饿了想吃，于是就丢了一块肉给它，但是，它根本就没有看一眼那块肉，还是坚持地，几乎用哀嚎的声音在叫着，这个时候人们搞不懂了，就愤怒地去打它，在无奈下，这条狗选择了在人们吃这些食物之前，快速地吃下了有毒的肉，它很快它就死了，这时人们才警觉，才知道食物有毒。

有的时候，贵为高等动物的人，有些感官确实不如动物敏锐，同样有的时候，看起来很聪明的人，他们的感觉和情感系统就会比较微弱，因为他们的关注点都在事情上，对一些很微妙的人情变化比较不敏感；而很多看起来很糊涂的人，他们的情感和感觉系统就比较敏感，但他们又常常不能很有逻辑地表述他们所感觉到的东西，但是他们都很善良，为了维持家庭的存在，把他们不能表述的问题，用自己的症状甚至牺牲来拯救家庭，甚至拯救家族。我从心底里向这些人致敬，但我更想呼唤每个家庭成员，承担起本应自己承担的责任，用心去感受备受指责的人，感受他们的内心世界，借由他们的勇敢来看看自己可能回避的问题，而这些问题里面往往是被压抑的真实自我，有的时候，人们会很恐惧看到这一点，这常常涉及一个人自我价值感和自尊，是真实的强大，还是虚张的强大。

第六，家庭工作化。

我遇到很多的家庭，父母都在拼命地工作，然后把孩子给忽略了，他们为什么要拼命地工作呢，就是因为如果他要是有过多的时间在家里的话，他就没有办法控制自己，而要在家庭情感里露出自己的脆弱，因为家庭里是一个少讲理、多用情的地方，也就是说，是一个很容易接近真实自我的地方，所以，在外面跟别人玩，要安全得多，看起来就不用那么辛苦，真的是有很多孩子被父母用过度的勤奋工作给毁了，他们被大大地忽略了，很多孩子对这样的父母在童年基本上没有什么印象，所以这样的父母对国家、民族的确做了很大的贡献，但实在是亏欠妻子和孩子太多了。

第七，家庭限制孩子的某一个兴趣特长。

比如说有的孩子人际关系好，但是学习一塌糊涂，反过来说，有的孩子学习成绩好，但是人际交往一塌糊涂，孩子是想用成绩不好的方式来跟父母进行病理性的连接，意思是说，如果我有缺陷的话，你就可以乘虚而入，指责我。我全神贯注地注意你身上有没有什么缺陷，然后就攻进去，这就是家庭成员之间没有界限的表现，所以，指责是想进入另一人的世界，是家庭中未分化的表示，简单地说，孩子如果有某项能力上的缺憾，就是父母离他过近的一个表现，是父母的攻击性行为把孩子给无能化了。

第八，家庭角色。

这种在中国家庭中也比较常见，比如说，爸爸在家庭一直处于一种去世的状态，而妈妈呢，拥有这个家庭过多的权力，这个一方面是性别的认同感，一方面呢，也是用这种方式防止父亲在这个家庭中失控，爸爸的攻击性和侵略性要强一些，而妈妈呢，就算它再凶悍，也是具有母性的，所以，对家庭的伤害就会少很多。

第九，隔代卷入。

就是一个没有分化好的男人，跟一个没有分化好的女人结婚，然后有了一个孩子，这个家庭就有可能是一种很黏糊的关系，因为他们怕这种黏糊的关系带来的错乱，所以他们有意无意地邀请孩子的爷爷奶奶或者外公外婆来进入家庭，这就是关系入侵，这样就稀释了家庭中父母跟孩子的关系，这就是典型的中国家庭的特征，三代人像一锅粥那样地在煮着。

第十，家庭功利化的关系。

这个意思就是，我爱你，不是因为你是谁，而是你拥有了什么，比如说，你拥有了很多的才艺，你必须会弹钢琴我才爱你，或者说，你必须在社会上取得很多成就我才爱你，这种有条件的爱，反映在亲情中间的时候，变得尤其悲哀，如果家庭中的血缘之爱、亲情之爱被加入了这些功利性的东西的话，就会不知道生活还有什么意思，幸福是一种什么东西了，笼统地说，我对某个人功利性的爱，有条件的爱，是为了隔离我对他无条件的爱，人格没有成长好的人，在原生家庭没有分化好的人这种无条件的爱，会让他觉得恐慌，会让他觉得失去自己，所以，他需要用这种有条件的、可以外化的方式，来隔离跟另一个人亲密的关系，同样的，就是一种爱无能的状态，如果再扩大一点，就是关于文化，文化就是设置，在中国，有名的就是儒释道的文化，儒家文化，是一个规定序位的文化，简单地说就是，君君臣臣，父父子子，这个规定一出来，就说明所有的人，就必须在原地待着，一旦有突破，就是越矩，伦理就是伦常，儒家文化只是规定了上对下的权力，而没有规定在一定的条件下，可以由下对上的反抗，也就是在任何情况下，都必须遵守这个规则。这也就是让我们这个民族陷入周期性的、大规模的战争的弊端。可以培养礼数，但是有一个缺陷就是，儒家文化是扼杀人的创造力的一个桎梏。最后，总结一下以上行为的内在规避情感，一个是羞耻感，一个是罪恶感，打个比方来说明一下一个人的分化是否好的程度：你住在一个集体宿舍里，一个宿舍里有 8 个人，然后你在深夜两点钟的时候，突然想放肆地唱一首歌，搞一首咏叹调，结果是，你快乐的程度，跟别人痛苦的程度成正比，也就是说，你有多快乐，别人就有多痛苦，这就是没有分化的关系中间，某一个人的快乐，就是另一个人的噩梦，在家庭中的关系也是这样，如果爸爸妈妈在人格上有很多依赖，没有分化和独立的能力的话，孩子注定就损害了父母的利益，所以孩子就会生各种各样的身心疾病，最严重的就是精神分裂症，也就是“相濡以沫”，在家里互相吐唾沫，大家可以想象一下这个场景，真是感人至深啊，互相吐唾沫、残喘的生活，我相信，好的状态是相望于江湖。更加上一点，关系之间，如果你住的是一个独立的单元，而且隔音效果还比较好的话，这里就喻指分化得比较好的，那就是你晚上随便想唱什么，就唱什么，你快乐的程度对他们没有什么影响。

三、职场交往要保留安全亲密界限

专家则认为，在职场交往中人际关系处理不得当，轻则影响到自己潜能的发挥，耽误前程，重则引发焦虑、抑郁等心理问题。因此，要保持健康的职场交往心理，才能在职场人际交往中把握方向，避免走到交往“边界”。

职场交往要保留安全亲密界限。

【爱思考】

“我曾经被我的职场闺蜜抢走了我的客户。过去我们像学生时代的女生一样，整天黏在一起。现在，我们虽然在一个公司，但是我们几乎不再说话。所以说，我们总是被最亲近的人伤害。”25 岁的小玲说道。和小玲一样，有人认为，职场里寻找密友要格外用心，在竞争激烈的工作场中所寻找闺蜜就如同赌博，有可能你信任的朋友就是你的竞争对手。

这是真的吗？

其实在职场中寻找密友，一定要注意人际交往的边界，否则会使自己陷入被动的境地。另外，在职场中建立密切的人际关系有一定的风险，这是人性的本质或弱点所致，也需要注意。

职场里寻找密友要格外用心，尤其是女性要学会把握自己的职场角色，逐渐丰满自我的独立性，与同事建立恰当的行为界限，是保护自己不被“错投感情”而伤害的保护伞。当然并非职场就无真情，如果有很投缘、重义的朋友，通过真诚的互动，在工作中，彼此照顾建立信任，同样能够结交知己，并保留自己的安全亲密界限。

四、大学生人际界限不清的表现

1. 拯救

人际界限不清最典型的表现就是把别人的事当成自己的事，过分热心，过分卷入，过度干涉，过度保护，以拯救者或救世主自居，具有过强的监护人和主人翁精神，把帮助别人当成自己的责任和义务。

母亲对待婴儿常常就是如此，因为婴儿没有自理能力，确实非常需要母亲的关心和保护。孩子长大以后，母亲如果还是这样对待孩子，将对孩子的成长非常不利。

但是，许多母亲并没有随着孩子的长大而改变这种行为模式。她们继续无微不至地关心孩子，替他做所有的事，插手他的学习、工作、生活、交友、恋爱、婚姻。相对来讲，父亲较少扮演拯救者的角色，这是因为男性的人际界限一般比女性清，人际距离较远。一个家庭，如果以女性居多，人际界限通常都是模糊不清的。反之，如果以男性居多，人际界限会清楚一些。

管理心理学把管理者（领导）分为两种类型：任务型和情感型。任务型的领导比较"冷"，只关心团队的工作效率，不关心成员的情感活动，而情感型的领导侧重于协调人际关系，关心成员的情感活动，擅长于制造气氛，提高团体的凝聚力。从某种意义上讲，情感型的领导是人际界限不清的。他们常常过分热心，过度干涉，爱管闲事，婆婆妈妈。

2. 控制

所谓控制，就是把别人当成自己的身体的一部分或工具，像使用自己的手脚那样使用别人，并且希望使用起来得心应手。他们目中无人，把别人当成物体，不关注别人的内心感受，甚至有意压制别人的内心感受。一件工具，如果有独立思考的能力，使用者就无法完全驾驭它。因此，控制者总是千方百计否定别人的能力，打击对方的自主性，使他丧失自我，乖乖地服从控制。

控制有三种：硬控制、软控制和无形的控制。批评、教育、命令、惩罚、指责、羞辱、跟踪、调查、限制人身自由都属于硬控制，讨好、利诱、撒娇、胡闹、施苦肉计、要挟都属于软控制，信用、承诺、保护、恩赐、以身作则、威望、自信、勇猛属于无形的控制。

无形的控制与拯救有某些相同之处，说明拯救是有可能转变为控制的。但是，两者毕竟不同。拯救的目的是让对方过得好，结果如何另当别论；而控制的目的是"为我所用"。拯救是利他的，控制是利己的。

反社会型人格障碍喜欢控制别人，把别人当作自己的身体或工具来使用，常用的方法是硬控制。表演型人格障碍也喜欢控制别人，常用的方法是软控制。边缘型人格障碍常常软硬兼施。自恋型人格障碍则是硬控制和无形的控制并用。

3. 依赖

依赖与拯救相对。一方是拯救者，另一方就是依赖者。拯救会强化依赖性。同样，依赖会激发对方的英雄情结。从某种意义上讲，依赖就是软控制。他用依赖控制对方，使对方心甘情愿而且自鸣得意地扮演起拯救者来。

在拯救型的母亲身边，一定会有依赖型的孩子。一个人如果有好几个姐姐，他的依赖性一定会很强。在女性居多的家庭里，拯救和依赖是每天都在上演的戏。全家人互相拯救、互相依赖，非常纠缠。在大家庭里，女性达到一定的数量，也会出现类似的情况。

拯救是把别人的事当作自己的事，依赖则是把自己的事推给别人，让别人替自己做。

控制也是让别人替自己做事，但后果还是自己承担的，而依赖把责任也交给了别人，要求别人对自己负责。因此，一个依赖的孩子，衣来伸手、饭来张口，穿不暖、吃不饱还怪罪父母，甚至故意不伸手、不张口，叫自己穿不暖、吃不饱，让父母心疼，激发父母的恻隐之心。

依赖型的人小时候依赖父母或哥哥姐姐，结了婚以后则依赖配偶，或者同时继续依赖父母，甚至对方的父母。这种人“家族观念”很强，视结婚为找“归宿”，要托付终身，所以挑三拣四，百里挑一，不但个人条件要好，家庭背景也要好，好像不是两个人结婚，而是两个家族结婚。

依赖型人格障碍的主要特点就是依赖。当然，不是依赖所有的人，而是关系亲密的人，对陌生人通常是比较排斥的。

回避型人格障碍主要表现为回避人际交往，不过，他们所回避的是陌生人，而不是亲人，相反，他们对亲人还是比较依赖的。这说明，依赖型人格障碍和回避型人格障碍兼有黑白分明，他们把人分为亲和疏、可靠和不可靠，依赖“白”（亲和可靠），回避“黑”（疏和不可靠）。

依赖和回避是一个事物的两个方面，依赖型人格障碍侧重于依赖，回避型人格障碍侧重于回避。

4. 讨好

讨好既是客体关系理论所说的一种投射性认同，又是自体心理学所说的一种自体客体移情（反映性移情），主要表现为渴望得到别人的认可、赞扬和尊重，为此而揣摩别人的心思、了解别人的兴趣，迎合别人的心理，做一些能够让对方开心的事。讨好别人、迎合别人，其实是对自己的背叛，这是“假自体”形成的一个重要原因。

小孩子为了得到父母的照顾，让自己活得舒服一些，讨好父母是有一定的必要性的。但是，随着年龄的增长、生存能力的提高，没有必要继续讨好别人。或者说，如果是生活所迫，讨好一下某个重要人物，也是可以理解的，但是，如果把讨好变成一种风格，到处讨好，奴颜婢膝，那就有问题了。

说讨好是人际界限不清的表现，是因为，如果不给别人带来实际的好处，譬如请客送礼、帮助解决实际问题，而仅仅是溜须拍马、阿谀奉承、投其所好，那是没有作用的。以为这样做可以得到别人的认可、赞扬和尊重，其实是一个错觉。再说，别人的认可、赞扬和尊重有那么重要吗？除了满足一下虚荣心，并没有实际的好处。表演型人格障碍很在乎这些虚名，为了追逐虚名而脱离实际，其实是生活在自己的精神世界里，自编自演，自娱自乐。

5. 猜心

讨好必须先了解对方的心思，不然的话，马屁拍错了，反而被踢一脚。以为自己能够猜透别人的心思，这本身就是人际界限不清的表现。俗话说，人心隔肚皮。别人的心思是永远猜不透的。于是，有的人去研究心理学，希望通过心理学去了解别人的心思。

猜心也是拯救和控制的一种手段。

有的人喜欢猜别人，但害怕别人猜自己，担心自己的心思被别人知道。这种人通常黑白分明，而且认为自己是“黑”的，自我评价是负面的。所以，他们回避与人接触。表面上与人划清界限，其实是人际界限不清。别人根本不可能知道你的心里在想什么，“心灵感应”是不存在的。当这种担心达到一定强度时，可能会出现被洞悉感，觉得自己被跟踪、被监控。偏执型和分裂型人格障碍偶尔会有这种症状，如果非常明显，那就是精神分裂症了。

有的人喜欢被别人猜，故意不把话说清楚。如果猜对了，就很高兴，觉得对方是自己的知音；如果猜错了，就不高兴，觉得对方不理解自己，对自己不够用心。

猜心就是投射，不是猜出对方的心思，而是把自己的猜测强加到对方的头上。

6.敏感

猜心和敏感哪个是因哪个是果，很难说清楚。知道了别人的心思，自己的情绪就会发生变化，这就叫敏感；因为敏感，所以很容易感受到别人的心情变化，这就叫猜心。

敏感有两种表现，一种是共情，或者共鸣。双方的情绪相同。对方是什么情绪，我也是什么情绪。人喜亦喜，人悲亦悲。这种情况也叫"感染"。有的人情绪很容易受到别人的感染，看肥皂剧都会哭得稀里哗啦。这种人心软，耳根也软，没有主见，容易受暗示。敏感的第二种表现是对抗性的，双方的情绪不同，但有联系，是对应的，例如，别人想打我（愤怒），我感到害怕（恐惧）；或者别人在哭（悲伤），我觉得烦（愤怒）；别人表扬我，我感到高兴；别人批评我，我感到难过；别人对我好，我很开心；别人对我不好，我很生气。这些也是对抗性的。

一般认为，共情是以对方为中心的；"对抗"是以自我为中心的，是"自恋"的表现。自恋型、反社会型、边缘型人格障碍病人都是非常敏感的，他们的敏感主要表现在"对抗"。换句话说，他们的情绪不容易被感染，但容易受影响。其实，强迫型、回避型、依赖型人格障碍也是对抗性的，情绪也很容易受影响。

7.另一个自我

了解和理解是不一样的。很多人害怕被人了解，但又渴望被人理解。了解可以为控制服务，理解却与控制无关。了解有利有弊，理解有利无弊。喜欢被人了解的目的是希望被人理解。了解有可能是对抗性的，而理解就是共情。

如果不被人理解，那是非常孤单的。所以，人人渴望被人理解。但是，人心隔肚皮，理解几乎是不可能的。渴望被人理解是很不现实的，是人际界限不清的表现。

另一个自我（简称"另我"），是一种自体客体移情，表现为渴望得到理解，以为有人能够理解自己，因为被人理解而兴高采烈，不停地寻找知音，幻想自己有一个孪生兄弟或姐妹，与某个人处于"共生状态"。

8.分离焦虑

当一个人与别人处于共生状态时，分离是一件可怕的事，所以非常害怕分离，分离会给人带来巨大的精神痛苦。反过来说，如果一个人害怕分离，说明他的人际界限是不清的。害怕跟谁分离，说明他跟谁人际界限不清。

为了避免分离，当事人会采取硬控制或软控制、讨好或依赖等措施，目的是继续保持共生状态，朝夕相处，相依为命。这种人很黏、很纠缠，像跟屁虫似的，吃饭、睡觉都要别人陪，稍微离开一会儿就会不断打电话、发信息。依赖型和边缘型人格障碍都有强烈的分离焦虑，他们害怕分离，对想象的分离都会有强烈的反应，常常反复要求对方保证不会抛弃他。

9.重感情

行为主义只看互动，不讲感情。感情是一个虚幻的东西，别人看不透，自己也搞不明白。但是，人际界限不清的人偏偏非常重感情。对他们来说，事实是什么样的并不重要，重要的是对方心里是怎么想的，是不是爱我。两个人在一起磕磕碰碰、吵吵闹闹、打打杀杀，一点儿也不开心，但是，因为"我爱你"，就舍不得分开。现实地讲，这样的"爱"已经没有意义，它给人带来的只是伤害。但是，他们宁愿承受现实的痛苦和伤害，也不愿意放下虚幻的爱。

有人说:商场上没有永远的朋友,也没有永远的敌人。其实,在战场、官场、情场和日常生活中,这句话也是适用的。但是,人际界限不清的人就会把爱恨情仇想象成永恒的东西。他们不只是人际界限不清,连时间界限也不清,过去、现在、将来不分。他们希望时间不变、天人合一。究其原因,还是害怕分离,不愿与心爱的人分开。他们用虚幻的感情麻醉自己,在精神上模糊人际界限。

10. 强调意义

现象本来是没有意义的,但是,人总是倾向于寻求现象背后的意义。现象瞬息万变,意义不变。对人来讲,做了什么并不重要,重要的是他为什么这样做,他的动机是什么,这样做有什么意义。你想我吗?想,但想不起来。只要有爱,怎么伤害都没关系。这是无视事实的表现,是歪曲事实,是客体关系向外投射的结果。

11. 过程阐释

现实的人际关系是靠效果来维系的,与动机无关。强调动机而忽略效果,就是人际界限不清的表现。

心理学家雅罗姆把人与人之间的交谈分为两个层面:内容阐释和过程阐释。内容阐释就是就事论事,过程阐释就是谈自己的感受和体会,分析当事人的动机。一般的人际沟通是很忌讳过程阐释的,因为这样做很容易把交谈变成窥探、揣摩、指责和人身攻击,而心理咨询必须以过程阐释为重点,就事论事是起不到咨询的效果的。

换句话说,过程阐释是心理咨询的特权。任何人(包括咨询师),如果在日常人际交往中使用过程阐释,就是人际界限不清。当然,亲人、知心朋友、闺蜜是可以过程阐释的,因为他们的人际界限本来就是不清的。

12. 窥探隐私

朋友之间应该分享秘密,不分享秘密、不谈自己的感受、不暴露自己的想法,就算不上朋友。但是,如果是一般关系,窥探别人的隐私就不合适了。有的人特别喜欢窥探别人的隐私,这是人际界限不清的表现。

13. 过度暴露

同样,跟关系一般的人分享秘密、谈自己的感受、暴露自己的想法,也是人际界限不清的表现。

14. 侵犯隐私

过程阐释、窥探隐私、过度暴露都属于侵犯隐私,它打破了人际界限,闯入了别人的私人领地,侵犯了别人的心理空间。

这方面的表现有很多,例如衣着过分暴露、穿着睡衣会客、借别人的衣服穿、用别人的牙刷、进入别人的卧室、使用别人的卫生间、翻别人的抽屉、看别人的日记、查别人的电话记录等。

15. 道听途说

人际界限不清的人容易受暗示,别人说什么,他不会理智地分析,而是盲目接受。不但自己接受,还会迫不及待地向别人传播、推销。于是,未经证实的消息就传播开来了,而且越传越神,成为流言蜚语。真是人言可畏。人言之所以可畏,就是因为人际界限不清。人际界限清楚的人不会轻信流言蜚语,他相信事实,相信证据。

16. 忠诚和猜忌

忠诚于某人，就是把自己当成别人的一部分，把自己交给对方，这是人际界限不清的表现。其实，你是你，他是他，只要对自己忠诚就可以了，用不着对别人忠诚。

人际界限不清的时候，人们也会要求对方对自己忠诚，这种情况在朋友和恋人之间非常普遍。要求对方对自己忠诚，就是把对方当成自己的一部分，把对方彻底占有。如果对方不忠诚，就是我的损失，是对我的背叛，因此非常担心对方不忠诚，想方设法检验对方的忠诚度，严重的就表现为猜忌。

猜忌和猜心略有不同。猜心相对“积极”一些，目的是了解对方，而猜忌是负性的，是不相信，是怀疑。猜忌很容易转变成窥探和侵犯隐私。怀疑和相信表面上是相反的，但都属于人际界限不清。人际界限清楚的人尊重事实，不会轻信某个人，也不会无端地怀疑别人。对他们来说，别人的话仅供参考，类似于灵感或线索，需要事实来验证。别人的意图并不重要，重要的是实际效果。

17. 纠正

人际界限不清的人往往以为自己比你更了解你。当你产生某种想法、出现某种情绪变化、想做某件事的时候，他会告诉你，你的想法、情绪和行为是错的，不应该这样，应该那样。他显然是把自己的感受投射到你身上去了，他以为你和他是一样的人，发现你和他实际上不一样，他就认为你错了。同时，他又很关心你，希望你别犯错误，于是就来纠正你。这是双重的人际界限不清。第一，他以为每个人的心理活动都是一样的；第二，他要对你负责，他想拯救你。

这样的纠正其实非常有害。人际界限不清、暗示性高的人会接受别人的纠正，把自己的真实想法、感受和意图压抑掉。一个人越不了解自己、越压抑自己，越容易受暗示，越容易人际界限不清。这就不是拯救了，而是控制。

人际关系缺陷：需要保持很大距离独居的人；忍受不了分离而需要吃定心丸的人；缺乏同情心而颐指气使的人。

第四章　情绪的温度

——情绪自控是成长的钥匙

成长最基本的含义，是指一个人的视野在内在的深度上的扩大和外在的广度上的拓展。

——肯·威尔伯

高寿的心理学家

巴特利特，认知心理学家，提出“图式”概念，83 岁；

鲍尔比，“依恋理论”的提出者，83 岁；

皮亚杰，提出独特的儿童发展理论，84 岁；

卡尔·罗杰斯，人本主义学派领袖，85 岁；

赫伯特·西蒙，获得诺贝尔奖的心理学家，85 岁；

洛伦兹，跟着小鸭走路的习性学家，86 岁；

卡尔·荣格，弗洛伊德曾经的“王储”，但未成为接班人，86 岁；

斯金纳，被誉为“最著名的心理学家”，行为主义的光大者，86 岁；

巴甫洛夫，条件反射的提出者，俄国生理学家，87 岁；

高尔顿，最早研究智力的英国爵士，89 岁；

所罗门·阿希，研究“从众”的社会心理学家，89 岁。

“90 后俱乐部”

情绪时时刻刻与我们相伴，从情绪对我们每个人的作用来讲，是不容忽视的。情绪的“温度”太高太低，对人的影响都是不利的。现代企业管理理念是：一流的管理是管理员工的情绪，情绪的重要性可窥一斑。

第一节　情绪的温度

一、情绪的含义

关于“情绪”的确切含义，心理学家还有哲学家已经辩论了100多年。情绪是指伴随着认知和意识过程产生的对外界事物态度的体验，是人脑对客观外界事物与主体需求之间关系的反应，是以个体需要为中介的一种心理活动。情绪有20种以上的定义，尽管它们各不相同，但都承认情绪是由以下三种成分组成的：①情绪涉及身体的变化，这些变化是情绪的表达形式。②情绪涉及有意识的体验。③情绪包含了认知的成分，涉及对外界事物的评价。由于情绪与情感表现表达极易混淆，比如爱情的满足感总是伴随着快乐，所以在情绪定义中情绪与情感的关系是辩论争议的重要方面。

情绪被描述为针对内部或外部的重要事件所产生的突发反应，一个主体对同一种事件总是有同样的反应。情绪持续时间很短，产生的情绪包含语言、生理、行为和神经机制互相协调的一组反应。人类的情绪也来自生物性能，特别是在演化中被强化。因为情绪可以为一些远古人类常常面临的问题提供简单解决方法（如产生恐惧并决定逃离）。

许多学派给情绪下的定义反映了这些特点和这类关系。例如，功能主义把情绪定义为：情绪是个体与环境意义事件之间关系的心理现象（Campos，1983）。阿诺德的定义为：情绪是对趋向知觉为有益的、离开知觉为有害的东西的一种体验倾向。这种体验倾向为一种相应的接近或退避的生理变化模式所伴随（Arnold，1960）。拉扎勒斯提出与阿诺德雷斯的定义：情绪是来自正在进行着的环境中好的或不好的信息的生理、心理反应的组织，它依赖于短时的或持续的评价（Lazarus，1984）。这些定义都标示出情绪对人的需要和态度的关系，阿诺德和拉扎勒斯还指出了情绪依此而具有的特点，诸如体验、生理模式、评价等。

容易和情绪混淆的概念有：

感觉（feelings），个人对情绪的主观认识，更私人化，因人而异。

心情（moods），主体所处在的感情状态，比“情绪”延续时间长，感情波动不如“情绪”强烈。

情感（affect），一个笼统概念，有时包括情绪、感觉和心情，有时可以专指“情绪”。

情绪既是主观感受，又是客观生理反应，具有目的性，也是一种社会表达。情绪是多元的、复杂的综合事件。情绪构成理论认为，在情绪发生的时候，有五个基本元素必须在短时间内协调、同步地进行。

认知评估，注意到外界发生的事件（或人物），认知系统自动评估这件事的感情色彩，因而触发接下来的情绪反应(例如,看到心爱的宠物死亡,主人的认知系统把这件事评估为对自身有重要意义的负面事件)。

身体反应,情绪的生理构成,身体自动反应,使主体适应这一突发状况(例如,意识到死亡无法挽回,宠物的主人神经系统觉醒度降低,全身乏力,心跳频率变慢)。

感受,人们体验到的主观感情(例如,在宠物死亡后,主人的身体和心理产生一系列反应,主观意识察觉到这些变化,把这些反应统称为"悲伤")。

表达,面部和声音变化表现出这个人的情绪,这是为了向周围的人传达情绪主体对一件事的看法和他的行动意向(例如,看到宠物死亡,主人紧皱眉头,嘴角向下,哭泣)。对情绪的表达既有人类共通的成分,也有各地独有的成分。

行动的倾向,情绪会产生动机(例如,悲伤的时候希望找人倾诉,愤怒的时候会做一些平时不会做的事)。

二、情绪的表现

1977 年,心理学家伊扎德指出,情绪和情感是由每个人独特的主观体验、外部表现和生理唤醒三个要素所构成的。

积极情绪表现为:和别人握手时,要表现出热情,诚恳,可信和自信。谈话时,要轻松自如,不吞吞吐吐,慌慌张张,没有相互敌视和防范的心理和行为。消极情绪表现为:初次见面时被动握手。接触时距离保持过远。不太注意倾听对方的谈话,在对方说话时心不在焉地干一些别的事。会话时,相互猜疑,防范多于理解和谅解。

表达层次:

(一)生理表达

1. 大脑与情绪

大脑是产生情绪的物质基础,情绪是脑功能正常与否的外在体现。但凡动物都有情绪,因为都有可以思考的大脑,在情绪的引领下求生存、求适应、求发展。当脑功能正常时,情绪反应与认知一致。也就是说,获得满意时愉快,不满意时痛苦;而脑功能出现故障时,情绪就会紊乱,比如意识不清时、得精神病时,情绪会失常。有时候我们同时体验到积极的和消极的情绪,如小孩偷吃巧克力时可能会感到既高兴又害怕,这是为什么呢?因为大脑活动的记录表明,如果一个人是右利手,积极情绪的加工主要在大脑左半球,而消极情绪的加工主要在大脑右半球进行,所以两种情绪是基于大脑不同区域的活动,我们才会同时感到愉快和悲伤。

我们有时知道自己为什么害怕,因为情绪与大脑皮层的思维活动的认识相关;有时又不知道自己为什么恐惧或无名焦虑,比如看立体电影时,面对一列迎面急驰而来的火车,我们会不由自主地避让,尽管明知这是看电影,火车不会开过来压伤自己。那是因为还有一个叫杏仁核的大脑区域,它能不经大脑皮层直接而迅速地得到感觉信息,并使人在没有真正意识到发生了什么事之前就对潜在的危险做出反应,这种原始的恐惧反应不受大脑中枢的控制。杏仁核受损的人无法识别情绪,就是歹徒用枪对着他,他也感觉不到害怕,所以他也无法理解别人的情绪，会出现社交障碍。

2. 情绪与自主神经系统的关系

情绪能引起相关生理反应，如不愉快情绪引起的生理反应包括肌肉紧张、心率加快、烦躁、干渴、想吐、尿频、颤抖、对大的声音极为敏感，此外还有许多内分泌、免疫等变化。这些反应是由自主神经系统控制的，包括交感神经系统和副交感神经系统，这两个系统一直处于活动状态中，你是处于放松还是紧张状态完全取决于这两个系统的活动状态。一般地说，交感神经系统的功能是激发身体采取紧急行动——“战斗还是逃跑”，这可以激活某些机体系统，而将其他进行抑制，这些变化的目的是：糖被释放到血液中，使机体快速获取能量；心跳加快保证肌肉供血；皮肤血流量受到限制，可以减少受伤后的出血量；消化功能被暂时抑制，血流将提供到更需要的地方，比如大脑、骨骼肌等。这些反应都为人在危机中生存增加了机会。而副交感神经系统的功能是平息情绪的唤起：让身体平静和放松，恢复平衡并帮助身体储备能量。

3. 情绪智力

优秀的成功人士一般都有较高的情绪智力，他们善于选择适当的对象、把握适当的尺度、确定适当的时间、为了适当的目的并通过适当的方式表达情绪。情绪智力是一种综合能力，包含有移情、自我控制和自我意识。

移情性高的人能够准确地感知他人的情绪和感受。高自我意识的人，能够对自己的感受很敏感，如很快意识到自己在生气、嫉妒、内疚、抑郁等。情绪自我控制强者，不但能理解自己和他人的情绪，还能根据环境控制情绪。他们首先善于理解情绪，明白是什么引起了不同的情绪，它们的含义是什么，如焦虑，表明有不确定性因素存在；抑郁，意味着无助，而这些情绪将会如何影响行为。他们也会运用他们的感受来促进思考和做决策。

一个人怎样才能提升情绪智力？首先要认同情绪是有价值的，通过关注自己和他人的情绪，你就可以学到很多有价值的东西，逐渐提高情绪智力。

【爱阅读】

为何情绪会影响胃肠道？

早在20世纪，美国著名的生理学家坎农，进行了一系列实验，分析了情绪状态对胃肠功能的影响，得出结论：胃肠道是最能表现情绪的器官之一。

胃肠道会受到情绪的影响，这一现象是有其解剖生理基础的。消化道广泛受到植物神经支配（也称为自主神经，包括交感和副交感神经），而人的情绪属于高级中枢，会影响到植物神经系统，从而影响胃肠道蠕动、分泌、血供等。

植物神经支配掌握着性命攸关的生理功能。循环、呼吸、消化、新陈代谢等重要生理功能，植物神经是支配内脏活动的一系列神经的总称，又名自主神经，有点自动化的意思，因为不需要我们去“操控”这些内脏的活动。植物神经系统有一大特点就是不受意识控制，但容易受到诸如情绪等环境因素影响，比如我们没办法用意识去控制心脏跳或者不跳，但情绪激动时常常会心跳加速，就是典型的表现。

消化道属于内脏，都有植物神经支配，整个消化道都可以被情绪影响出现各种不适感。

常见由情绪引起的消化道症状有:口腔,口苦、口干等;咽喉,恶心、咽部有异物感等;食管,胃食管有烧灼感、不适感等;胃肠道,腹痛、腹部不适、腹胀、便秘、腹泻与便秘交替出现,肠鸣、嗳气、排气增多等;受情绪影响严重时还会有全身症状:失眠、心悸、气短、手足出汗、头晕、全身游走性疼痛等。

病不在胃肠,而在"心"。

这些都是情绪映射在胃肠道的影子,情绪影响植物神经功能导致胃肠道缺血、蠕动过快等症状。如果情绪低落比较严重,影响到胃肠道功能带来生活困扰,就被称为"胃肠道心身疾病"或者"功能性胃肠道疾病"。轻者可能造成短期症状,严重者可能长期影响生活。

功能性胃肠道疾病指的是经检查没有明显器质性疾病(如消化性溃疡、肿瘤等),却又有较多主诉症状的一类情况,胃肠道心身疾病更强调负面情绪引起的一系列症状和心理障碍。

在消化科门诊经常可以见到这样的情况:反复做过一大堆化验检查,本身没有明显器质性病变的证据,却反复诉苦腹痛或腹胀不适,辗转于全国各地久治不愈,不仅耗资巨大,疗效甚微,还被视为"怪人",严重影响正常生活和工作。这些人就是典型的胃肠道心身疾病患者,他们的病不在胃肠,而在心理负担。许多有精神状态亚健康或精神疾病的人群最常见的诉苦就是肚子疼,而怎么检查也检查不出原因,然后被病痛折磨得更苦恼。

(二)外部表达

表情是情绪表达的一种方式,也是人们交往的一种手段。人们除了言语交往之外,还有非言语交往,如表情。在人类交往过程中,言语与表情经常是相互配合的。同是一句话,配以不同的表情,会使人产生完全不同的理解。所谓的"言外之意"、"弦外之音"就更多地依赖于表情的作用。而且,表情比言语更能显示情绪的真实性。有时人们能够运用言语来掩饰和否定其情绪体验,但是表情则往往掩饰不住内心的体验。情绪作为一种内心体验,一旦产生,通常会伴随相应的非言语行为,如面部表情和身体姿势等。一些心理学家在研究人类交往活动中的信息表达时发现,表情起到了重要的作用。

表情可以分为三类:面部表情、身段表情和语调表情。

1. 面部表情

面部表情是由面部肌肉和腺体变化来表现情绪的,是由眉、眼、鼻、嘴的不同组合构成的,如眉开眼笑、怒目而视、愁眉苦脸、面红耳赤、泪流满面等。面部表情是人类的基本沟通方式,也是情绪表达的基本方式。同一种面部表情会被不同文化背景下的人们共同承认和使用,以表达相同的情绪体验。心理学家们经过研究发现,有 7 种表情是世界上各民族的人都能认出的,它们是快乐、惊讶、生气、厌恶、害怕、悲伤和轻视。研究者发现,不同文化背景的人们都能精确辨认这 7 种基本表情,5 岁的孩子在辨认表情的精确度上便等同于成人了。面部表情识别的研究还发现,最容易辨认的表情是快乐、痛苦,较难辨认的是恐惧、悲哀,最难辨认的是怀疑、怜悯。一般来说,情绪成分越复杂,表情越难辨认。

2.身段表情

身段表情是由人的身体姿态、动作变化来表达情绪。如高兴时手舞足蹈,悲痛时捶胸顿足,成功时趾高气扬,失败时垂头丧气,紧张时坐立不安,献媚时卑躬屈膝等。研究表明,手势表情是通过学习获得的。在不同的文化中,同一手势所代表的含义可能截然不同。如竖起大拇指在许多文化中是表示夸奖的意思,但在希腊却有侮辱他人的意思。手势表情具有丰富的内涵,但隐蔽性也最小。弗洛伊德曾描述过手势表情:"凡人皆无法隐瞒私情,尽管他的嘴可以保持缄默,但他的手指却会多嘴多舌。"

3.语调表情

语调表情是通过声调、节奏变化来表达情绪的,也是一种副语言现象,如言语中语音的高低、强弱、抑扬顿挫等。例如,人们惊恐时尖叫;悲哀时声调低沉,节奏缓慢;气愤时声高,节奏变快;爱慕时语调柔软且有节奏。

总之,面部表情、身段姿态和语调变化成为情绪的有效表达方式,它们经常相互配合,更加准确或复杂地表达不同的情绪。

(三)心理表达

情绪的第三种表现是心理层面的,即主观体验。主观体验是个人对不同情绪和情感状态的自我感受,喜、怒、哀、乐等每一种情绪都有不同的主观体验,都代表了人们对特定事物的不同感受,也构成了每个人情绪和情感的心理内容。

当一个人处于某种情绪状态时,当事人都能体验到,而且每个人体验到的情绪内容、性质、强度等都是主观的,而非客观的。正是由于只有当事人才能真切地体验到不同情境引起的不同情绪,局外人虽然能够从当事人的反应(如表情、姿态、行为等)上察言观色,细心揣摩出其情绪状态,但是却不能直接通过具体刺激来推测其情绪。因为外部刺激与情绪反应之间存在着其他中介因素,如感觉、认识、评价等因素,所以标准化的外部刺激,所引起的当事人的情绪反应难以标准化。例如,某企业员工因工作成绩突出,意外领到奖金 2 000 元,该员工可能会兴奋不已,但他身边与他有竞争关系的同事,也可能因没有拿到奖金而懊恼,而更多的同事,可能对此并没在意,因而也不会有什么情绪反应。

作为人们的主观体验,一方面情绪具有不可控制的特点,因此情绪往往"不由自主"地影响人们的心理生活;另一方面,既然情绪是一种主观体验,人们能够通过自主调节来影响这种体验,这也为我们更美好的生活提供了可能和空间。

【爱思考】

小杰被我预约来谈话,看他不高的身材,穿着绿色大衣,瘦瘦的脸颊有点腼腆,还带个耳环,我觉得他像一个女孩子。经过谈话,我了解到他跟父亲很少沟通,和母亲的关系很好。平时自己很少说话,喜欢自己想心事,想自己的未来。我问他:"心烦的时候怎么办呢?"他说:"憋着。"我看着他瘦瘦的样子,问他是否胃不好?他点点头。

小杰的问题出在哪里呢?

三、情绪的功能

1. 信号功能

情绪的信号功能是指在人际交往中，人们除借助言语进行交流之外，还通过情绪的流露来传递自己的思想和意图。情绪的这种功能是通过表情来实现的。表情具有信号传递作用，属于一种非言语性交际。人们可以凭借一定的表情来传递情绪信息和思想愿望。在社会交往的许多场合，人们之间的思想、愿望、态度、观点，仅靠言语无法充分表达，有时甚至不能言传，只能意会，这时表情就起到了信息交流的作用。其中，面部表情和体态表情更能突破一些距离和场合的限制，发挥独特的沟通作用。

心理学家在对英语国家人们的交往状况进行研究后发现，在日常生活中，55%的信息是靠非言语表情传递的，38%的信息是靠言语表情传递的，只有7%的信息才是靠言语传递的。表情是比言语产生更早的心理现象，在婴儿不会说话之前，主要是靠表情来与他人交流的。表情比语言更具生动性、表现力、神秘性和敏感性。特别是在言语信息暧昧不清时，表情往往具有补充作用，人们可以通过表情准确而微妙地表达自己的思想感情，也可以通过表情去辨认对方的态度和内心世界。所以，表情作为情感交流的一种方式，被视为人际关系的纽带。在许多影视作品中，人们用情绪的表露代替了语言的表达，具有“此时无声胜有声”的效果，更具感染力。

2. 动机功能

情绪具有激励作用。情绪能够以一种与生理性动机或社会性动机相同的方式激发和引导行为。有时我们会努力去做某件事，只因为这件事能够给我们带来愉快与喜悦。从情绪的动力性特征看，情绪分为积极增力的情绪和消极减力的情绪。快乐、热爱、自信等积极增力的情绪会提高人们的活动能力，而恐惧、痛苦、自卑等消极减力的情绪则会降低人们活动的积极性。有些情绪同时兼具增力和减力两种动力性质，如悲痛可以使人消沉，也可以使人化悲痛为力量。

个体的情绪表现还常被视为动机的重要指标。由于情绪可能与动机引发的行为同时出现，情绪的表达能够直接反映个体内在动机的强度与方向，因此情绪也被视为动机潜力分析的指标，即对动机的认识可以通过对情绪的辨别与分析来实现。

动机潜力是在具有挑战性的环境下所表现出的行为变化能力。当个体面对一个危险的情境时，动机潜力会发生作用，促使个体做出应激的行为。对动机潜力的分析可以由对情绪的分析获得。当面对应激场面时，个体的情绪会发生生理的、体验的以及行为的三方面的变化，这些变化会告诉我们个体在应激场合动机潜力的方向和强度。当面临危险时，有的人头脑清晰，沉着冷静地离开；而有的人则惊慌失措，浑身发抖，不能有效地逃离现场。这些情绪指标可以反映出人们动机潜能的个体差异。

3. 健康功能

人对社会的适应是通过调节情绪来进行的，情绪调控的好坏会直接影响到身心健康。作为心理因素的一个重要方面，情绪同身体健康的关系早已受到人们的关注。情绪对健康的影响作用是众所周知的。积极的情绪有助于身心健康，消极的情绪会引起人的各种疾病。我国古代医书《内经》中就有“怒伤肝，喜伤心，思伤脾，忧伤肺，恐伤肾”的记载。例如溃疡、偏头痛、高血压、哮喘、月经失调等。有些人患癌症也与长期心情压抑有关。一项长达30年的关于情绪与健康关系的追踪研究发现，年轻时性情压抑、焦虑和愤怒的人患结核病、心脏病和癌症的比例是性情沉稳的人的4倍。

美国心脏病学会将易患上心脏病的人群定义为A型性格人群，认为这类人群的特征是生活压力过大，自我要求过高，性情暴躁，易发脾气。一些临床医学研究也证明，长期受不良情绪困扰，会导致各种身心疾病。因此，对不良情绪进行控制、引导，代之以积极乐观的情绪，不但能提高生活质量，也能有效地防治身体疾病。所以，积极而正常的情绪体验是保持心理平衡与身体健康的条件。曾经有人说过，一个小丑进城胜过一打医生。这句话非常形象地说明了情绪对人身体健康的影响。

情绪心理学研究表明，积极情绪状态的主要作用，是使得人们更容易地获得进行革新性和创造性地思维和行动的心理能量，因此积极的情绪状态可以促使人们去设想和计划将来，而消极的情绪状态则使人们忙于应付最近的、即刻的事件。医学心理学家据此进一步研究了情绪状态对患者心理适应能力的影响，并获得了一些有益的发现。

第二节　情绪的强度

一、健康情绪的特征

1.情出有因

任何情绪、情感的产生与发展必定由一定的原因引起。例如，可喜的现象引起欢乐的情绪，不幸的事件引起悲哀的情绪，挫折引起沮丧的情绪等。无缘无故的喜、怒、哀、乐，莫名其妙的悲伤、恐惧，就不是情绪健康的表现。

2.表现恰当

一定的刺激会引起一定的情绪反应，反应和刺激应该相互吻合，例如，因成功而喜悦，因失败而痛苦，该高兴就高兴，该悲哀就悲哀。假如失去亲人还哈哈大笑，或者受到挫折反而高兴，受到尊敬反而愤怒，则是情绪不健康的表现。

3.反应适度

情绪表现的持续时间和强烈程度都应适当，不能无休无止地没完没了，也不能过分强烈或过于冷漠。刺激强度越大，情绪反应就越强烈；反之，情绪反应也就越弱。如果微弱的刺激引起强烈的情绪反应，则是情绪不健康的表现。

4.情绪稳定

情绪稳定表明一个人的中枢神经系统活动处于相对的平衡状态，也反映了中枢神经系统活动的协调。一般来说，情绪反应开始时比较强烈，随着时间的推移，反应逐渐减弱。如果反应时强时弱，变化莫测，经常处于不稳定状态，则是情绪不健康的表现。

5.心情愉快

以愉快的心境为主，积极情绪多于消极情绪。如果一个人经常情绪低落，愁眉苦脸，心情郁闷，则是心理不健康的表现。

6.能自我控制

健康的情绪是受自我调节和控制的。情绪健康的人，应是情绪的主人，可把消极的情绪转化为积极的情绪，也可把激情转化为冷静。

二、情绪智力

情绪智力是由美国耶鲁大学的萨洛维（Salove）和新罕布什尔大学的玛依尔（Mayer）提出的，是指“个体监控自己及他人的情绪和情感，并识别、利用这些信息指导自己的思想和行为的能力”。

换句话说，情绪智力也就是识别和理解自己和他人的情绪状态，并利用这些信息来解决问题和调节行为的能力。在某种意义上，情绪智力是与理解、控制和利用情绪的能力相关的。

学生情绪智力高的优势：

(1)他们能够和其他人建立更好的关系。

(2)他们是好的听众，更善解人意、更宽容、更能够理解并控制自己的情绪。

(3)他们更放松、更合作、更善于处理冲突。

(4)他们较少有攻击性，不太冲动，既能处理恐惧、焦虑和伤心的情绪，也能表达高兴和幸福的感觉。

(5)他们更负责任，在学校的成绩也更好。

(6)他们有较好的自尊，健康的好奇心，而且更能集中注意力。

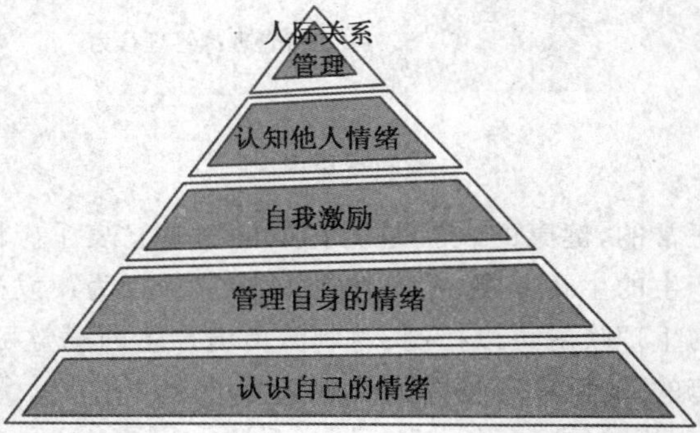

成人情绪智力的五种能力

认识自身情绪的能力：认识自身情绪，就是能认识自己的感觉、情绪、情感、动机、性格、欲望和基本的价值取向等，并以此作为行动的依据。

管理自身情绪的能力：妥善管理自身情绪，是指对自己的快乐、愤怒、恐惧、爱、惊讶、厌恶、悲伤、焦虑等体验能够自我认识、自我协调。比如，自我安慰，主动摆脱焦虑、不安情绪。

自我激励：指面对自己欲实现的目标，随时进行自我鞭策、自我说服，始终保持高度热忱、专注和自制。如此，使自己有高度的办事效率。

认识他人的情绪：指对他人的各种感受，能“设身处地”地、快速地进行直觉判断。了解他人的情绪、性情、动机、欲望等，并能做出适度的反应。在人际交往中，常从对方的语言及其语调、语气和表情、手势、姿势等来作判断。常常真正透露情绪情感的就是这些表达方式。

人际关系的管理：这是指管理他人情绪的艺术。一个人的人缘、人际和谐程度都和这项能力有关。善于从别人的表情来判读其内心感受，善于体察其动机想法。这种能力的具备，易使其与任何人相处都愉悦自在，这种人能充当集体感情的代言人，引导群体走向共同目标。

一个情绪智力高超的人，不是一个不笑、不哭，不恐惧、不着急、不发火的人。我们要做的是一个敢笑、敢说、敢做，还要敢哭、敢急、敢怒的人，并把效果比动机看得更重要，这才是一个情绪智力健全的人。

第三节　情绪的韧度

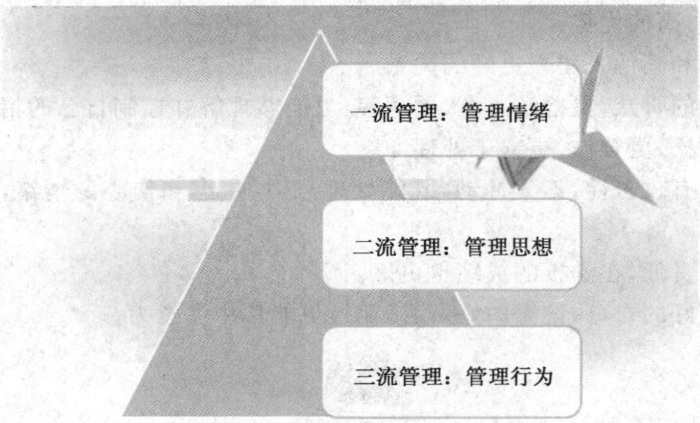

最新管理理念

出现不良情绪是正常的，健康的人就是拥有正常的喜怒哀乐。情绪的产生是伴随着个体对刺激情境的认知产生的生理唤醒、心理唤醒和相应的行为。发生的刺激情境是不可控的，但是，对情绪带来的生理唤醒可以控制；对刺激情境产生的感觉可以适度表达；对刺激情境的认知也是可以调节的，这就使得情绪的管理成为可能。

一、生理唤醒管理

1. 生理唤醒

是指伴随情绪与情感发生时的生理反应，它涉及一系列生理活动过程，如神经系统、循环系统、内外分泌系统等活动。

任何情绪都伴随着一系列的生理变化，这种生理变化使得我们产生独特的情绪体验。20 世纪 80 年代，艾克曼等研究人员让被测试者用面部肌肉来表达愉快、发怒、惊奇、恐惧、悲伤或厌恶等情绪，同时给他们一面镜子以辅助他们确定自己面部表情的模式，要求他们把每一种表情保持 10 秒，并对他们的生理反应情况进行测量。结果表明，各种面部表情的生理反应都存在明显差异。保持发怒和恐惧的表情时，被测试者心率都会加快；保持发怒的表情时，被测试者的皮肤温度会上升；保持恐惧的表情时，被测试者的皮肤温度则会下降。另一些研究表明，许多情绪都使人的心率加快：发怒时，被测试者脖子以下发热，感觉热血沸腾；恐惧时，被测试者骨子里发冷、浑身发凉等。

情绪的生理基础：情绪的产生在神经生理上是多水平整合活动的结果，它涉及广泛的神经生理生化活动，包括中枢神经系统、躯体神经系统、自主神经系统和内分泌系统。

从进化过程来看，情绪的发生是在脑进化的低级阶段出现的，情绪作为脑的功能，首先固着在那些进化上古老的神经组织部位，即那些调节和维持有机体生命过程的神经机构，如丘脑系统和脑干结构。这些部位的神经功能在动物机体和人类中均存在着，对情绪的整合起着重要的作用。它们中的某些部位，如下丘脑，被看作是整合情绪的中枢。

随着种族进化过程的演变，情绪的发生和分化同大脑新皮质的形成和分化是同步地进行着的(C. Izard，1978)。大脑皮层在结构和功能上的分化与处于进化中的人类面孔骨骼肌的分化发展是平行的。大脑皮层对来自颜面肌肉系统的内导信息的精细分析及其与皮层下情绪中枢的固定联系，是人类情绪高度分化和无限多样化的机制。

除了中枢神经系统从低级到高级部位参与情绪的整合之外，整个外周神经系统也均被卷进。正如上面所涉及的躯体神经系统，在与大脑高级中枢的联系中，介入各种表情的发生或抑制；自由神经系统在情绪过程中由于被脑的低级部位所激活，对情绪活动起着加强和延续的作用；内分泌系统的活动与情绪唤醒的关系更为密切，多种激素除影响有机体一般生理过程从而影响情绪以外，某些激素作为神经化学递质则直接激活情绪。由此看来，每一次情绪的发生，都是包括中枢神经系统各级水平、躯体神经系统、内分泌系统的整合活动的结果。

【爱阅读】

生理唤醒带来爱情

实验一：恐惧

在 Dutton and Aron (1974)的实验中，实验者分别在两座不同的桥上对过路的游人进行访问，其中一座桥是悬挂在深邃的峡谷之上，行走在桥上会带来极其摇晃的不安全感；另一座则是普通的，稳固的，与地面相距很近。

当一位无人陪伴的男性行人经过任一座桥时，一个女性实验者会与他进行交谈，并邀请他参与一个简短的心理测验，他被要求针对一幅图片编写一个故事，当测验完成时，实验者会告知实验对象，如果他对实验有任何疑问，她可以把电话号码留给他，并欢迎他来电咨询。

结果是，在陡峭的悬挂桥上，60%的男性路人会索要电话并回电，而在稳固的桥上，只有 30%的男性路人会索要电话。并且，行走在悬挂桥上的男人会给出更具有性幻想元素的故事。

实验二：运动

在 White，Fishbein & Rutstein (1981) 的实验中，男性参与者被要求连续跑步 2 分钟或是 15 秒，之后他们被告知将会与一位女性见面，并被邀请观看一段那个女人的视频。通过对妆容的控制，这个女人在有的视频中显得比较有吸引力，而在有的视频中比较让人排斥。

结果发现，跑完 2 分钟的男人会觉得有吸引力的女人更有吸引力，而对那个丑陋的女人印象更差。

所以，约会应该选择过山车、鬼屋这种有惊险刺激的场景，会增加好感，或是邀请他/她一起运动。

2. 情绪觉察

情绪是身体中的能量。在情绪来临的那个当下，对它升起一个觉察，自己意识到自己在情绪中；不带评判地感受身体，让情绪流动起来，找到出口，得到疏导。

要管理情绪，首先要能觉察到情绪。情绪的自我觉察能力是指了解自己内心的一些想法和心理倾向，以及自己所具有的直觉能力。譬如你上山打老虎，如果你不知道老虎是啥样的，可能你打到只兔子还大声嚷嚷着打着老虎了。所以，情绪管理第一步，就是要能觉察自己的情绪是什么，是愤怒？是焦虑？是忧伤？是委屈？是失落？等等。

首先，是要愿意观察自己的情绪。不要抗拒做这样的行动，以为那是浪费时间的事，要相信，了解自己的情绪是重要的领导能力之一。其次，是要愿意诚实地面对自己的情绪。每个人都可以有情绪，接受这样的事实才能了解内心真正的感觉，更合理地去处理正在发生的状况。第三，是给自己和别人(员工)应有的情绪空间。给自己和别人都停下来观察自己情绪的时间和空间，这样才不至于在冲动下做出不适当的决定。第四，是替自己找一个安静身心的法门。每个人都有不一样的方法使自己静心，都需要找到一个最适合自己的安心方式。

3. 生理唤醒管理

有的人在遇到刺激事件的时候，只能通过身体来表达，这是低级应对模式，即躯体化，如果将人比作一台特殊的机器，那么情绪就是这台机器的发动机。发动机出了问题，其他各个部位都会出现相应的连锁反应。最常见的就是情绪的躯体化，如我们常说的"气得我头痛！""气得我手脚发麻，四肢冰凉！"。我们的头、四肢没有问题，但为什么会出现上述不适呢，是不良情绪在作怪，也就是你的发动机出现了问题，此时需要治疗的不是你的头和四肢，也不是你的神经系统出问题了，而是你的精神系统中的情绪出问题了，要急于治疗。这也就是我们常说的"不能头痛医头脚疼医脚"，要治"根"！很多病人来就诊时大量躯体主诉，如头痛头晕、胸闷气短、出汗、发冷发热，甚至身体内有气串着走等，反复于内科检查均无异常，但为此痛苦甚至轻生。这种情况绝大多数患者都是情绪所致躯体焦虑，且多伴有抑郁，如情绪低落、胡思乱想、委曲、自责、无兴趣、唉声叹气等不愉快体验，只是患者把注意力集中在了身体的不舒服上。

针对这样的应对模式，我们就首先可以通过管理生理的放松，来调节情绪的放松。

【爱阅读】

大脑研究显示，通过觉察性关注呼吸过程中的身体，情绪调节的能力也可能得到提高。Austin(1999)注意到，对呼吸的冥想式关注能够产生延长的呼气，并引述研究说明，呼气降低了杏核仁的放电，从而使大脑安静下来，并且也让身体平静下来。Lazar 等(2005)观察到，那些聚焦于呼吸的冥想练习者，他们的大脑皮层在增厚，特别是脑岛，脑岛连接着皮层和边缘系统，整合想法和基于躯体的感受。

渐进性肌肉放松训练法：

渐进性肌肉放松训练法基于以下理论基础，即个体的心情包含着"情绪"和"躯体"两方面。如果能改变"躯体"的反应，"情绪"也会随着发生变化。内脏的躯体反应主要受皮层下中枢和自主神经系统影响，不易随意操纵和控制；而中枢和躯体神经系统则可控制"随意肌"

的活动，通过有意识地控制随意肌肉的活动，间接地松弛情绪，建立和保持轻松愉快的情绪状态。在日常生活中，当人们心情紧张时，不仅“情绪”上紧张、恐惧、害怕，而且全身肌肉也会变得沉重僵硬；但当紧张情绪松弛后，沉重僵硬的肌肉也可通过其他各种形式松弛下来（如睡眠、按摩等）。基于以上原理，渐进性肌肉放松训练法就是训练个体能随意放松全身肌肉，以达到随意控制全身肌肉的紧张程度，保持心情平静，缓解紧张、恐惧、焦虑等负性情绪的目的。

它的具体做法，则是通过全身主要肌肉收缩—放松的反复交替训练，使人体验到紧张和放松的不同感觉，从而更好地认识紧张反应，并对此进行放松，最后达到身心放松的目的。因此，这种放松训练不仅能够影响肌肉骨骼系统，还能使大脑皮层处于较低的唤醒水平，并且能够对身体各个器官的功能起到调整作用。

在这种放松训练的每一个步骤中，最基本的动作是：

第一，紧张你的肌肉，注意这种紧张的感觉。

第二，保持这种紧张感 3～5 秒，然后放松 10～15 秒。

第三，体验放松时肌肉的感觉。

经过渐进性肌肉放松训练法训练之后，一般都会感到头脑清醒、心情平静、全身舒适、精力充沛。个别会出现肌肉局部颤动、皮肤的异常感觉，有时还可出现眩晕、幻觉、失衡感等类似感觉剥夺的表现，因放松的语言刺激从一定意义上讲是一种排除外界干扰的自我感觉剥夺。有学者认为，这些感觉都是自主神经系统的调整和中枢神经系统异常积蓄能量释放的表现，正是渐进性肌肉放松训练法产生效果的最好反映。

下面具体介绍在课堂上对学生讲授渐进性肌肉放松训练法的程序。

首先，应给学生讲清楚该方法的原理、目的和意义，以及肌肉放松后的体验。

其次，由于是在课堂上进行指导训练，因而教师引导语要清晰、低沉、轻柔和愉快，并伴有动作示范。

再次，教室要安静、整洁、光线柔和，尽量使学生感到坐得舒适。

训练过程（以下为教师的引导语）：

“我现在来教大家怎样使自己放松。为了做到这一点，我将让你先紧张，然后放松全身的肌肉。紧张及放松的意义在于使你体验到放松的感觉，从而学会如何保持松弛的感觉。”

“下面我将使你全身的肌肉逐渐紧张和放松，从手部开始，依次是上肢、肩部、头部、颈部、胸部、腹部、臀部、下肢，直至双脚，依次对各组肌群进行先紧张后放松的练习，最后达到全身放松的目的。”

第一步

“深吸一口气，保持一会儿。”（停 10 秒）

“好，请慢慢地把气呼出来，慢慢地把气呼出来。”（停 5 秒）

“现在我们再做一次。请你深深吸进一口气，保持一会儿，保持一会儿。”（停 10 秒）

“好，请慢慢把气呼出来，慢慢把气呼出来。”

第二步

“现在，请伸出你的前臂，握紧拳头，用力握紧，体验你手上紧张的感觉。”（停 10 秒）

“好，请放松，尽力放松双手，体验放松后的感觉。你可能感到沉重、轻松、温暖，这些都是放松的感觉，请你体验这种感觉。”（停 5 秒）

“我们现在再做一次。”

第三步

“现在弯曲你的双臂，用力绷紧双臂的肌肉，保持一会儿，体验双臂肌肉紧张的感觉。”(停 10 秒)

“好，现在放松，彻底放松你的双臂，体验放松后的感觉。”(停 5 秒)

“我们现在再做一次。”

第四步

“现在，开始练习如何放松双脚。”(停 5 秒)

“好，紧张你的双脚，脚趾用力绷紧，用力绷紧，保持一会儿。”(停 10 秒)

“好，放松，彻底放松你的双脚。”(停 5 秒)

“我们现在再做一次。”

第五步

“现在开始放松小腿部肌肉。”(停 5 秒)

“请将脚尖用劲向上翘，脚跟向下向后紧压，绷紧小腿部肌肉，保持一会儿，保持一会儿。”(停 10 秒)

“好，放松，彻底放松。”(停 5 秒)

“我们现在再做一次。”

第六步

“现在开始放松大腿部肌肉。”

“请用脚跟向前向下紧压，绷紧大腿部肌肉，保持一会儿，保持一会儿。”(停 10 秒)

“好，放松，彻底放松。”(停 5 秒)

“我们现在再做一次。”

第七步

“现在开始注意头部肌肉。”

“请皱紧额部的肌肉，皱紧，保持一会儿，保持一会儿。”(停 10 秒)

“好，放松，彻底放松。”(停 5 秒)

“现在，请紧闭双眼，用力紧闭，保持一会儿，保持一会儿。”(停 10 秒)

“好，放松，彻底放松。”(停 5 秒)

“现在，转动你的眼球，从上，到左，到下，到右，加快速度；好，现在从相反方向转动你的眼球，加快速度；好，停下来，放松，彻底放松。”(停 10 秒)

“现在，咬紧你的牙齿，用力咬紧，保持一会儿，保持一会儿。”(停 10 秒)

“好，放松，彻底放松。”(停 5 秒)

“现在，用舌头使劲顶住上腭，保持一会儿，保持一会儿。”(停 10 秒)

“好，放松，彻底放松。”(停 5 秒)

“现在，请用力将头向后压，用力，保持一会儿，保持一会儿。”(停 10 秒)

“好，放松，彻底放松。”(停 5 秒)

“现在，收紧你的下巴，用颈向内收紧，保持一会儿，保持一会儿。”(停 10 秒)

“好，放松，彻底放松。”(停 5 秒)

“我们现在再做一次。”

第八步

“现在，请注意躯干部肌肉。”(停 5 秒)

“好，请往后扩展你的双肩，用力往后扩展，保持一会儿，保持一会儿。”(停 10 秒)

“好，放松，彻底放松。”(停 5 秒)

“我们现在再做一次。”

第九步

“现在上提你的双肩，尽可能使双肩接近你的耳垂，用力上提，保持一会儿，保持一会儿。”(停 10 秒)

“好，放松，彻底放松。”(停 5 秒)

“我们现在再做一次。”

第十步

“现在向内收紧你的双肩，用力内收，保持一会儿，保持一会儿。”(停 10 秒)

“好，放松，彻底放松。”(停 5 秒)

“我们现在再做一次。”

第十一步

“现在，请向上抬起你的双腿(先左后右或是先右后左均可)，用力上抬，弯曲你的腰，用力弯曲，保持一会儿，保持一会儿。”(停 10 秒)

“好，放松，彻底放松。”(停 5 秒)“我们现在再做一次。”

第十二步

“现在，请紧张臀部的肌肉，会阴部用力上提，用力，保持一会儿，保持一会儿。”(停 10 秒)

“好，放松，彻底放松。”(停 5 秒)

“我们现在再做一次。”

结束语：

“这就是整个渐进性肌肉放松训练过程。现在，请感受你身上的肌群，从下向上，全身每一组肌肉都处于放松状态。”(停 10 秒)

“请进一步注意放松后的感觉，此时你有一种温暖、愉快、舒适的感觉，并将这种感觉尽量保持 1～2 分钟。”

上面是渐进性肌肉放松训练的程序，在掌握这个程序之后，可给学生提供书面指示语或录音磁带，要求需要的学生自行练习，每日进行 1～2 次，每次 15 分钟，并要求持之以恒，循序渐进，坚持训练，最终会取得较好效果。

7 种典型的心身疾病是：原发性高血压、支气管哮喘、溃疡性结肠炎、甲状腺机能亢进、消化性溃疡、神经性皮炎和类风湿性关节炎。

心理生理医学是研究心理因素和人类健康与疾病之间相互关系的医学心理学分支，又称为心身医学。其主要研究情绪与疾病的关系，即过度的焦虑、恐惧、怨恨及其他心理或精神紧张与各种疾病的关系；心身医学理论在综合性医院中的应用，又称咨询-联络精神病学，它对各科患者和垂危者给予心理卫生方面的服务；研究与健康和疾病有关的社会学和心理学问题等。

中国古代医学典籍《黄帝内经》中就已论及情绪对疾病和健康的影响，指出“暴怒伤阴，暴喜伤阳”，“怒伤肝，喜伤心，思伤脾”等。在西方，古希腊医生希波克拉底论述了情绪及性格类型对疾病和健康的影响。柏拉图明确指出，心或身的任何缺陷都会给对方造成最大不协调和不相称的机会。

坎农于1932年首先分析了不同情绪状态对胃肠功能的影响。他认为胃是最能表现情绪的器官之一；并区分了有利或不利于胃肠道分泌和收缩的各种情绪。他的研究还证明，情绪不仅对胃肠道功能有影响，而且对心血管、肌肉、呼吸、泌尿、新陈代谢和内分泌等功能也都存在着类似的关系。

二、心理管理

1. 处理情绪的高级应对模式

处理情绪的高级应对模式：语言化。准确地用语言描述自己的情绪类型，可以识别自己的情绪。表4-1是15种情绪及其核心相关主题。

表4-1 15种情绪及其核心相关主题

情绪	对其核心相关主题的评价
愤怒	你受到轻视或侮辱
焦虑	你感到威胁
悲伤	你失去亲人
内疚	你违背了道德规范
惭愧	你未能达到你期待的目标
嫉妒	你期望拥有别人的东西
厌恶	你接近了某种你所排斥的东西
希望	你害怕面对最糟糕的局面并盼望事情有所好转
愉快	你正接近渴望的目标
骄傲	你获得了有价值的东西并取得了成就
感谢	你受到了别人的款待
爱	你渴望得到别人的感情
同情	你被他人的遭遇所感动

多数人面对情绪问题会以否定、委屈、压抑、逃避、防卫、指责、恐吓、怒骂等方式来处理，这并不能切实解决问题，或者还可能传递出无效信息，让对方莫名其妙、不明所以。

当我们发现我们正存在某种情绪的时候，首先可以试图分析一下自己的情绪，问自己三个问题——“我现在的情绪是什么?”、“为什么我会这样?”、“我有什么感觉?”这其实是在体察自己的情绪，也是随之而来要管理情绪的第一步。

从心理学的角度，情绪并非是单一的，它们可能是复杂的情绪丛集，比较常见的情绪组型有两种，一是生气—受伤—羞耻，二是悲伤—生气—罪恶，当我们体察自己的情绪时，我们要试图搞明白我们究竟是因为受伤而生气还是因为生气而显得悲伤? 所以，用准确的语言表达情绪，是调节情绪的好方法。

2.情绪的表达对象

情绪的表达对象分为四个层面。第一个层面是向自己表达，所谓向自己表达就是向你自己的意识表达，让你自己的意识很清楚地认识到你的情绪状态以及它的来源。这种表达说起来很容易，但是常常被我们忽略，而它对我们的健康又是最重要的。如果我们自己很清楚自己的情绪状态，知道它的来源，这个情绪就已经发泄至少一半了。第二个层面是向他人表达。可以找人聊天，找你的亲人，找你的朋友，向他们去表达。以后还会有越来越多专业化的表达，那就是找心理治疗师。第三个层面是向环境表达。当不高兴的时候去旅游，当站在高山之巅看苍穹，或者站在大海之边看大浪的时候，就会觉得那些不高兴的事情没有什么大不了的。还可以到森林里去高喊，或者把自己关在屋子里打沙袋。第四个层面是我们最提倡的，也是最健康的方式，是升华的表达。所谓升华的表达，就是把我们自己的情绪和情感，升华为一种对自己、对他人、对社会都具有建设性意义的动力。学会情绪的表达，对于我们的心理健康维护是非常重要的。我们应该给自己的情绪多一些关注，学会正确调控自己的情绪。

3.情绪表达的方式

将所有情绪用“说”的方式表达出来，不论向谁说，重要的是说出来。但有时我们不知道向谁说，或感觉说出来不好，那么我们可以将它写出来。比如诗歌、小说等都是作者的一种表达方式。一旦你写出来，你的情绪就会减少。

非语言表达方式：绘画、舞蹈。

有些情绪难以用语言表达出来，因为那个情绪太痛苦、太强烈，以至我们不想用语言表达出来，所以我们通过非语言的方式来进行表达。

绘画表达：你不需是画家，不需学绘画，只需一张白纸，一些颜料，不要刻意去画花、山什么的，容许你的心选择任何颜色，移动你的手随意画，不论画出来的是什么，哪怕是线条、圆圈、涂鸦，都没关系。如果你刻意去画某个东西，意味着你在强迫自己的心，而如果你容许心自由表达的话，当你画完后，你会发现有些情绪已得到减轻。最重要的是允许心即兴画。

舞蹈表达：你不需是舞蹈家，不需学舞蹈，关上门，放上你喜欢的音乐，不论何种音乐，轻音乐、流行音乐、古典、NEW AGE……只要你喜欢的就行，容许自己按自己的方式随意舞蹈，跳、跑、在沙发上蹦……你在做什么? 你不是在跳某个特定的舞蹈，你是在容许自己的身心做它们想做的情绪表达。当你舞完后，你很累，但很放松。

非暴力表达——冥想：有些情绪非常强烈，比如有人伤害了你，你恨不得揍他一顿，通过上述4种方式皆不能充分表达，怎么办? 有一种非暴力表达的方式，也即冥想。通常我们的感官是与外部世界连接的，冥想时，我们闭上眼睛，放上音乐（可有可无），将感官转向内，观察我们自己，无外界的干预，不控制思想，容许任何思想、情绪出现。当我们将感官转向内后，心就转得很快，这样思想、情绪迅速出现，得到表达后就离开了。

所有情绪的根源在于我们之内，比如闪电，只有少数人觉得恐惧，多数人不恐惧，如果恐惧的根源在于闪电，那么所有的人应该都会感到恐惧。所以恐惧的根源在于我们自己，不在于闪电。通过冥想，我们就能观察到这些情绪的根源，从而溶解它们。

三、认知管理

（一）合理情绪疗法的原理

合理情绪疗法认为，人们的情绪障碍是由人们的不合理信念所造成，因此简要地说，这种疗法就是要以理性治疗非理性，帮助求治者以合理的思维方式代表不合理的思维方式，以合理的信念代表不合理的信念，从而最大限度地减少不合理的信念给情绪带来的不良影响，通过以改变认知为主的治疗方式，来帮助求治者减少或消除他们已有的情绪障碍。

合理情绪疗法的基本理论主要是ABC理论，在ABC理论模式中，A是指诱发性事件；B是指个体在遇到诱发事件之后相应而生的信念，即他对这一事件的看法、解释和评价；C是指特定情景下，个体的情绪及行为结果。通常人们认为，人的情绪的行为反应是直接由诱发性事件A引起的，即A引起了C。ABC理论指出，诱发性事件A只是引起情绪及行为反应的间接原因，而人们对诱发性事件所持的信念、看法、理解B才是引起人的情绪及行为反应的更直接的原因。人们的情绪及行为反应与人们对事物的想法、看法有关。在这些想法和看法背后，有着人们对一类事物的共同看法，这就是信念。合理的信念会引起人们对事物的适当的、适度的情绪反应；而不合理的信念则相反，会导致不适当的情绪和行为反应。当人们坚持某些不合理的信念，长期处于不良的情绪状态之中时，最终将会导致情绪障碍的产生。因为情绪是由人的思维、人的信念所引起的，所以埃利斯认为每个人都要对自己的情绪负责。他认为当人们陷入情绪障碍之中时，是他们自己使自己感到不快的，是他们自己选择了这样的情绪取向的。不过有一点要强调的是，合理情绪治疗并非一般性地反对人们具有负性的情绪。比如，一件事失败了，感到懊恼，有受挫感是适当的情绪反应。而抑郁不堪，一蹶不振则是所谓不适当的情绪反应了。例如，两个同事一起上街，碰到他们的总经理，但对方没有与他们招呼，径直过去了。这两个同事中的一个认为："他可能正在想别的事情，没有注意到我们。即使是看到我们而没理睬，也可能有什么特殊的原因。"而另一个却可能有不同的想法："是不是上次顶撞了老总一句，他就故意不理我了，下一步可能就要故意找我的岔子了。"两种不同的想法就会导致两种不同的情绪和行为反应。前者可能觉得无所谓，而后者可能忧心忡忡，以至无法平静下来干好自己的工作。从这个简单的例子中可以看出，人的情绪及行为反应与人们对事物的想法、看法有直接的关系。在这些想法和看法背后，有着人们对一类事物的共同看法，这就是信念，前者在合理情绪疗法中称之为合理的信念，而后者则被称之为不合理的信念。合理的信念会引起人们对事物适当、适度的情绪和行为反应；而不合理的信念则相反，往往会致不适当的情绪和行为反应。人们坚持某些不合理的信念，长期处于不良的情绪状态之中，最终将导致情绪障碍也就是C的产生。

（二）合理情绪疗法的操作模式

（1）找出使自己产生异常紧张情绪的诱发事件（A），例如当众讲话、考试、工作压力、人际关系等。

(2)分析挖掘自己对诱发事件的解释、评价和看法，即由它引起的信念(B)，从理性的角度去审视这些信念，并且探讨这些信念与所产生的紧张情绪(C)之间的关系。从而认识到异常的紧张情绪之所以发生，是由于自己存在不合理的信念，这种失之偏颇的思维方式应当由自己负责。

(3)扩展自己的思维角度，与自己的不合理信念进行辩论(D)，动摇并最终放弃不合理信念，学会用合理的思维方式代替不合理的思维方式。还可以通过与他人讨论或实际验证的方法来辅助自己转变思维方式。

(4)随着不合理信念的消除，异常的紧张情绪开始减少或消除，并产生出更为合理、积极的行为方式。行为所带来的积极效果，又促进着合理信念的巩固与情绪的轻松愉快。最后，个人通过情绪与行为的成功转变，从根本上树立起合理的思维方式，不再受异常的紧张情绪的困扰(E)。

(三)合理情绪疗法的适用人群

不合理信念的几个特征：

绝对化要求：是指人们以自己的意愿为出发点，对某一事物怀有认为其必定会发生或不会发生的信念，它通常与“必须”、“应该”这类字眼连在一起。比如，“我必须获得成功”、“别人必须很好地对待我”、“生活应该是很容易的”等。怀有这样信念的人极易陷入情绪困扰中，因为客观事物的发生、发展都有其规律，是不以人的意志为转移的。就某个具体的人来说，他不可能在每一件事情上都获得成功；而对于某个个体来说，他周围的人和事物的表现和发展也不可能以他的意志为转移。因此，当某些事物的发生与其对事物的绝对化要求相悖时，他们就会受不了，感到难以接受、难以适应并陷入情绪困扰。合理情绪疗法就是要帮助他们改变这种极端的思维方式，认识其绝对化要求的不合理、不现实之处，帮助他们学会以合理的方法去看待自己和周围的人与事物，以减少他们陷入情绪障碍的可能性。

过分概括化：这是一种以偏概全、以一概十的不合理思维方式的表现。艾利斯曾说过，过分概括化是不合逻辑的，就好像以一本书的封面来判定其内容的好坏一样。过分概括化的一个方面是人们对其自身的不合理的评价。如当面对失败就是极坏的结果时，往往会认为自己“一无是处”“一钱不值”、是“废物”等。以自己做的某一件事或某几件事的结果来评价自己整个人、评价自己作为人的价值，其结果常常会导致自责自罪、自卑自弃的心理及焦虑和抑郁情绪的产生。过分概括化的另一个方面是对他人的不合理评价，即别人稍有差错就认为他很坏、一无是处等。这会导致一味地责备他人，以致产生敌意和愤怒等情绪。按照埃利斯的观点来看，以一件事的成败来评价整个人，这无异于一种理智上的法西斯主义。他认为一个人的价值就在于他具有人性，因此他主张不要去评价整体的人，而应代之以评价人的行为、行动和表现。这也正是合理情绪治疗所强调的要点之一。因为在这个世界上，没有一个人可以达到完美无缺的境地，所以每个人都应接受自己和他人是有可能犯错误的。

糟糕至极：这是一种认为如果一件不好的事发生了，将是非常可怕、非常糟糕，甚至是一场灾难的想法。这将导致个体陷入极端不良的情绪体验如耻辱、自责自罪、焦虑、悲观、抑郁的恶性循环之中而难以自拔。糟糕就是不好、坏事了的意思。当一个人讲什么事情都糟透了、糟极了的时候，对他来说往往意味着碰到的是最最坏的事情，是一种灭顶之灾。艾利斯指出这是一种不合理的信念，因为对任何一件事情来说，都有可能发生比之更好的情形，没有任何一件事情可以定义为是百分之百糟透了的。当一个人沿着这条思路想下去，认为遇到了百分之百的糟糕的事或比百分之百还糟的事情时，他就是把自己引向了极端的、负的不良情绪状态之中。糟糕至极常常是人们对己、对他人及对周围环境的绝对化要求相联系而出现的，即在人们的绝对化要求中认为“必须”和“应该”的事情并非像他们所想的那样发生时，他们就会感到无法接受这种现实，因而就会走向极端，认为事情已经糟到了极点。RET认为：非常不好的事情确实有可能发生，尽管有很多原因使我们希望不要发生这种事情，但没有任何理由说这些事情绝对不该发生。我们必须努力去接受现实，尽可能地去改变这种状况；在不可能时，则要学会在这种状况下生活下去。

在人们不合理的信念中，往往都可以找到上述3种特征。每个人都会或多或少地具有不合理的思维与信念，而那些有严重情绪障碍的人这种不合理思维的倾向尤为明显。情绪障碍一旦形成，往往是难以自拔的，此时就急需进行治疗。

（四）合理情绪疗法的步骤

（1）向求治者指出，其思维方式、信念是不合理的；帮助他们弄清楚为什么会变成这样，怎么会发展到目前这样子，讲清楚不合理的信念与他们的情绪困扰之间的关系。这一步可以直接或间接地向求治者介绍ABC理论的基本原理。

（2）向求治者指出，他们的情绪困扰之所以延续至今，不是由于早年生活的影响，而是由于现在他们自身所存在的不合理信念所导致的，对于这一点，他们自己应当负责任。

（3）通过与不合理信念辩论方法为主的治疗技术，帮助求治者认清其信念的不合理性，进而放弃这些不合理的信念，帮助求治者产生某种认知层次的改变。这是治疗中最重要的一环。

（4）不仅要帮助求治者认清并放弃某些特定的不合理信念，而且要从改变他们常见的不合理信念入手，帮助他们学会以合理的思维方式代表不合理的思维方式，以避免再做不合理信念的牺牲品。

有这么一个故事，从前有一位母亲，雨天哭，出太阳的晴天也哭。别人问她为什么哭，她说，我有两个女儿，一个卖伞，一个卖鞋，看到下雨就想到鞋子卖不出去，看到太阳就想到伞卖不出去，于是就天天哭。

后来，有个人跟她说，恭喜你，你好幸福啊！老太太擦干眼泪问，我天天发愁，哪来幸福可言？这个人跟她说：你看，下雨的时候，你卖伞的女儿正好做生意；出太阳的时候，你卖鞋的女儿正好做生意。不管下雨还是出太阳，两个孩子都有一个很好，你应该高兴才对呀！这位母亲一想，也对，于是每天都快快乐乐地生活。

小故事告诉我们一个道理：一样的环境、一样的事情，如果换一个角度看问题，原本清苦的生活其实也很快乐！

有一个人从小到大，一生气就往外面跑，别人看了觉得很奇怪，就问他为什么。他说：“年轻时我一边跑一边想，我又没钱又没势力，哪有力气跟别人斗气？”后来这个人老了，变得又有钱又有势力，一遇到不如意的事还是往外面跑，边跑的时候还是边想：“那些跟我斗气的人，又没钱又没势力，我干嘛跟他们一般见识？”

这听起来好像是一个笑话，但当一个人用乐观的态度面对问题，其实也就没有什么好计较了。

还有一个人和几个朋友合伙创业，结果被欺诈集团设计倒账300万元，当时那可是一笔很大的钱，他和朋友都非常难过，回家后他跟太太讲这件事，然后倒头就睡着了。

没想到隔天早上起来，他太太跟他说她一夜失眠，还奇怪地问他："你被倒账了，怎么还睡得着？"他就说："被骗已经够倒霉了，干嘛还不睡觉？"后来他在车上又遇到这个倒他账的人，他还问他："上次那些钱你花完了吗？"

其实，我们的不快乐不是别人或者发生的事情让我们不快乐，而是我们对别人和事物的看法偏离了客观角度，也就是钻牛角尖才害得我们痛苦不堪。当然，发生痛苦的事情产生不良情绪和心情是正常的，但是，不能任其发展，不加以管理，那样久而久之会导致亚健康。心理因素能够对机体生理活动产生影响已成为不争的事实。

第五章　学习的难度

——学习能力是成长的梯子

我们今天知道的东西，到明天就会过时。如果我们停止学习，就会停滞不前。

——多萝茜·D·比琳顿

众所周知，邓亚萍身材矮小。但她从小就酷爱打乒乓球，她梦想着有朝一日能够在世界赛场上大显身手。

邓亚萍在成长的道路上遇到过很多困难，因为身材矮小，手腿粗短曾被拒于国家队的大门之外。但她并没有气馁，她始终记得父亲的话："别人说你不行，你就要自己争口气，要加倍苦练才行"，她把失败转化为动力，苦练球技。

她通过持之以恒的努力，终于如愿以偿站上了世界冠军的领奖台。在她的运动生涯中，共夺得了18枚世界冠军奖牌。矮小的邓亚萍不仅为自己带来了巨大的荣耀，也改变了世界乒坛选拔高个子运动员的传统观念。

在结束运动员生涯后，她又开始了长达11年的求学之路。1997年开始，她分别到清华大学、英国诺丁汉大学和剑桥大学学习，先后获得了英语专业学士学位、中国当代研究专业硕士学位和土地经济学博士学位。拥有18个世界冠军头衔的邓亚萍在学生舞台上也站上了一个让人羡慕的高度。甚至在剑桥大学近800年的历史中，也是第一次有像邓亚萍这种重量级的世界顶尖运动员拿到博士学位。

对很多人来说，学习是困难的。然而，矮小的邓亚萍从艰苦训练到不断取得世界冠军，从专注乒乓球训练再到专注11年的求学生涯并最终取得博士学位，她这一路走来，需要克服多大的困难，需要付出多大的努力进行学习，才能得以实现？

第一节　学习的难度

一、学习的含义

在古汉语里，"学"的下半部分表示一个小孩在门口观察外边的世界，上半部分表示不断觉悟，知识不断增长，是"知新"；"习"是一只小鸟不断重复拍打翅膀，是"温故"。"学习"是"学而时习之"，表示一个人通过不断练习从而获得知识的增长。随着社会不断发展进步，人们对学习的认

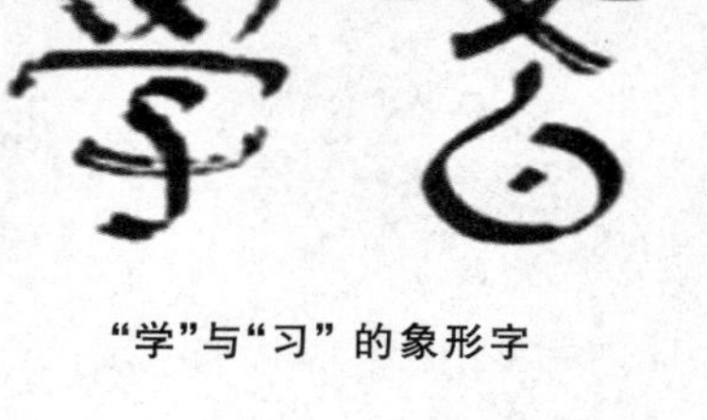

"学"与"习"的象形字

识也不断发生着深刻变化。

学习是由于经验所引起的行为或思维的比较持久的变化。学习有广义和狭义之分。广义的学习包含了人类和动物的学习，是指有机体在后天生活环境中，由于练习或凭借经验而产生的行为或者行为潜能的比较持久的变化。并非所有的行为变化都是学习引起的。学习的行为变化是由于反复练习或经验而产生的，是比较持久的，但是由本能、疲劳、创伤、成熟、药物、适应等所引起的行为变化都比较短暂，与真正的学习行为有明显区别。狭义的学习是日常概念中的学习，是指人类或者学生的学习，是个体在教育环境中进行的有目的、有计划、系统地掌握知识技能和行为规范，最终引起行为或行为潜能发生持久变化的过程。

学习是一个人类社会的永恒的话题，我们在与他人的交往过程中，通过语言的中介作用进行有目的的、自觉的、积极主动的学习，通过学习获得自身的行为经验，同时还掌握世世代代所积累起来的社会历史经验和科学文化知识。

二、学习的意义和作用

1. 学习是有机体和环境维持平衡的途径

动物通过学习来适应环境，而人类不仅需要适应环境，还要主动改造环境，以更好地生存和发展，这就更需要学习。学习与生命并存，对我们人类来说，生活就是学习。有研究表明，学习在不同发展水平的动物个体生活中所起的作用不同。生命形式越低级的动物，行为的先天成分作用越大；而高等动物则不同，行为的后天成分在生活中作用越大，其行为受益于学习经验也越大。

2. 学习能促进成熟与心理发展

学习可以影响成熟。学习在一定程度上依赖于个体的生理发展水平，但是缺乏必要的学习，个体的某些生理结构将不能正常发育，生理功能也随之受到影响。例如，理森对刚出生的黑猩猩进行了“剥夺研究”，约 16 个月后，被剥夺光刺激的两只黑猩猩的视力严重落后，视觉器官也出现了异常。一系列研究证明，正常的成熟需要环境的刺激作用与学习活动。

同时，学习还能激发人的潜力从而促进个体心理的发展。例如，华罗庚初一时曾补考数学，达尔文小时候曾被认为是低能儿，牛顿小时候成绩很差，但他们通过学习后，其大脑中的潜能得到了充分发挥。个体到了中年、老年，还可以通过学习发挥头脑中的潜能。通过学习还能帮助个体有效地调节心境，保持平和的心态，更热爱生活。因此，学习可以使我们从单纯的生物个体发展成为适应社会、服务社会的社会人。

三、学习理论

学习理论是心理学中最古老，也是最发达的领域之一。伟大的教育家孔子在《论语》中就有“学而时习之，不亦说乎”“学而不思则罔，思而不学则殆”等丰富的学习心理思想。古希腊哲学家柏拉图、亚里士多德的思想中也有不少论述学习与记忆的内容。心理学自成为一门独立学科以来，对学习的性质、学习的过程、学习的动机以及学习的策略等，都有大量研究，形成了系统的学习理论研究。

1. 行为主义学习理论

在行为主义学习理论中，不得不提的是经典条件反射和操作条件反射。巴甫洛夫对条件反射的研究是开创性的，他的实验方法与研究结果被心理学家们广泛接受，他的条件反射理论被称为巴甫洛夫经典性条件作用理论。巴甫洛夫的经典性条件作用是刺激经强化引起所需的反应，是反应性条件作用，重点在于刺激。与此相对比的是，20世纪心理学界最著名最有影响的心理学家之一斯金纳提出了操作性条件作用原理。斯金纳强调由操作引起反应然后再予以强化，重点在于反应。强化有正强化（呈现奖励）和负强化（撤销惩罚）之分。强化的作用在于改变同类反应在将来发生的概率，强化物是一些刺激物，它们的呈现或撤销能增加反应所发生的概率。在日常生活中，我们可以利用强化原理塑造学生的良好行为。实施正强化能够呈现学生需要的满意刺激，使学生对学习有愉悦感和满足感，从而促进学习。例如，教师对上课遵守课堂纪律的学生进行表扬等进行正强化，可使学生守纪律的行为发生的概率增加。纠正不良行为时，尽量使用负强化，可以更好地锻炼学生自我控制能力。

巴甫洛夫的经典性条件反射理论只能解释比较简单的、低级的学习现象，但对于复杂的人类学习则不能很好地进行解释。斯金纳的操作条件反射理论对强化进行了严格的实验和理论研究，使人们能够成功地预测、控制、塑造与矫正行为。但其将人类等同于学习机器，缺乏对人类学习的内部机制和过程的关注，无法完全解释人类的行为。

2. 社会学习理论

美国著名心理学家班杜拉在行为主义理论的基础上，将认知因素纳入对学习过程的分析，同时，他重视对社会学习行为的研究，指出观察学习是人类最为重要的学习方式，提出了独具特色的社会学习理论。观察学习不要求必须有强化，也不一定产生外显行为。班杜拉把观察学习分为4个过程：注意过程、保持过程、复制过程和动机过程。通常情况下，是否产生动机过程会受到来自自身或他人在类似行为上被强化的影响。这些强化包括直接强化、替代性强化和自我强化。直接强化是指学习者的行为受到强化，如教师对取得优异成绩的学习进行表扬。替代性强化是指学习者通过观察别人的行为受到强化，学习者本身间接引起的强化作用，如学习者看到别人的某些行为得到肯定，就加强产生类似行为的倾向。自我强化是指学习者依靠信息反馈进行自我评价和调节，并以自我奖励或自我惩罚的方式调节自己行为的过程，如学习者自己设立一个成绩标准，根据对自身成绩的评价而对自己行为进行自我奖励或自我批评。

班杜拉的社会学习理论创造性地将强化理论与认知加工观点有效结合起来，既关注学习者的外部环境又注重学习者的内部因素，更加全面地揭示了学习的本质。该理论还提出了观察学习和榜样的替代性强化作用，有利于我们在教育实践中注重榜样的示范作用。然而，该理论也存在一些局限，如榜样作用不能完全取代通过直接经验获得知识和技能的学习，也不能对一些复杂的学习行为给予很好的解释。

3. 建构主义学习理论

建构主义学习理论强调事物的感觉刺激（信息）本身并没有意义，意义是由人建构起来，意义不仅决定于事物本身，还决定于我们已有的知识经验。由于个体的已有知识经验不同，对同一事物会有不同的理解。当今建构主义对于学习的基本解释：①学习是学习者主动地建构内部心理表征的过程，它包括结构性的知识和大量非结构性的经验背景。②学习过程同时包含两方面的建构。“认知灵活性理论”认为，建构包含两个方面的含义：对新信息的理解是通过运用已有的经验，超越提供的信息而建构成的；从记忆系统中所提取的信息本身，不单是提取，还要按照具体情况进行建构。建构既是对新信息的意义的建构，又包含对原有经验的改造和重组。③学习者以自己的方式建构对事物的理解，因此，不同人看到的是事物的不同方面，不存在唯一标准的理解。通过学习者之间的合作可以使理解更加丰富和全面。因此，建构主义非常重视合作学习。建构主义者以其对学习的基本理解为基础，就学习内容的组织、教学等问题，提出了自己的观点，发展出了许多教学模式，如随机通达教学、情境性教学、支架式教学等。

建构主义学习理论对于进一步推动学习与教学理论的发展有着重要意义。然而，一些建构主义者对某些观点的论述和宣传却走向另一极端，如他们在提倡情境性教学时，力求具体和真实，但有的人由此而反对抽象和概括等。我们应以辩证的方式合理地看待建构主义学习理论。

除了我们所提及的学习理论，还有联结主义学习理论、格式塔学习理论、符号学习论、认知结构学习理论、人本主义学习理论等，研究学习理论可以更好地了解学习规律，改进自身的学习，从而可以更好地达到学习效果。

四、大学生学习的特点

作为当代大学生，应当明确学习目标，严格要求自己，主动学习，掌握专业知识与能力，培养综合素质。大学生学习的特点表现为以下几个方面：

1. 学习的自主性

大学的课余时间比较宽裕，大学生要懂得自主安排学习时间，可以根据自己的兴趣爱好和未来发展需求选择适合自己的学习。端正学习态度，学会读书、读人、读市场、读团队，借用有效的工具和听演讲等的学习方式进行自主学习。在学习前，自己要确定学习目标，制订学习计划，做好具体的学习准备；在学习中，能够选择学习内容、把握学习进度、善用学习方法，对自身做出恰当的自我监督与自我调节；在学习活动后，能够对学习结果进行自我检查、自我总结和自我完善等。

2. 学习的专业性

大学教育属于专业教育阶段，大学课程内容都是围绕着专业的目标、方向和需要来设置的，以帮助大学生构建专业的知识体系和技能结构。大学的培养目标决定了大学生的学习具有较强的专业性，对于高职生来说，这一点更为突出，通过实习实训课程，提高学生的专业技能。

然而，专业性并不等同于单一性，大学生要注重学习专业的学科基础课程，掌握扎实的专业技能，还要注重学习思想道德修养课程、心理健康教育课程、外语与计算机技能等公共基础课程，广泛涉猎相关学科的信息和知识，扩大自己的知识面，实现“一专多能”，以便更好地适应社会发展的需求。

3. 学习的探索性

大学生的学习不再局限于掌握知识，而且还要进一步探索知识的形成过程和科学的研究方法，了解专业发展的前沿研究、存在问题及其解决问题的方式方法。因此，大学生要善于利用大学里的可利用资源，充分利用时间，合理安排时间，进行有效的学习和实践，将自己培养成为适应社会发展所需要的探究型、创新型人才。对于高职学生，除了课堂学习和参加大学生社团等活动外，还应当参观企业、工厂，深入街道社区进行社会调查以及进行相关的实践实训等，善于思考、大胆创新，去学习更多在校内学不到的知识、提出更多新颖的看法和观点，进而提高自身的学习能力和创新能力。

第二节　学习的效度

我们了解了学习的含义和学习理论，掌握了大学生学习的特点，但我们想要提高学习的有效性，还需端正学习态度，有意识培养和激发学习动机，创造性地开展学习。

一、学习动机及其调适

(一)学习动机的含义

大学校园中，有的同学学习懒散，对学习不感兴趣，得过且过；有的同学则过于勤奋，几乎把所有的心思和时间都放在学习上，学习上追求完美，把自己的神经绷得紧紧的，这些都是学习动机不当的问题。学习动机是什么呢？

学习动机是指直接推动学生进行学习的一种内部动力，是激励和引导学生进行学习的一种需要。学习受多方面因素的影响，其中主要是受学习动机的支配，但也与个体的学习兴趣、学习需要、学习态度、个人价值观等密切关联。学习能产生学习动机，而学习动机推动学习，要长期有效地进行有意义学习，学习动机是绝对必要的。人们通常认为学习动机越高，学习成绩就越好。然而，美国心理学家耶克斯和多德森认为，动机和学习成绩呈“倒U形曲线”。学习动机太高或太低都不能引起最佳成绩，中等程度的动机激起水平最有利于学习效果的提高，这就是著名的耶克斯-多德森定律(图5-1)。我们在学习过程中应当将学习动机和学习任务难度相匹配。结合经验和示意图，我们就会发现，越是困难的任务，如重大的考试或比赛，动机水平适中，效果会更好。

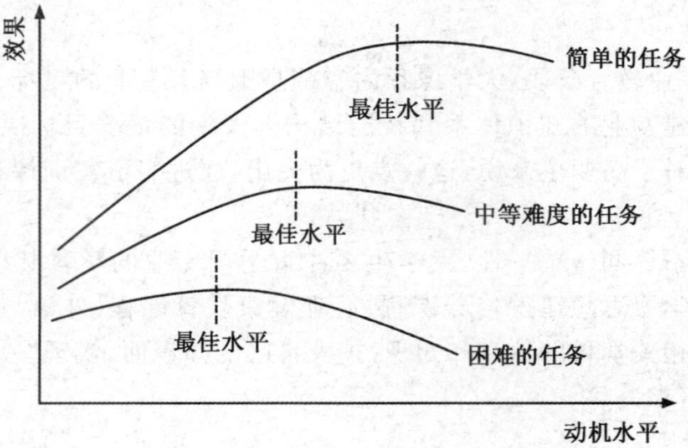

图5-1　耶克斯-多德森定律示意图

(二)学习动机缺乏

【爱思考】

案例：文静是一位来自山区的贫困大学生，学习成绩一直非常优异。上大学后，忽然感到心中茫然，生活没有目标，学习没有动力，有时候想到年迈的父母和辍学的妹妹，她也恨自己不争气。可是，又的确找不到奋斗目标与学习动力，生活上马马虎虎，学习上得过且过，上课打不起精神，不是因为喜欢上网而荒废了学业，而是因为实在没劲才玩手机、聊天、打游戏。

文静该如何才能摆脱这种状态？

1.学习动机缺乏的表现

(1)无明确的学习目标。学习动机缺乏表现在学习上既无长期目标，也无近期目标，没有前进的动力，认为在大学里只要能拿到毕业证就行了。一项调查显示，有超过50%的同学回答“你读书的动力是什么”时，选择了“没想过，也没有任何理由，只是看大家都这样，所以也跟着学”“迫于文凭的压力、父母的期望”。表现在平时不愿看书，不愿动脑，强烈地依赖手机；学习上得过且过、拖拉散漫、不完成作业，并常常为自己不愿学习找借口。

(2)缺乏成就感。学习动机缺乏表现在学习上缺乏自尊心、自信心，对学习提不起兴趣，缺乏求知的需要和激情，自我效能感低，总认为自己学不好，天生就不行，连尝试去做出一点努力都放弃了，遇到挫折或困难正好来证明自己不行。在学习上不求进取，不因别人学习好而焦虑，也不因自己的落后而自责，缺乏远大抱负和期望。

(3)没有掌握良好的学习方法。这类大学生由于学习方法不当，学习上一直处于被动、消极的状态。他们常把学习看成是痛苦的事情，不了解自身的学习风格，不愿积极寻求适合自己的学习方法，没有相应的学习计划，只满足于死记硬背、应付考试。由于缺乏正确而灵活的学习方法，因而往往不能适应大学学习生活。

(4)注意力分散。此类大学生在学习上注意力差，平时不能专心看书，容易被外界事物干扰，难以专心学习，兴趣容易转移；上课时易开小差，不能集中思想思考问题，不能跟着教师的思路走，把大量时间和精力放在与学习无关的活动上；学习肤浅，满足于一知半解，缺乏学习毅力。

(5)厌学情绪突出。这类大学生的学习态度不端正，对所学专业不感兴趣，很少能享受到学习成功带来的快乐。他们通常会感觉到学习乏味和无趣，平时不愿看书，不愿上课，上课时也提不起精神，不愿意动脑筋，课后不做作业、不复习，表现出烦躁、逃避、厌恶等情绪，对学习敷衍了事。

2.学习动机缺乏的原因

造成大学生学习动机缺乏的原因是多种多样的，主要有以下几个方面：

(1)社会原因　随着社会竞争不断加剧，人们的思想观念也发生了巨大变化，部分人的心理较为浮躁，功利化意识较浓，实用主义、拜金主义等不时风行。有些大学生受社会上不正之风的影响，认为“读书无用”“毕业后的出路主要靠‘关系’”等，在学校未把全部精力集中于学习。

(2)学校原因　学校是大学生生活最直接的环境，学校的软硬件条件如校园环境、师资力量、学风校风、教学方式、教学设施等，都会影响学生的学习动机。学校专业设置口径过窄，在一定程度上不能满足社会的实际需求，导致大学生学用脱节，就业困难等。学校的多方面因素影响着大学生学习的积极性，最终影响他们的学习动机。

(3)家庭原因　现在的大学生大都是独生子女，他们虽然离开家庭生活，来到大学，但其家庭教育对学生学习动机仍然有直接的影响，家庭经济状况、父母的文化程度、对子女的期望程度及家庭教养方式等对大学生的学习动机都会产生不同程度的影响。

(4)个体原因　这是造成大学生学习动机缺乏的最主要原因，主要表现为自我意识不健全、社会责任感不强，价值观念不合理，学习态度不端正，学习毅力不强，对专业不感兴趣，对学业期望不足，学业自我效能感低等。

3.学习动机缺乏的调适

学习动机是推动学生进行学习活动的内在力量，由于造成每个大学生学习动机缺乏的原因是不同的，因此，对每一位大学生来说，首先要找准原因，对症下药。为此，可考虑从以下几方面入手：

(1)明确学习目的，确立学习目标。很多情况下，大学生缺乏学习的积极性和主动性，是因为他们不知道要学什么、为什么学和怎样学，即没有明确的学习目标。只有明确自己的学习目标，确定了方向，才能更好地进行学习活动，并逐步取得成功。因此，大学生应当结合当前社会对人才的要求以及自身兴趣等实际情况，明确学习总目标。对于没有明确学习目的和意义、没有学习目标的大学生，可考虑先确立一个切实可行的近期学习目标，以经过适当努力即可达到，以后再逐步地提高目标的高度，这样做更有利于激发学习动机。

(2)培养学习兴趣，激发求知欲望。孔子说过："知之者不如好之者。"我们都有过这样的体会：如对某门课程感兴趣，学习起来就非常轻松，能将学习任务变成自觉需要和强烈愿望。那么，如何才能保持良好的学习兴趣？首先，要明确相关知识的社会意义；其次，要带着问题去学，出于好奇，会有强烈的学习兴趣。因此，我们要积极参加各种社会实践活动，可以通过参观专业对口的工厂、企业、研究所、学校等，真切体会专业学习的重要性，激发自己的求知欲望，培养学习的乐趣。

(3)正确对待失败，学会合理归因。归因是对他人或自己的学习结果的原因作出解释或推测的过程。部分学习动机缺乏的大学生是由于学习上遭到失败和挫折后，进行了不正确的归因。因此，要学会合理归因。学习上的成功和失败会影响到学习动机，但是成功和失败的体验对学习动机的影响并不是绝对的，关键是要学会合理归因。我们可能把成功和失败归因于内部因素的作用，如努力或能力等，也可能归因于外部因素的作用，如任务难度、运气等。不管成功或失败，我们都要学会乐观的归因方式，找出那些自己可以调控的原因，总结经验教训，改进学习方式，增强学习动机。

(4)运用自我强化，体验学习成功。在大学生学习动机的形成过程中，重要的是要对自己的学习能力有信心。从大学生自身来说，可以在学习过程中创设成功的机会，对自己的学习计划实施情况进行自我监督和自我奖励，在自身的进步中体验成功的喜悦，并从自身的变化中认识自己的能力。另外，还可以通过观察与自己能力相近者获得成功的行为来培养主动性，激发自信心，增强成功感。

(5)把握学习风格，探索学习方法。学习风格是学习者持续一贯的带有个性特征的学习方式，是学习策略及学习倾向的综合。大学生要积极审视自己的学习状态，认识自己的学习特点，建构自己的认知结构，了解并形成自己的学习风格。学习方法上要使学习事半功倍，需要加强自我管理、提高自学能力，如能独立确定学习目标、制订学习计划、对教师所讲内容质疑、主动查询有关文献、确立自学内容等，掌握一套更适合自己的学习方法。

(6)创设学习氛围，提升自我价值。一个尊重知识、尊重人才的社会，一个具有良好校风的学校和一个温暖融洽、勤学奋进的班集体，都会对发展学生的学习动机起直接或间接的促进作用。创设各种良好的学习氛围和学习环境是激发学习动机、促进学习的外部条件。大学生在良好的学习氛围中，减少了外界干扰和不稳定情绪的影响，就很容易进入学习状态，使思维集中，同时，更好地进行朋辈互助学习，从而更好地激发学习动机，提升自我的价值。

(三)学习动机过强

【爱思考】

我今年已经大二，一直优秀的我对自己要求很高，当然这也与家庭的期望有关，父母都是高级知识分子，在他们的言传身教下，我从小就知道努力与奋斗。在大学，我进行了认真细致的生涯设计，一步一个脚印向前走，成绩要拔尖，要求自己拿国家励志奖学金，计算机、英语要通过国家等级考试，为将来升本做好准备；二年级入党，使自己的政治生活有明确方向；与此同时锻炼自己综合素质。于是，我像一只陀螺飞速运转着，珍惜大学的分分秒秒，我相信：付出总有回报。然而，我却发现离自己的目标越来越远，忽然怀疑起自己的学习能力，我感到自己在学习上的优势在减弱，甚至多年积累的自信也受到挑战。对未来，我忽然担心起来。

我该如何办？

1. 学习动机过强的表现

(1)自我期望值过高。这类大学生由于求胜心切，缺乏对自身的全面认识和对外界客观条件的正确分析，为自己所确立的抱负与期望远远超过了自己的实际能力。只盼成功，可是自己的水平和能力又达不到目标的要求，从而造成失败，失败的体验又挫伤了自尊心、自信心，甚至会使人产生自卑、压抑等心理问题，形成恶性循环。

(2)学习过于勤奋。学习动机过强的大学生往往把学习看成是至高无上的，把时间全部用在学习上，不善于劳逸结合。他们在学习上不怕苦、不怕累，甚至到了废寝忘食的地步，把全部的心思都用在学习上。如此长久下去，将会影响一个人正常人格的发展，不利于个人的可持续发展。

(3)有争强好胜心理。学习动机过强的大学生常常把分数和名次放在很重要的位置上，他们争强好胜，在每次考试或竞赛中总想取得好名次，害怕失败。他们十分重视奖惩和别人对自己的评价，希望得到他人的认可，以证实自己的能力，唯恐失败而被人看不起。看到别人超过自己就不高兴，有一定的嫉妒心理。

(4)精神过于紧张。此类大学生由于长时间超负荷学习、压力巨大而导致心理脆弱，情绪上难以松弛，常伴随着焦虑现象。精神紧张得不到有效的缓解，易引起学习过程中注意力不集中、记忆力下降、思维迟钝等问题，从而造成学习效率低下，情况严重者导致头痛、头昏、耳鸣、心悸、胃肠不好、失眠等许多身心疾病。

(5)自我要求苛刻。这类大学生追求的是学习上的高目标，要求自己只能成功，不能失败，一旦没达成自己的理想目标，就容易产生挫折感，就会责备自己，并给自己施加更大的压力，期望下次获得成功。他们通常不满意自己的现状，总觉得自己可以做得更好，即使成功也并不能给他们带来多少喜悦。

2. 学习动机过强的原因

(1)学习目标设置过高。学习目标是激发学习动机不可缺少的因素之一。不可否认，一个没有学习目标的学生，很难有高涨的学习热情。然而，如果缺乏对自己能力的客观认识，学习目标定得太高，超越了自身的实际水平，使得目标实现的概率在可能的范围之外，就可能造成学习动机过强。

(2)不恰当的认知模式。有的大学生把努力学习看成是取得成功的唯一条件，错误地认为“只要我努力,我就能获得成功”。这种认知模式就是产生学习动机过强的基础,他们在现实学习生活中,不顾自身及现实的客观条件,为了一个不太可能实现的目标盲目努力,却始终体验不到成功的喜悦,从而造成一定的身心伤害。任何成功都与自身能力和环境因素有关,努力是成功的必要条件,但不是唯一条件。合理的认知模式应该是“只有努力才有可能成功”。

(3)不恰当的他人强化。我国几千年来的传统意识都强调苦读终能成大器,如“头悬梁,锥刺股”,大多数人会更支持那些动机过强者,称赞他们学习刻苦、劲头足、有志向,并期望他们做得更好。这样就让学习动机过强的大学生很容易受到来自家庭、学校、社会的肯定和鼓励,使大学生的学习动机得到不恰当的强化,使他们看不到动机过强的危害,反而更严格要求自己。等到造成严重心理困惑时,已陷得过深,难以自拔。

(4)个体原因。学习动机过强还与一些人的个性特征有密切的关系,如有的大学生过于认真、追求完美、好强固执等就容易形成过强的学习动机。个性的形成一方面与个体的遗传因素有关,另一方面也与个体的成长经历、成长环境有关。如果家庭教养过于严厉,父母对孩子的期望值过高,往往易使子女形成争强好胜的个性特征,导致日后学习动机过强。

3.学习动机过强的调适

(1)客观地评价自己。学习动机过强,往往来自于对自己的过高估计,并由此造成在学习行动中对自己过分苛求,带来心理困惑。因此,要解决动机过强的问题,首先对自己的能力和水平要有一个客观的评价,正确认识自我,积极悦纳自我,既不要好高骛远,又不要盲目攀比、操之过急。

(2)科学地制定目标。制定适当的学习目标时要与自己所具备的条件及实际环境结合起来,目标要分阶段、分步骤,循序渐进,有远景的大目标,还需要有中近期的阶段目标。做任何事情都应一步一个脚印,学习也不例外。学习目标要清晰、具体,具有可操作性,应是经过自己努力能够达成的。

(3)主动地提升自我。学习动机过强的大学生往往渴望外在的奖励,过分注重长辈、老师及同学对自己的看法,使得学习中压力过大,患得患失。因此,大学生要注重自我能力的提升,把关注点聚焦在如何学会学习、自主收获了多少知识上,淡化名利得失,克服虚荣心理,增强抗挫折能力。

(4)积极地参加集体活动。学习动机过强,不是一朝一夕形成的,它伴随着学生的成长,有一个形成过程。在这个过程中,环境的影响起着很大的作用。因此,大学生要积极参加集体活动,培养广泛的兴趣爱好,通过观察学习其他同学的言行,形成正确的学习态度,注重个人综合素质的提高。

二、创造性及其训练

(一)创造性的含义

大学生的学习不仅是要理解、巩固知识,而且还要具有独立思考和探索创新的精神。每个人身上都不同程度地存在创造性,在学习过程中要懂得运用知识的迁移,能够举一反三,触类旁通,进行创造性的学习。一般认为,创造性是指个体产生新奇独特的、有社会或者个人价值的产品的能力或特性。创造性概念的核心强调新颖性,创造性的主要特征是创造性思维。美国心理学家吉尔福特认为,与创造性思维关系最为密切的是发散思维和转换。发散思维是指沿不同的方向去探索多种答案的思维形式,如“一题多解”等。转换是指对信息加以重新排列。创造性思维有流畅性、独创性和灵活性、精密性等特点。

(二)影响创造性思维的因素

影响创造性思维的因素有很多,同一种因素既可能促进也可能阻碍创造性思维,影响创造性思维的几个主要因素有:

1.创造性与智力

创造性要以一定的智力发展为前提,一定水平的智力会使人有机会进行创造,但是智商高不完全等同于创造性高。吉尔福特对智商在70～140的中学生进行创造性测验,发现智商与创造性的关系:低智商创造力较低;高创造力者的智商多集中在110～130;智商在130以上的,其创造力得分有的极高,但有的极低。

2.创造性与脑的活动方式

左右脑有着各自不同的风格,左脑倾向于分析式风格,一点点地处理,右脑倾向于全息式风格,从整体模式上处理信息。当需要解决创造性或者灵感爆发的问题时,右脑的功能就变得明显起来,它广泛搜索解决这类问题所需要的记忆,以帮助问题的解决(Beeman,1998)。当然,任何创造性活动都应该是左右脑协调活动的结果。我们在了解左右脑单侧化优势倾向的基础上,可以有针对性地开发和培养创造性。

3.创造性与知识经验

由于我们的观念都是通过提取记忆贮存中的信息而加工成的,没有足够的知识经验就难以进行创新活动。因此,知识经验是创造活动的基础。但是,过于相信知识经验,就可能没有了创造性。那些长期从事某种学科或专业的人,常习惯于从旧经验中找寻方法,反而限制了个人的创造性发展。

4.创造性与动机

创造性思维者一般都受好奇心的驱使,在面对各种问题时,会感到一些问题在向他挑战,对各种新观念保持着较高的敏感性,从而促使他想方设法解决问题。但是,动机过于强烈,就会限制个人的视野,变成创造性思维的障碍。只有个体不受生活琐事、紧迫任务束缚时,才更能迸发出创造性思维。

5.创造性与个性

创造性是个体能力的表现,它必然受到个性中其他成分的影响和制约。有创造性的人倾向于有见识、洞察力、好独立判断,善于吸取经验教训,兴趣广泛,言语流利。与对实际而具体的事物的兴趣相比较,有创造性的人对理论观念与符号转换的更有兴趣。有研究还指出,创造性和智力均高的人,自信心和自重感高,社会地位高,积极寻找志趣相同的人,表现出很大的注意广度和集中注意的能力,但是,也有猎奇和犯规行为的倾向。

6.创造性与环境

创造性的培养是长期工作的结果,因此,家庭、学校和社会环境都会影响创造性的发展。具体表现在:①创造性比智力受环境的影响更大;②家庭气氛和父母的管教方式是影响创造性发展的主要因素;③学校教育重视纪律和规范,过分强调固定答案等,也会影响创造性的发展;④社会文化也影响着创造性的发展等。

(三)创造性思维的训练方法

随着社会的不断发展,每一天都在不断创新、不断进步。大学生想取得成功,就需要有一定的创造性思维。创造性思维是可以通过训练得以提高的。训练创造性思维有两个有效方法。

1.脑激励法

脑激励法，又称为大脑风暴法，其核心思想是把产生想法和评价这种想法区分开来（奥斯本，1963）。脑激励法的基本做法是，教师先提出问题，然后鼓励学生寻找尽可能多的答案，不必考虑答案是否正确，教师不做评论，直到所有可能想到的答案都找出来为止。当所有想法都列出，人们就可以评价、修改和合并这些想法。因此，小组和个人都可以采用脑激励法，多多反思，多花时间产生好的想法。

【爱阅读】

头脑风暴

有一年，美国北方格外严寒，大雪纷飞，电线上积满冰雪，大跨度的电线常被积雪压断，严重影响通信。过去，许多人试图解决这一问题，但都未能如愿以偿。后来，电信公司经理应用奥斯本发明的头脑风暴法，尝试解决这一难题。他召开了一种能让头脑卷起风暴的座谈会，参加会议的是不同专业的技术人员，要求他们必须遵守以下原则：

第一，自由思考。即要求与会者尽可能解放思想，无拘无束地思考问题并畅所欲言，不必顾虑自己的想法或说法是否“离经叛道”或“荒唐可笑”。

第二，延迟评判。即要求与会者在会上不要对他人的设想评头论足，不要发表“这主意好极了！”“这种想法太离谱了！”之类的“捧杀句”或“扼杀句”。至于对设想的评判，留在会后组织专人考虑。

第三，以量求质。即鼓励与会者尽可能多而广地提出设想，以大量的设想来保证质量较高的设想的存在。

第四，结合改善。即鼓励与会者积极进行智力互补，在增加自己提出设想的同时，注意思考如何把两个或更多的设想结合成另一个更完善的设想。

按照这种会议规则，大家七嘴八舌地议论开来。有人提出设计一种专用的电线清雪机；有人想到用电热来化解冰雪；也有人建议用振荡技术来清除积雪；还有人提出能否带上几把大扫帚，乘坐直升机去扫电线上的积雪。对于这种“坐飞机扫雪”的设想，大家心里尽管觉得滑稽可笑，但在会上也无人提出批评。相反，有一工程师在百思不得其解时，听到用飞机扫雪的想法后，大脑突然受到冲击，一种简单可行且高效率的清雪方法冒了出来。他想，每当大雪过后，出动直升机沿积雪严重的电线飞行，依靠高速旋转的螺旋桨即可将电线上的积雪迅速扇落。他马上提出“用直升机扇雪”的新设想，顿时又引起其他与会者的联想，有关用飞机除雪的主意一下子又多了七八条。不到1小时，与会的10名技术人员共提出90多条新设想。

会后，公司组织专家对设想进行分类论证。专家们认为设计专用清雪机，采用电热或电磁振荡等方法清除电线上的积雪，在技术上虽然可行，但研制费用大，周期长，一时难以见效。那种因“坐飞机扫雪”激发出来的几种设想，倒是一种大胆的新方案，如果可行，将是一种既简单又高效的好办法。经过现场试验，发现用直升机扇雪真能奏效，一个久悬未决的难题，终于在头脑风暴会中得到了巧妙的解决。

2. 吉尔福特的策略

吉尔福特在总结了大量有关创造性思维培养和训练研究的基础上，提出了一套有序培养创造性思维的策略。

(1)拓宽问题。使需要解决的问题以更扩展的形式提出。如我们需要知道“我们如何改进灭蚊器？”我们应该这样问：“我们怎样才能消灭蚊子？”

(2)分解问题。可将问题变得明确具体，使思维更易集中，从而增加问题解决的可能性。

(3)常打问号。创造性思维的一个特征是不断发出疑问，通过相应的训练，人们可以形成提问的习惯。

(4)快速联想和中止评判。类似于奥斯本的脑激励法，产生的观念越多，形成好观念的机遇就越大。

(5)延长努力。不应过快地终止产生新观念的努力。随着时间的推移，观念的质量也有可能不断提高。

(6)列举属性。根据不同特点把事物重新分类，从而能从不同角度认识事物，以便产生新观念、新联想。

(7)形成联系。经常尝试把不用的事物联系起来，从而产生新奇的事物或观念。

(8)尝试灵感。对某些问题的工作暂时停顿一下，但依然保持解决问题的愿望，在没有料到的情况下，突然产生奇妙的想法。爱因斯坦、爱迪生等科学家也都有过这种体验。

我们在训练创造性思维的过程中，要多获取实践的机会，接受并鼓励发散思维，为创造性思维提供刺激，接纳各种观点，相信自己，我们每一个人都可以进行创造。

(四)大学生创新能力的培养

当今大学生正处于知识迅猛发展的时代，除了掌握知识之外，还须具备较强的探索精神和创新能力。可以从以下几个方面培养大学生的创新能力：

(1)注重积累多方面的知识经验。任何创新都不是无源之水、无本之木。丰富的知识经验是大学生创新活动的基础，大学生应当通过积极学习、参加社会实践等方式广泛积累知识和经验，善于借鉴和组合他人的经验和教训，不断开阔视野，启迪智慧，发现事物之间的联系及其发展规律，主动学习新观念、新思想，善于悟出新问题，从而有目的地去学习，增强创新意识。

(2)善于观察，积极思考。观察和思考是提高大学生创新能力的重要前提。在日常的学习生活中，大学生要通过自学、讨论、探究、实践、研究性学习等形式养成持之以恒，善于观察，勤于思考的习惯。要善于关注生活中的细节，善于从本质和规律入手，去认识事物，及时记录灵感，提升思考、分析、解决问题的能力。

(3)注重培养问题意识。培养问题意识，提高发现问题和解决问题的能力是素质教育的需要，是创造型人才素质的核心。孔子提出了“每事问”的主张，强调问题意识在思维和学习活动中的重要性；陶行知用“发明千千万，起点是一问”概括了问题意识的重要作用。大学生要善于在复杂多变的事物之中发现问题、积极思考、主动学习，只有这样，创新能力才能够得到进一步发展。

(4)坚持思维的相对独立性。爱因斯坦说过，应当把发展独立思考及独立判断的一般能力放在首位。提高创新能力必须在思维实践中不盲从已有经验，不依赖已有成果，善于发现问题，辩证地思考问题。大学生要加强自主学习、合作学习、探究学习，有意识地提高自己的辩证思维能力,以发展的和全面的观点去发现问题、提出问题、分析问题、解决问题。

三、考试焦虑及其调适

(一)考试焦虑的含义

考试焦虑是指人在面临考试时产生的一种特殊的心理反应,它是在应试情境刺激下,受个人的认知、个性等影响而产生的以对考试成败的担忧和情绪紧张为主要特征的心理反应状态。大学生考试焦虑主要表现在以下几个方面:①考试前情绪波动较大,烦躁或惶恐不安,精神极度焦虑,记忆力下降,思维迟钝。行为上表现出坐卧不安,寝食乏味。考前或考试当天“晕场”,出现不良的生理反应,如头晕、头痛、发烧、心跳加快、多汗尿频,甚至休克。②考试时感到一片茫然,头脑空白,思维能力下降,手足无措,心慌意乱,无法有效控制自己的情绪和思维,担心考不好。③考试后有意回避考试的名次和成绩等。

(二)考试焦虑的自我调适

步骤一:找出考试焦虑的原因

为什么会考试焦虑?因为考试题目不会做?没有复习好?害怕考不好?为什么害怕考不好?除此之外,是否还有其他原因?

请您把想到的原因都写下来,越详细越好。

步骤二:理性分析考试焦虑的原因

对每一个考试焦虑原因进行分析,回答这样几个问题:

它为什么成为我焦虑的原因?它是否是合理的?我该如何克服它呢?我能克服吗?我可以请求谁的帮助呢?

例如,多数大学生考试焦虑的原因是害怕考不好。那么请您思考:为什么害怕考不好?我是怕自己没有面子?还是害怕父母、老师的责骂?还是觉得自己对不起父母?是否还有其他原因?

如果是害怕父母、老师的责骂,那就请您和他们沟通交流,希望获得他们的帮助。父母希望你能考出好成绩,如果父母知道自己的责骂使你考不好,那么他们会尝试着改变自己的态度。

现在,请您根据以上所写的原因分析自己。

只要您努力,一定可以解决问题。必要的时候,请您向父母、老师或者心理咨询师求助。

步骤三:使用简易自我放松法

心理学家研究证明:适度焦虑可以提高人的灵敏度和反应速度,但是,过度焦虑会阻碍大脑的正常运转。在考试中,一旦出现大脑一片空白或身体发抖,一定要让自己镇定下来。如果准备充分,那么在考试过程中,只需30～60秒的放松时间,就能启动你储存在大脑中的信息。

我们常用的简易自我放松法是呼吸法。呼吸方法有:自然呼吸法、腹式呼吸法、深呼吸法、鼻吸鼻呼法、鼻吸口呼法等,这里重点介绍的是“腹式鼻吸口呼法”。

(1)平躺屈膝,两脚分开与肩同宽,脚趾微向外,背脊保持平直(或者,端坐在椅子上,脚在地板上伸开,双手先轻轻搭在膝盖上)。

(2)一手放在胸部,一手放在腹部。

(3)由鼻子深呼吸,使腹部很舒服地胀起,胸部微微胀起。

(4)开始感觉轻松,绽露微微的笑容,用鼻子吸气,用口呼气,呼气时发出松懈的吁声,嘴、舌、颚慢慢放松下来;重复做这种长、缓、深的呼吸,仔细听着自己的呼气声,让自己愈来愈放松。

(5)深呼吸每日1～2次,每次5～10分钟,约过2周,可延长至20分钟。

(6)每完成一次深呼吸时,应追踪身体紧张部位,比较这时的紧张感是否比开始时降低。

(7)可以在坐着或站着的时候把气深深吸入腹部。深呼吸的时候,注意力放在腹部的起伏上,感觉空气在腹部进出时,心情是否已逐渐放松。

(8)在感觉紧张、焦虑而有需要的任何时候,都可以做深呼吸。

步骤四:专注于考试

其实考试焦虑本身并不可怕,可怕的是认为紧张焦虑必然会影响考试结果,因而急于排除紧张,结果更加紧张。因此,较好的做法是改变对考试焦虑的态度,平时认真学习,做好复习,接受考试时的情绪状态,专注于考试本身这件事。

【爱阅读】

高空走钢索的瓦伦达

瓦伦达是美国一个著名的高空走钢索的表演者,他在一次重大的表演中,不幸失足身亡。他的妻子事后说,我知道这一次他一定会出事。因为在上场前,他总是不停地说:"这次太重要了,不能失败。"而以前每次成功的表演,他总是想着走钢丝这件事本身,而不去管这件事可能带来的一切后果。后来,人们就把专注于事情本身、不患得患失的心态称之为瓦伦达心态。

第三节　学习的准度

在掌握了学习效度的基础上,大学生还需要掌握一定的学习策略,会更有利于达成学习目标。如果学习是获取信息,那么,学习策略就是帮助学习者控制学习的信息加工系统,以便更好地存储和提取使用信息。

一、学习策略

(一)学习策略的含义和特征

学习策略就是学习者为了提高学习的效果和效率,有目的、有意识地制定有关学习过程的复杂方案。学习策略具有四个特征:

(1)学习者为了完成学习目标需要主动使用学习策略。在学习过程中,学习者为了完成学习目标必须积极主动制订学习计划,不断解决"学什么"和"怎么学"的问题,并转化为学习策略,对学习过程进行监控。

(2)有效学习需要学习策略。策略是相对于效果和效率而言的。在实际的学习活动中,如果只用最原始的方法而不使用一定的策略,有的学习很难达到学习目标。因此,为了提高学习效率,各类学习者都需要不断选择适当的、行之有效的学习策略。

(3)学习策略主要是针对学习过程的。学习策略规定了学习时做什么不做什么，先做什么再做什么，采用什么方式做，做到何种程度等诸多方面的问题。

(4)学习策略是学习者制订的学习计划，由规则、方法和技能等构成。计划性是学习策略的核心，每一次学习都有相应的计划。但是，对于同一类型的学习，存在着基本相同的学习计划，这些学习计划就是常见的一些学习策略。

(二)学习策略的分类

迈克卡等对学习策略的成分进行了总结，认为学习策略包括认知策略、元认知策略和资源管理策略。

1. 认知策略

认知策略是优化信息加工效果、提高加工效率的一种认知技能。认知策略可分为陈述性知识的认知策略和过程性知识的认知策略。基于对课本阅读这样的陈述性知识的学习，可采用以下学习策略：复述策略、精细加工策略和组织策略。

(1)复述策略　复述策略是指在工作记忆中为了保持信息而对信息进行反复重现的过程。它的获得在个体记忆发展中起着至关重要的作用。为了将注意力维持在学习材料上，我们常见的复述策略有：排除干扰、及时复述、集中复述、分散复述、过度复述、自动化、整体与部分相结合的复述、多感官协同复述(一边说、一边记、一边想等)、多种形式复述(同时利用看图说话、情景再现、角色扮演等)、反复实践等。

(2)精细加工策略　精细加工策略是指将新学的信息和已有的知识联系起来，从而增加信息的意义的深层加工策略。复述策略的作用仅仅是保持信息，而精细加工策略是在意义理解的基础上的信息加工，是一种更高水平、更精细的信息加工策略。我们常用的精细加工策略有：记忆术、划线法、记笔记、提问、生成性学习策略、利用背景知识以及联系实际生活等。

【爱阅读】

记忆术

记忆术是辅助记忆的方法，它能将新材料和视觉想象或语义知识之间建立联系。常用记忆术有：位置记忆法、首字联词法、谐音联想法、关键词法等。

位置记忆法是一种传统的记忆术。西塞罗在《论演讲》一书中把这一方法起源归于一位希腊诗人西蒙尼德斯。这位诗人在一次大宴会厅里朗诵了一首抒情诗，之后他被叫出宴会厅外。结果宴会厅塌了，厅内宾客无一幸存，尸体模糊难以辨认。而西蒙尼德斯却根据各人所在宴会厅的位置把尸体一一辨认了出来。这一正确辨认使得西蒙尼德斯相信，把要记住的东西按次序地安放在自己熟悉的位置上是很有用的方法。这个故事可能是想象的，但这种方法已被证实是一种有用的识记技术，用来识记若干项目的次序，如演讲所要谈的要点。

首字联词法是利用每个词的第一个字形成一个缩写。如世界健康组织 WHO 就是 World Health Organization 各词首字母的联词。又如大五人格理论也被称为人格的海洋 OCEAN，其五种特质是开放性(openness)、尽责性(conscientiousness)、外倾性(extraversion)、随和性(agreeableness)、神经质或情绪稳定性(neuroticism)，以上各特质的首字母缩写即为 OCEAN。此外，与此类似的还有句子记忆法、编歌诀记忆法。如《辛丑条约》内容为：①要清政府赔款；②要清政府保证禁止人民反抗；③允许外国在中国驻兵；④划分租界，建领事馆。可以用“钱禁兵馆”四个字的谐音“前进宾馆”来记忆。

谐音联想法是通过读音的相近或相同把记忆内容与已有知识联系起来记忆。如马克思诞辰是1818年5月5日，谐音记忆为“马克思一巴掌一巴掌打得资产阶级呜呜直哭”。又如李渊于618年建立唐朝，谐音记忆为“李渊见糖(建唐)搂一把(618)”等。

关键词法是指将新词或概念与相似的声音线索词，通过视觉表象联系起来。关键词法学习外语词汇非常有用，如ambulance(救护车)俺不能死、pest(害虫)拍死它、tiger(老虎)泰山上一老虎等。

(3)组织策略　组织策略是指整合所学知识之间的内在联系，形成新的知识结构的策略。组织策略和精细加工策略是密不可分的。我们常用到的组织策略有：列提纲、作结构网络图、利用表格等。列提纲是以简要的语词写下主要和次要的观点，也是以金字塔的形式呈现材料中的要点，每一个具体的细节都包含于高一级水平的类别中。作结构网络图是图解各种观点是如何相互联系的。作结构网络图可以用来替代做笔记和列提纲，因为它更简明、形象，更能体现上下层次之间的各种复杂关系。结构网络图有很多种类，如流程图、模型图、层次结构图等。利用表格也是我们对学习内容进行组织的常用方法。如我们在学习中国历史时，就可以通过以时间为轴将朝代、主要历史人物和历史事件展现出来，做成一份中国历史发展一览表。

2.元认知策略

弗拉维尔认为，元认知就是对认知的认知，是关于个人自己认知过程的知识和调节这些过程的能力，对思维和学习活动的知识和控制。我们在学习时，就需要使用一些策略去评估自己的理解、预计学习时间、选择有效的学习计划或解决问题。假如正读一本书，遇到一段读不懂的内容，你该怎么办？你可能会多读几遍、查找资料等去理解这一内容，这就属于元认知策略。常用的元认知策略有：计划策略、监控策略和调节策略。

(1)计划策略　计划策略包括设置学习目标、浏览阅读材料、产生待回答的问题和分析如何完成学习任务。成功的学生并不只是认真听课、做笔记和等待老师布置作业，他们会预测完成作业需多长时间，在做作业前获取相关信息，在考前复习笔记，在必要时组成学习小组等，积极主动地开展学习。

(2)监控策略　监控策略包括对注意加以跟踪、对材料进行自我提问以及考试时监视自己的速度和时间。监控策略使学习者警觉自己在注意和理解方面可能出现问题时，及时找出并加以修改。一种具体的监控策略就是领会监控，熟练的学习者在学习时会有一个领会目标，如发现某个细节、找出相关要点等，为了该目标而学习。集中注意也是一种监控策略，是指学习者在学习过程中对自己的注意或行为进行自我管理与自我调节。学习者可以使用某种控制过程来引导自己的注意，并有选择地去感知所学的知识内容。

(3)调节策略　调节策略是根据对认知策略的效果检查，及时修正和调整认知策略。调节策略与监控策略有关，如在阅读困难或不熟悉的材料时放慢速度；测验时先易后难等。调节策略帮助学习者矫正学习行为，补救理解上的不足。

元认知策略和认知策略总是一同起作用的。认知策略(如画线、口头复述等)是学习内容必不可少的工具，元认知策略监控和指导认知策略的有效运用，也就是说，学习者通过元认知策略来决定在哪种情况下使用哪种策略或改变策略，从而开展有效的学习。

3.资源管理策略

资源管理策略是辅助学生管理可用环境和资源的策略。常用的资源管理策略有:学习时间管理、学习环境的设置、学习努力和心境管理以及学习资源的利用等。

(1)学习时间管理　在学习时间管理上,要注意统筹安排学习时间、高效利用最佳学习时间以及灵活利用零碎时间。个体通过合理的时间安排,保证轻松愉悦的心理状态。首先,学习计划的实施要通过有效的时间来保证,统筹管理时间,针对不同学科、知识内容要有具体的时间安排。其次,在保证足够的学习时间的情况下,还要保证学习时间的有效性,提高学习效率。根据自己的生物钟、生物节律安排学习,根据学习内容的性质、难度不同,在不同时间交叉学习等,根据自己的模式合理安排学习内容,确保最佳时间学习重要内容,提高单位时间的利用率。最后,善用零碎时间安排一些有意义的娱乐、体育活动,也可以阅读、写作与他人交流等,主动利用零碎时间,可以更有效地提高学习效率。

(2)学习环境的设置　我们都有类似经历,在特定的学习场所,我们会快速地进入学习状态。设置学习环境是为了使周围的环境更有利于学习活动的开展。首先,要注意调节学习的自然条件,如流通的空气、适宜的温度、明亮的光线等。其次,要有好的学习空间,如适宜的空间范围、室内布置、物品摆放等。最后,要根据自己的学习习惯安排学习环境,如有的人喜欢单独学习,有的人喜欢通过讨论、交流碰撞出思想的火花等。

(3)学习努力和心境管理　系统性的学习大多需要意志的努力,为了维持自己的意志努力,需要不断地进行自我激励。学习努力和心境管理主要包括创造各种机会,激发学习的内在动机;明确自身的学习目的和学习目标,树立为了掌握而学习的信念;选择有挑战性的任务,努力完成并激励自己;调节成败的标准,做到自己心中有数;正确认识成败,形成合理归因;努力付出后,要及时进行自我奖励等。为了掌握知识、提升自我,需要不断地努力学习。

(4)学习资源的利用　在高度发达的信息社会,我们要善于利用参考资料、工具书、图书馆、广播、电视、网络以及教师等资源,这既是一种资源管理策略,也是现代社会对每一个人学习的要求。及时有效地利用各种资源,对理解、记忆学习内容,增强学习兴趣,进一步探索新知识有很大的促进作用。

(三)学习策略的应用

了解了学习策略还不够,大学生还必须学会如何与何时恰当地使用一些常用的学习策略。

1.画线

画线也许是最常用的学习策略。尽管这种方法应用广泛,但人们几乎没发现它有什么益处。因为很多学习者不能决定什么材料是最关键的。有研究发现,画出无关信息将降低对重要材料的回忆。在画线的旁边作一些注释可能是一种更为有用的方法,常用的方法有:圈出不知道的词;标明定义;标明例子;列出观点原因或事件序号;在重要的段落前面加上标记(如星号);在混乱的章节前划上问号;给自己作注释,如检查上文中的定义;标出可能的测验项目;画箭头表明关系;注上评论,记下不同点和相似点;标出总结性的陈述等。

2.做笔记

在阅读和听课时,普遍使用的学习策略是做笔记。做笔记可能对有些材料很有效,因为它要求学习者对材料中心思想进行心理加工,要求学习者决定记什么。笔记的种类将影响整合和组织信息的方法。逐字逐句的笔记是对材料一字一句地编码;做总结性笔记将增进对材料的再组织和整合；用自己的话做的简要笔记，组织和总结了要点，这可能使笔记更适合自己。西方学者麦克沃特提出了一个类似做笔记的方法。他认为，做笔记的过程包括三个步骤：①在笔记的每一页的左边或者右边留出几厘米的空白；②做笔记时保留这部分空白；③做完笔记后，在空白处用词和句子简要总结笔记。除了写总结性的词或句子外，还可以写出一些疑惑和联想，这能提醒你回忆笔记上的信息，也能检查自己对这些材料的理解。做笔记后，不仅要反复地看笔记，而且还要积极地思考笔记中的观点，将其与所学的知识进行联系。但是，并不是所有人都能从做笔记中受益，有的能力较低的学生和处理听觉信息有困难的学习，也许先认真听讲，然后看老师的讲义会更好。

3. 提问

提问是一种有助于学习者学习课文、讲演以及其他信息的策略。通过训练学习者寻找故事中的角色、情境、问题和问题解答，提一些具体问题，然后让学习者找出这些关键要素。英格勒特等给学生一张单子帮助他们构思创作，通过单子提示，学生问自己以下问题："我写给谁看的?""要解释什么?""有什么步骤?"等。训练学生在活动中自己和自己谈话，自己问自己或者彼此之间相互问老师要问的问题。结果表明，学生能在解数学题、创作、拼写和许多其他课题中成功教会自我谈话。但是，在介绍教学材料之间的提问有注意学习与问题有关的信息，不利于学习与问题无关的信息。可以通过提与所有重要信息有关的问题来解决这一问题。另外，口头复述而不是重复教学课本的提问，可以有助于学习课本的意义。

4. 生成性学习

生成性学习是一种强调积极整合新信息于已有图式的理论。生成性学习策略是使学生掌握一些具体的心理加工新信息的方法。维特罗克提出，如果训练学习者对他们所阅读的东西产生一个类比或表象，他们的理解就会增强。这些表象可能包括图像、图形、表格和图解等，最重要的是，需要对学习进行积极的加工，不是简单地记录和记忆信息，而是要改动对这些信息的知觉，把所学信息与自身的知识经验联系起来从而产生一个新的理解。维特罗克列举了一些总结阅读材料的方法，他强调不要从书中摘抄或稍加改动，而是要产生：①课本中没有的句子；②与课文中某几句重要信息相关的句子；③用自己的话组成句子等。

总之，学习策略的应用也依赖于具体的情况和使用。大学生要想灵活有效地使用学习策略，就需要求自己做一个积极的学习者，做一个自我调节的学习者，在面对每一个学习任务时，都能设置管理目标、运用先前知识、考虑可选的策略、设计实施计划、遇到困难时选择考虑相近的策略等，以此来监视和控制相应的学习行为。

二、开发学习潜能

大学生要注重自身素质的提高，以具备的专业知识与能力为基础，着力开发学习潜能，进一步获取新知识、掌握新技能、能动地适应与改造未来世界，促进自我健康发展。

1. 肯定自我价值，挖掘自我潜力

开发学习潜能的第一步就是要正确地认识自我、肯定自我价值。大学生要进行深刻的自我认识，在对自己的认知和评价基础上，悦纳自我、快乐生活，并意识到自己有巨大的可待开发的潜能。同时，大学生应当经常参与应对困境和挫折的诸多训练，唤醒潜能意识，增强自我效能感，并以此促进心理的健康发展。大学生还可以通过进行不同类型的思维训练来拓展思维的灵活性与超越性，比如以积极思维代替消极思维，以多极、多向思维代替单向思维等，拓宽思维空间，更深刻地看待事物并获得创新的活力。通过自我思考构建起新的思路，更好地激发学习潜能。

2.善用科学规律，合理开发大脑

日本学者春山茂雄在其名著《脑内革命》(1996)中提出“潜能革命要从脑内革命开始”；美国加州大学洛杉矶分校研究大脑的爱迪博士发现，大脑的功能非常微妙、复杂，几乎无所不能。他们认为：“就实用目的而言，脑的创造力几乎是无限的。”若是开发学习潜能，可从以下两点入手：一是不断接受新鲜事物的刺激，即不断汲取新知识。信息是大脑的精神营养，对大脑最佳的信息刺激，就是勤学习、多学习；二是要反复接受同一新鲜事物多角度、全方位的刺激，以加深体验，达到由量变到质变的最佳学习效果。科学开发与利用大脑潜在资源，必须要认识到保护和优化大脑功能的重要性。

大学生要讲究科学规律的学习，要做到张弛有度，合理休息。首先，要保证充足睡眠和适度的休闲；第二，要防止过度疲劳，单位时间内的工作量和活动量要适度；第三，要防止大脑外伤和功能损害；第四，要注意脑的营养供给，养成良好的学习习惯，多运动多养护，达到强身健脑的目的。同时，开发学习潜能还必须注意要经常排除心理障碍，良好的心理状态有利于健脑、护脑和益脑的功能。

3.善用音、美活动，开发创造潜能

现代心理学的有关研究表明，音乐特有的旋律与节奏，可以增强人的主动性和积极性，提升思考能力，使右脑以至全脑灵活。我们知道音乐是一种振动，而人体本身也是由许多振动系统构成，如心脏跳动、胃肠蠕动、脑波波动等。当我们听到音乐后体内器官与音乐产生共振时，会分泌一种生理活性物质以调节血液流动和神经活性，让人富有活力、充满朝气。特有的音乐旋律与节奏，能够使人们较常用的主管语言、分析、判断、推理的左脑得到休息，从而能使人感受到内心的宁静与安详；对主管情绪、创造力与想象力的右脑有刺激作用，从而促进对创新、审美与建构等潜在素养的培育。因此，大学生应学会选择听一些高雅、优美和舒适的音乐，这样不仅有利于自己的身心健康，还能激发创造的热情，开发学习潜能。此外，通过各种美术活动也能有效地激发大学生的创新欲望，发展其创造潜力，促进大学生的身心健康发展。

4.惯用积极暗示，推动潜能开发

拿破仑曾说：“一个人能否成功，关键在于他的心态。成功者与失败者的差别在于成功者有积极的心态。”一个人如果能保持积极的心态，就能焕发出全身的活力，就能心智敏锐、精神振奋，就有可能心想事成。潜能往往存在于潜意识中，要开发潜意识中存在的潜能，首要的条件是与潜意识进行沟通，通过沟通使许多尚处于初始、萌芽和潜伏状态的潜在能量得到唤醒、培育和开发。心理学家们通过研究发现，沟通的方法很多，暗示法就是一种很重要的方法。潜能开发提倡积极的暗示。积极性的暗示能够给潜意识愉快积极的信息，从而产生积极的心态，潜意识就能帮助人们自动调控行为的方向与力量，引导人们坚定地向目标奋进。因此，学校和老师都应注重使用各种有效的积极暗示，如表扬、肯定、信任、赞颂等方式，对大学生多一些激励性评价，使其感受到鼓舞和鞭策，以此塑造大学生的积极心态，从而增强其潜能意识，推动潜能开发。

5.注重自励、反思，不断自我超越

李开复说：“我必须听从我心中的声音，追随我心的选择！”自励和反思，也具有唤醒个体潜能的巨大作用，不仅能使人感受到自身的价值和优势，而且还能使人迅速解除心灵的压力和烦恼，使人迅速进入到自信、开拓和进取的心理状态。坚持自励、反思，不仅有助于一些心理问题得以逐步淡化和消除，而且还有助于潜能的进一步开发。因此，大学生在日常生活中要加强自我激励、自我唤醒。首先，采用写日记、写周记等方式自剖优势与弱点，自析发展前景与奋进方向，提出自我发展、自我攻克、自我完善的方略和措施等。其次，将自我现状与久经磨砺而最终获得成功的伟人、名人及卓越成就者曾有的困境遭遇相比较，从中获得鞭策与激励。第三，运用格言、警句、座右铭、励志活动等进行励志教育，逐步养成敢于拼搏、自强不息、百折不挠等心理品质，催化学习潜能。

三、终身学习

【爱思考】

大三的最后一次考试，老师告诉同学们，他们可以将任何书籍或者笔记带入考场。同学们兴高采烈地冲进教室，当他们看到只有五道论述题时，个个都笑得非常灿烂。

两个小时过后，老师开始收卷。同学们看起来不再自信，他们脸上写满了焦虑。老师问道："有几个同学全部答完了？"没有同学举手。"做好四题的呢？"仍然没有动静。"三道题？做好两题的呢？""一题呢？"整个教室顿时像炸开了油锅一样，热闹非凡。

老师说道："这正是我所预料的结果。不要以为你们完成了三年大学教育就无所不能了。其实，很多问题你们全然不知。""这个科目你们都会及格，但是，请您记住：学无止境，大学教育只是人生的一小部分，你们的学习才刚刚开始。"

怎么理解终身学习？

(一)终身学习的含义和分类

"吾生也有涯，而知也无涯"，我们从幼年到老年，学习将伴随着整个生命历程，并影响着一生的发展。1994 年"首届全球终身学习大会"在罗马举行，终身学习在世界范围内达成共识。终身学习是指社会中每个成员为了适应社会发展和实现个体发展的需要，贯穿于人的一生的、持续的学习过程，即我们常说"活到老学到老"或者"学无止境"。

终身学习有三种类型：正规学习、非正规学习和非正式学习。正规学习多在青少年时期进行，非正规学习和非正式学习多为成人学习，三种类型的学习共同构成了终身学习的体系，共同促进人的终身发展。联合国教科文组织于 1996 年提出了终身学习的四大支柱：学会与人相处、学会追求知识、学会动手做事、学会自我实现，这也是我们每一个人一生成长的支柱。

(二)终身学习的意义

随着社会的快速发展变化，各种电子产品逐渐普及，人们也开始拥有更充裕的自由支配时间，开始高度关注自我发展，对个人的精神生活也有了更高的追求，因此，为了更好地满足时代、社会和个人的需求，我们必须不断地接受教育和学习。终身学习的意义有：①终身学习能使我们顺应时代的发展，更好地适应各种新需求；②终身学习能使我们克服工作中的困难，解决工作中的新问题；③终身学习能使我们关注个人成长，更好地实现自我价值；④终身学习能使我们充实精神生活，不断提高生活品质。

(三)发挥终身学习的智慧

生活中,并不是每一个人都是天生"爱"学习的,但要顺应时代的潮流,紧跟时代的步伐,我们必须坚持学习。

1.培养主动的学习习惯

学习习惯的养成不是一朝一夕的事,因此,终身学习要培养主动的学习习惯。大学生培养主动的学习习惯可从以下几个方面入手:

(1)要培养自我更新的学习需求。在沿用以往良好的学习习惯的基础上,将终身学习视为自我更新的迫切需要和愿望,想方设法扩大自己的视野,不断发现自己感兴趣的学习资源,持之以恒地进行自主学习。

(2)把学习视为自己的事情。很多人需要别人的提醒才学习,如果大学生能懂得自我管理,把学习视为自己的事情,独立、认真、积极、扎实地处理好学习的每个细节,主动解决好学习中遇到的问题,在各种场合都能学以致用,将会更愿意为自己而学。

(3)要善于思考,学会进行自我评价。正所谓"学而不思则罔",大学生在学习的同时,还要善于思考,及时发现问题并解决问题,不断总结学习经验,才能更有益于今后的学习。通过思考,也才能清楚地知道自己的学习状况,才能有利于发挥自己的长处,弥补自己的不足,不断地提升自我。

(4)要有积极心态,学会调节学习行为。一个人在学习过程中,学习水平和兴趣爱好都在不断地发生变化,同时,我们每一个人都有惰性等不良习惯,也总会遇到困难,甚至一再受挫,因此,我们大学生需要有积极乐观的心态,根据自己的实际情况来调整自己的学习,虚心地向同学和老师学习,从而取得更好的学习效果。

2.掌握大脑的运作规律

科学的研究表明,我们的大脑具有无限的潜能。为了更有利于我们终身学习,我们需要更好地掌握大脑的运作规律。

(1)多感官参与学习。我们都有类似的经历,当我们听老师讲课时,有时听着听着就走神了;当我们自学看书时,有时却不小心睡着了。然而,如果我们在学习中保持良好的情绪,做到眼到、耳到、手到、口到、心到,这样多种感官共同受到刺激,学习效果就非常好。此外,大脑非常喜欢色彩,我们在平时的学习中多使用有色笔或者有色纸更能帮助记忆。

(2)饮食合理规律,营养健康。大脑中有上亿个神经细胞不停地进行着繁重的活动,因此,保证合理规律、营养健康的饮食对大脑正常运转发挥着十分重要的作用。我们每天要多吃蛋白质、维生素、磷化物等含量丰富的食物,如肉、蛋、豆类、新鲜水果蔬菜等,以使大脑高效运作。

(3)把握最佳的学习时间。每个人的生物钟不同,大脑兴奋的时间和周期不一样,有的人早晨起来头脑清醒,有的人晚上学习效率超高。大学生应清楚自己大脑学习的最佳时间,通过周密地计划、合理地安排学习时间,就能取得更好的学习效果。

(4)学习、休息、运动有机结合。要采用健康的休息方式保证大脑休息,尤其要保证8小时睡眠,促使大脑更快恢复正常,以更清醒的状态投入学习中。劳逸结合,交换学习,也能缓解大脑的疲劳,恢复活力。还需要定期运动,以使血液充氧,大脑在充足的能量和供氧下,能更好地发挥其潜能,为我们专注学习提供物质保障。

3.掌握科学的学习方法

(1)循序渐进的学习方法　终身学习要结合自己的实际水平,不能急于求成,应当注重平时知识的积累,夯实基础,加强基本的知识技能的学习和训练。正所谓"磨刀不误砍柴工",循序渐进的学习方法要求,首先,要打好基础;其次,要先易后难,做到温故知新;最后,要进一步探索学习规律,找出适合自己的学习风格,从而逐步提升自我。

(2)自觉主动的学习方法　学习是自己的事情,只有发展自学能力,才能取得学习的成功。大学生要充分发挥学习的自觉性、主动性、积极性和创造性,尽可能地寻找和挖掘自己的学习潜能,培养和提高自学能力。在掌握基本的学习方法的基础上,还要广泛地利用各种学习工具,如文献检索、多听讲座等主动获取自己想要了解的知识,更好地实现自我价值。

(3)知行统一的学习方法　裴斯泰洛奇曾说过,"知识和实践就像做手艺一样,两者必须结合。"学习过程中,大学生若不亲自去实践,那便不能获得知识,至少不能算是真正掌握了知识。因此,大学生要把学习和实践结合起来,通过所学知识指导实践活动,又通过参加实践活动,积累生活经验,学以致用,激发求知欲望,从而使学习真正成为终身的行为习惯和自觉行动。

第六章　爱情的甜度

——健康的爱情是成长的滋养

生命是花，爱情是蜜。

——法国

爱，是为了促进自我和他人心智成熟，而具有的一种自我完善的意愿。

——M·斯科特·派克

爱情故事：徐志摩与林徽因

这是一个被传说至今的真实故事，故事中的才子佳人涉及的不止这二人，还有张幼仪、梁思成、陆小曼、金岳霖。他们都是至真至情的鲜活的生命，是“人间的四月天”。爱情这个人生永恒的主题，被永恒地传唱。可是爱情到底是什么呢？至今没有一个真正令人满意的答案。那些坠入爱河的人难以说清楚，因为爱情太奇妙了；那些科学家也穷思竭虑地追寻答案，不得其解，因为爱情太神圣了。这个让无数人着迷的话题又不能不说，而爱情有多深？爱情有多久？爱情有多美？这些问题能说清多少吗？这是需要用一生去体会的秘密。

第一节　爱情的甜度

生命是花，爱情是蜜，可见，爱情的甜度有多高。

一、爱情是什么？

传说，人的原初是四手四脚的圆球体。但由于人的胆大妄为，触怒了众神，作为惩罚，造物主将人分为两半，于是人就开始在茫茫人海中寻找生命另一半的漫漫征程，这种渴望与异性融为一体的奇异情缘就是古老的爱情。爱情，人世间最动人心魄，又最难说清的字眼。法国作家雨果说过：“人生有两次出生，头一次是开始生活的那一天；第二次则是在萌发爱情的那一天。”

柏拉图有一天问老师苏格拉底什么是爱情，苏格拉底叫他到树林走一次，要不回头地走，在途中要摘一朵最美的花，但只可以摘一次。柏拉图觉得很容易，充满信心地出去，谁知过了半天他仍没有回来。最后，他垂头丧气出现在老师跟前诉说空手而回的原因：很难得看见一朵看似不错的，却不知是不是最好，因为只可以摘一次，不得已，只好放弃，再看看有没有更好的，到发现已经走到尽头时，才发觉手上一朵花也没有。苏格拉底告诉他：这就是爱情。

从苏格拉底和柏拉图的故事中，我们领悟了这个道理：那就是在爱情中，我们总是追求另一半的完美，却忘记了自己的不完美，因此最终空手而归。破解这一难题的根本办法就是随缘：你所遇见的适合于你的就是最好的。那么，到底谁才是适合自己的另一半呢？什么才是真正的爱情呢？心理学当中有关爱情的理论会带领我们进一步探讨爱情的世界。

人本主义心理学家卡尔·罗杰斯说："爱是深深的理解和接受。"马斯洛认为："爱的需要涉及给予和接受爱，我们必须懂得爱，必须能教会爱、创造爱、预测爱。"弗洛姆认为："爱是我们对所爱者生命与成长的主动关切，没有这种关切就没有爱。"心理学家海德说："爱是深度的喜欢。"

美国心理学家斯腾伯格在他的爱情三角理论中指出，爱情由三个基本成分组成：激情、亲密和承诺。激情是爱情中的性欲成分，是情绪上的着迷，它可以看作是大部分而非全部地来自关系中的动机性卷入；亲密是指在爱情关系中能够引起的温暖体验，它可以看作是大部分而非全部地来自关系中的情感性投入；承诺是指维持关系的决定期许或担保，它可以看作是大部分而非全部地来自关系中的认识性或认知性的决定与忠守。因此，激情是"热烈"的，亲密是"温暖"的，而承诺是"冷静"的。

爱情极其神秘和博大精深，绝不受语言文字的衡量和囿限。《少有人走的路——心智成熟之旅》的作者M·斯科特·派克说：爱，是一种为滋养自己及促成别人的灵魂成长而扩充自我界限的意愿。扩充自我就是一种成长，在帮助别人成长当中，自我也会更趋成熟。我们努力带给别人进步，进步也会降临在我们身上。

扩充自我，也就是努力超越自我的极限，向所爱的人证明自己的爱只有靠力求表现。爱不能坐享其成，爱需要不断努力。

二、爱情的实质

（一）爱情是生物属性与社会属性的统一

首先，人是高级动物，虽然有着高度发达的大脑但不可否认自身的动物属性。爱情的生物属性体现在性爱中。性爱是爱情的重要属性，来源于动物本能。

爱情是人类性爱情感的体验，是人类生物性的自然表现。爱情的生物性来自人体内肾上腺素、苯乙胺、荷尔蒙、多巴胺、后叶加压素等物质。医学研究表明，初坠爱河的人，间脑底部开始分泌出一种化合物——苯乙胺，分泌的苯乙胺越多，发生的效力也就越激烈，产生的爱意当然就越浓了，最后就成为苯乙胺的俘虏——坠入情网。脑科学表明人们坠入爱河的时候，大脑不断释放出一组特定的化学物质，包括神经递质激素（多巴胺、5-羟色胺）、去甲肾上腺素和由苯丙胺（外语音译又叫作安非他明）释放相同的化合物，相同的化合物刺激大脑的愉悦中心和导致的副作用如心率增加、食欲减退、失眠和强烈的激动。这个阶段通常持续1.5～3年。

而荷尔蒙在失恋时危害尤大，它在这时会分泌失调，从而造成新陈代谢减慢，免疫系统抵抗力减弱，接踵而至的是食欲不振、工作效率一落千丈等连锁反应，严重的可以导致心脏病发作而死亡。对爱情的忠诚和多情，医学也有解释，那就是多巴胺与后叶加压素的分泌量比例的问题，多巴胺让人多情，后叶加压素使人忠诚，当分泌多巴胺多而分泌叶加压素少时，他（她）就会见一个爱一个。而且，这两种物质的产生程度是先天决定的，亦即人对婚姻或者爱情的忠诚度也是先天决定的。纯洁浪漫、诗情画意、刻骨铭心、海枯石烂的爱情生物性的基础主要由这几种化学物质决定。

其次，社会学认为，爱情的本质是爱情的社会属性。爱情是一种特殊社会关系，是男女之间相互吸引倾慕的两性关系。现象学认为，爱情的本质就在于相爱双方所具有的、渴盼彼此的生活能够结合为一的强烈欲望。生态学认为，爱情的本质是一个过程，即从两性相吸的生理需要，到两情相悦的审美情感，再到心心相印的道德情感，最后到生死相依的宗教精神情感的过程。哲学认为，爱情是人的社会属性与人的自然属性相结合的异性间的崇高感情。家庭学认为，爱情的本质是人的性爱和情爱的和谐统一。婚姻家庭学认为，爱情在本质上是性欲和精神恋爱的结合和统一，性欲是爱情的动力，是爱情的初级形式，情爱是爱情的高级形式。从人性理论角度来说，爱情的本质是人的自然属性与社会属性的统一。

人作为社会人，爱情是在社会生活中产生的，社会属性是人的本质属性，爱情不能脱离社会而存在。由此可见，爱情是性爱和情爱的统一，两者同等重要。只重情爱忽视性爱的柏拉图式爱情与只重性爱忽视情爱的纵欲式都是错误的。

从心理学角度看，真正的爱情具有稳定的心理结构，一般说来，爱情的心理结构具有性爱和情爱两个层次。性爱反应的是爱情的生物属性，情爱体现了爱情的社会属性。性爱与情爱同等重要，只有两者并重，才能构成完整的爱情。

简单来说，爱情的一个根本目的是渴望对方成为自己的终身伴侣，两个本质属性是自然属性和社会属性的统一。

爱情的力量包括生理的力量与精神的力量，男女之间的相互作用不仅是生物作用，而且更是精神作用。食、色、性是人与生俱来的东西，不可或缺。但婚姻则与社会的经济发展息息相关，性和爱是永恒的，但婚姻则会因经济的发展不断地产生出新的模式来，爱情的高低起伏是人类生物性的自然规律。无论婚内或婚外的爱情都有消退期。爱情的思想内容和社会心理内容决定于社会发展的水平。如果婚姻、爱情和性都一致，都能发生在同一个人身上，这三个问题是统一的，那么这是最理想和美好的。如果婚姻、爱情和性不一致，不能在同一个人身上存在，这三个问题是分离的，那么就会出现两种现象：要么爱情的社会性约束爱情生物性而影响身体健康；要么爱情的生物性违反爱情社会性而影响社会稳定。因此，如何处理婚姻、爱情和性三个问题是一门人生艺术。

西谚说人“一半是野兽，一半是天使”。人属于动物界，自然有“生物性”；但人又有理想追求、情操而近于“天使”。承认“生物性”本不失为研究人的一把钥匙，但近来社会上有一种倾向：极力夸大、渲染人的“生物性”。

如果“生物性”决定人的一切，你就无法理解人渴不饮盗泉之水，热不息恶木之阴，饥不食嗟来之食，柳下惠坐怀而不“冲动”，更不必说为人类正义事业从容就义慷慨捐躯的壮举。即便是人类的犯罪现象，也不可视为单纯由人的“生物性”决定。与潘金莲独处一室，武二郎绝不会像西门庆一样宽衣解带；对待秦香莲，同一个陈世美，做阔状元与做穷秀才时的选择迥异。虽然他们有着同一的“生物性”。

人是“生物”，毋庸讳言有“生物性”，但更毋庸讳言人是社会关系的总和，具有“社会性”。自然科学与社会科学虽有联系但不可混淆，更不可替代，不可漫无边际地夸大渲染人的“生物性”。唯“生物性”将导致人回归“野兽”，而与“天使”诀别。“人猿相揖别”是人的一大飞跃，一大幸事，而“生物性决定论”导致的“衣冠禽兽”则是人类的悲哀。

综合以上学科的观点，我们认为，爱情的本质是具有生物性、社会性、精神性、审美性和谐统一的人类两性关系。其中，生物性表现为人的性欲、性满足、性行为，是人的生物本能和生理基础；社会性表现为人的交际、尊重、赞同、相互认可、独立自理、自我价值观等，是人个体社会化的重要特征；精神性是人对爱情的向往和依恋，表现为对美好爱情的精神向往和道德追求；审美性是爱情的艺术象征，表现为好感、欣赏、美感、偏好、艺术观念等。爱情是在两性关系中人的这些特征的和谐与统一，因此爱情的本质就在于爱情是人的统一与和谐的两性关系。

（二）真实爱情

【爱思考】

小辉失恋了，每天都哭得死去活来的，感觉失去了女友，自己就活不下去了。他不去上课，不参加班级活动，到咨询室就哭，眼睛红红的，那失恋的痛苦真的几乎把他击垮了。

小辉的爱情是真的吗？晓辉离开女友就活不了，这是什么心理？

真实的爱情，即真爱，就是以谨慎的态度，以善良纯朴的本性，以真实相互奉献的方式，以快乐幸福为感觉，以缔结永久婚姻关系为目的的现实的爱情。它是人们追求的美好情感，也是人们情感生活的重要目标，是人们以真实的态度严肃对待并积极追求的理想情感。

爱就是为了促进自我和他人心智成熟，而具有的一种自我完善的意愿。

真正的爱，须以全部身心投入和奉献，需要付出全部的智慧和力量。使爱的对象得到成长，就必须付出足够多的努力(甚至是自我牺牲)，不然爱的愿望就会落空。唯有真正投入和奉献，才是实现爱的最有效方式。

爱必须始于爱。

那么在真正的男人和女人之间会发生什么？

首先，我们要了解什么是真正的男人？真正的男人内在是完整和完善的，他内在是充满力量与自信的，是有责任和担当的，是刚毅和果断的，尊重每一个生命的价值和力量。真正的女人内在也是完整和完善的，是包容的，是柔软而温暖的，是滋养的，是接纳的。理解每一个生命的愿望和渴望。

真正的男人和女人都会为自己负起所有的责任，同时愿意信任和支持每一个生命的成长。其次，爱情只会发生在两个懂得爱的男人和女人之间！

爱，首先从爱自己开始。水满自溢。

每一棵树都是先利己的。它由根部吸收水分，供给枝叶花果养分，然后开花，芬芳所有经过的人。结满果实时，分享给所有经过的人。在你没有充分给予自己之前，你无可给予他人。你未足够关照自己的感受之前，也无法关照别人的感受。没有爱好自己之前，也无法真正去爱别人。

倘若你无法爱自己，那么你也无法爱别人。爱自己有可能从自私、自恋开始。但是，在真正懂得爱自己之后，你的爱就会洋溢出来，就会流淌出来。在爱中，在喜悦中，你无法不给予，你无法不分享，因为给予、分享就是爱的本质。

爱自己是一切爱的开始。你只能从自己的内在去体验爱的甘醇。在你内在完整完善的那一天，在你成为真正的男人和女人那一天，在你懂得爱的那一天，爱情就会与你相遇。

爱情，不是为对方负责，而是各自对自己负责。对自己负责，也就是为对方负责。让对方为自己负责，就失去了界限，是把自己交给对方，成为别人的一部分，失去了自己的独立存在感。当得不到对方负责时，失望、失落会伤害彼此的关系，爱将不复存在。

爱是行动，不是感觉。

依赖不是爱情。

没有别人的关心和照顾，就认为人生不够完整，以致无法正常生活，这就构成了心理学上的“依赖性”。人人都有依赖的需求和渴望，都希望有更强大、更有力的人关心自己。不管看起来我们多么强壮，也不管我们花多大心思，竭力做出无须关心的样子，但内心深处我们都渴望过依赖的感觉。不管年龄大小、不管成熟与否，我们都希望有称职的父亲和母亲陪伴左右。心理健康者承认这种感觉的合理性，却不会让它控制自己的生活。假如它牢牢地控制我们的一言一行，控制我们的一切感受和需要，那么它就不再是单纯的渴望，而是成为过分依赖的心理问题。因过分依赖而引起的心理失调，心理学家称为“消极性依赖人格失调”。

消极依赖心理的特质之一，是缺乏真正的爱。这种人童年没有得到父母的关心和爱，终日与孤独和空虚为伴，他们觉得没有资格得到别人的爱，更不知如何给予别人真正的爱。他们只是苦思如何获得别人的爱，如同饥肠辘辘者只想向别人讨要食物，却不能拿食物满足自己和帮助他人，无法体会到满足感。他们把别人当作快乐之源，到头来一定备受打击。有的成为酒精依赖者，有的成为瘾君子，只想获取，不愿付出。

消极依赖心理的一个特征是与心智成熟无关。过分依赖者只关心个人的滋养，只在乎自己的感受，只想自己过得幸福而充实。他们渴望快乐和享受，而不关心心智成熟。他们也不能忍受成长的痛苦、孤独与寂寞。过分依赖的人，也从不关心别人的心智成熟，哪怕是他们依赖的对象。他们常把过分依赖当成爱，而不关心心智成熟，爱就不能带来任何滋养以及任何形式的“精神贯注”，所以它就不是真正意义上的爱。

自我牺牲不是爱情。

不合理的给予以及破坏性的滋养，都有一个共同的特征：给予者以“爱”做幌子，只是想满足自己的需要。如被虐者、被控制者，都是在道德上有一种优越感，或者把自我牺牲当成爱，来满足自己精神胜利的心理需要。

1.真实爱情的特征

(1)爱情的合法性和道德性。真实爱情往往建立在自愿、平等、互爱、互信、互尊等的基础上，通过正式约会、相互沟通交流等手段，赢得对方的喜爱和仰慕，建立真实恋情，经过热恋、订婚、结婚、组建家庭等过程，使爱情关系得以丰富和延续，从而得到真正的爱情。

(2)爱情目标的明确性和可行性。真实爱情的目标就是以建立深厚的感情基础、缔结真实的爱情关系、互爱互助互利为最低目标，以永久性共同生活为最终目标。因爱情的两个目标明确，而且实现爱情目标的方式有很大的可操作性，因此真实爱情的可行性往往通过人们的爱情行为实现的。这种爱情行为表现在行为、语言、观念、处世、生活、工作等方面的统一，从而使人们情感升华和心智成熟。

(3)爱情内容的真实性和一定的科学性。爱情的本质就在于其真实性。因为爱情关系表现为人与人之间互爱互助互利、自愿平等、互信互尊、相互关爱以及以深厚的感情为基础，同时爱情关系以坦诚态度对待，因而体现出其真实性和一定程度上的科学性。

(4)爱情结果的愉悦性和共享性　真实爱情给人带来快乐和信心，带来安全和真实的感觉，带来身心愉快，使彼此在爱情中共同分享爱情欢愉，共同分担责任和义务，共同面对困难，共同经受挫折的考验。

2.真实爱情的鉴别

(1)爱情目标的真实性　真实爱情的目标是为了建立长久爱情关系而缔结婚姻组建家庭而共同持久生活，互尊互爱，相互满足对方的合理需要，促进彼此的自由发展和人格健康完善，并尽力给对方带来快乐和幸福，共同促进彼此家庭成员进步与发展。爱情关系中的功利性行为直接反映了爱情目的的虚伪性。

(2)鉴别人性善良的真实性　人性善良不仅是为人处世的根本，也是建立真正爱情关系的基础。善良的人总乐于帮助困境中的人和弱者，总想别人之所想，尽自己本分，忠诚实在，信守承诺，谦虚大度，关心人爱护人。

(3)爱情手段的合法性　真正爱情是以真诚态度，忠实地付出热烈的情感，爱护人关心人帮助人，信守承诺，理智地处理爱情关系和家庭关系，全心全意地奉献。虚假爱情总是不择手段而最大限度地索取。这种人不讲道德、仁爱、慈善，对待爱情使用暴力威逼恐吓、诱惑欺骗、蛮横胁迫、赌注许诺等方式。

(4)了解对方的交际圈和家庭背景　俗话说“物以类聚，人以群分”。通过对方的交际圈，可以通过同事、朋友就对方的处世、性格、道德、人格、人性、能力等全面评估。通过了解对方家庭背景，可以了解对方父母的人性、人格、处世、能力等，从而可以就对方的价值观、人性、道德、处世、性格等进行系统了解和正确评估决策。

【爱阅读】

爱情的检验

爱的实验室，由美国西雅图的两位学者约翰和朱丽·高特曼(John and Julie Gottman)创立，致力于研究伴侣的长期生活。他们想探寻长期稳定、和谐的伴侣不同于“干柴烈火们”的原因，前一类伴侣关系通常生动、有趣，像是一束永恒跳动的火苗。

根据这项研究结果，伴侣双方必须在完全坦诚的情况下，对3个问题都能够回答“是”。这3个问题看似简单，事实上并不尽然。

1.你能像爱朋友一样爱这个人吗?

也就是说，如果你们不做爱，也不打算要孩子，你还会和他保持一种丰富多彩的关系吗?这一下子就排除了与我们相关的部分人：出于身体的吸引，或是对日常生活的简单现实不予考虑。当我说“我爱你”，我是不是在说“我喜欢和你生活在一起，哪怕没有爱抚，没有对未来生活的想象”?

2.你将这个人当作人来尊重吗?(包括他的选择、生活方式、价值观)

这是指，除你以外，在他与周围、他人的关系和其他行为的意义上。这一点帮助我们判断，我爱他是否因为他带来的其他东西(这也许不会长久)，是否因为他的待人处事方式(这很可能长久)。是不是我说“我爱你”，是在说“我爱你为这世界带来的礼物，只因你的出现”?

3.你准备好接受某些永远改变不了的缺点吗?

就是说那些缺点已经天天让你撮火，甚至使你们的伴侣关系咬住了刹车，停滞不前。比如，他从不收拾任何东西，他每个周末都要去见朋友……我的“我爱你”是否意味着我说服了自己，那些让我不满的最终会随着时间的推移慢慢淡去？或者意味着我能对你说，你身上让我爱的部分如此强大、与众不同和令我向往；我爱你，尽管有些地方不同于我的理想，我是否能在内心深处对自己说，我爱的正是真实的你？我确信，只有这样我们才能联结浪漫与现实。我爱，当爱找到它真正的位置：头顶星空，脚踩大地。

三、爱情的理论

(一)爱情三角论(Triangular Theory of Love)

斯腾伯格 1972 年获耶鲁大学心理学学士学位，1975 年获斯坦福大学博士学位；现任耶鲁大学心理系教授，美国心理学会普通心理分会和教育心理学分会主席，兼任《心理学学报》、《美国心理学杂志》、《教育心理学杂志》、《人类智力国际通讯》等刊物的编辑。

该理论是美国心理学家、耶鲁大学教授斯腾伯格(Robert Sternberg)于 1988 年提出了爱情三向度理论。该理论认为，爱情包括亲密、激情和承诺三个基本元素。①亲密(intimacy)即“爱情的情绪(感情)”元素，是一种两心相联系的情感经验，是指两人情投意合、相知、相惜、心灵结合的情感，表现为亲近、接纳、沟通、支持、鼓励等心灵默契。②激情(passion)即爱情的动机元素，是带有浪漫和吸引力以及性驱动力和生理冲动的偏动机向度，是两人交往时凭借感觉通过沟通和分享来拥有个人生理需求和冲动，表现强烈思念、亲吻、愉悦、拥抱、性欲、爱抚、外表吸引力等。③承诺(commitment)即爱的认知元素，指两人间认知性的感情承诺，是一种理性选择，也是两人维持长久情爱关系的原动力。承诺在爱情中占主导地位，常表现为忠诚和患难与共等，并借订婚、结婚等付诸现实。“完美爱情”需要这三个元素缺一不可并且互为平衡，即两人之间必须在情绪上、生理上及认知上的相互满足和肯定。

然而在现实中，这种三者不可或缺的完美爱情十分罕见，而且爱情多姿多彩正是因为这三者之间不平衡分布和不同组合所酿成的。因此 Sternberg 依据这三要素的不同组合定义了各种不同类型的“爱情”，主要有浪漫爱情(romantic love)，是多亲密和激情而少承诺的一种爱情形态，如一见钟情；伴侣型爱情(companionate love)，是亲密和责任感的结合，却缺少

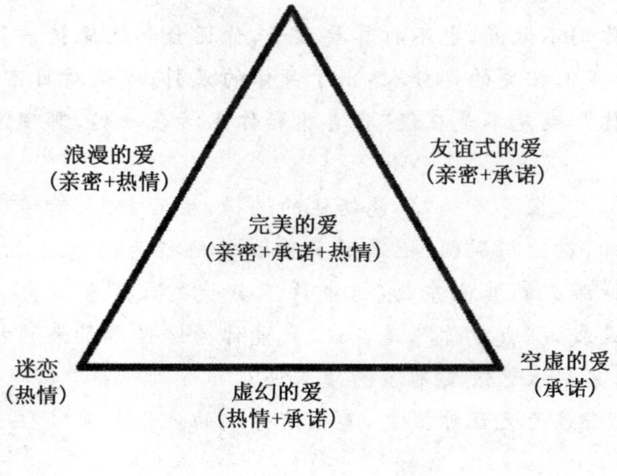

了激情等;盲目的爱(fatuous love),只有激情和承诺,没有时间进行很好沟通和了解,比如闪电式结婚。此外,还有完美式爱情、喜欢式爱情、迷恋式爱情、空洞式爱情等 7 种类型。然而 Sternberg 的理论却还没有得到全面有效的验证。

(二)爱情三因(元)理论

爱情三因理论认为,在爱情关系发生、发展过程中,直接影响着爱情行为和爱情关系的成因有动机、情绪、认知三类,它们分别表现为热情、亲密、承诺三种要素。这些成因从时间和程度两个维度可以表明爱情关系的久暂。

1. 爱情的动机成分

爱情行为背后的动机,对人类而言,虽然未必全是在于生理需求,但不能否认性驱动力是原因之一。爱情行为的发生,除内在的性驱动力之外,外在诱因也是主要因素,即异性之间身体、容貌上彼此吸引。

2. 爱情的情绪成分

情绪是由刺激而引起的身心激动状态,激动状态有喜、怒、哀、惧、爱、恶、欲之分,在此七情之中应属于爱情的情绪成分,除了爱与欲外,可能还有其他成分。有过恋爱经验者,几乎都体验过所谓的"酸、甜、苦、辣"爱情滋味。

3. 爱情的认知成分

相对于情绪和动机而言,爱情的认知作用是一种控制因素。如果将二者分别视为电流与火花,认知就是爱情的开关或是调节器,它可斟酌爱情的热度并给予适度的调节。

若将动机、情绪、认知三者各自单独在两性间发生的爱情关系中分别称之为热情、亲密、承诺,那么以情绪为主的两性关系是炽热的,以动机为主的两性关系是亲密的,以认知为主的两性关系是承诺守约的。三种不同爱情关系及其在两性关系维持的久暂,可以用曲线表示。

(三)爱情四要素理论

弗洛姆(Erich Fromm,1900 年 3 月 23 日至 1980 年 3 月 18 日)是一位国际知名的美籍德国犹太人人本主义哲学家和精神分析心理学家。毕生旨在修改弗洛伊德的精神分析学说以切合发生两次世界大战后的西方人精神处境,弗洛姆在此被尊为"精神分析社会学"的奠基人之一。此外,在德国时弗洛姆还是法兰克福学派的成员,移居美国后始终保持和该学派的关联。弗洛姆思想的特色便是企图调和弗洛伊德的精神分析学跟马克思的人本主义学说,其思想可以说是新弗洛依德主义与新马克思主义的交汇。

当代美国著名的精神分析学家、社会学家、伦理学家和哲学家弗洛姆在《自为的人》、《爱的艺术》中阐释了关于爱的一系列理论问题,其中包括爱情四要素理论。弗洛姆认为,爱主要包括关心、责任、尊重和认识等基本要素,缺乏这几个要素的爱都是残缺的爱。真正成熟的爱是四个要素缺一不可的有机结合。爱情就是对生命以及所爱之物生长的积极关心,缺乏这种积极的关心就只能是一种情绪,而不是爱情。责任心是关心的另一方面,是一种自愿行为,是对另一个人表达出来或尚未表达出来的愿望的答复。尊重是有能力实事求是地正视对方独有的个性,努力使对方成长并发展自己。缺乏尊重,责任心就蜕变成控制和奴役别人。尊重让被爱的人为他自己的目的而成长和发展。人们只有认识对方，了解对方，才能尊重对方。如果不以了解为基础，关心和责任都会是盲目的。

(四)爱情三角形理论

美国罗伯特·舍思伯格和埃尼·贝尔提出了爱情三角形理论。爱情三角形理论把伴侣之间的情爱、性爱和建立持久关系的能力看成是爱情三角形的三边，当这三大要素和谐地结合在一起的时候，男女双方就进入象征着理想爱情的等边三角形。而非等边的爱情三角形是情爱、性爱和持久关系以不同形式出现的种种不平衡或不和谐的组合，因而是不稳定的、暂时的，很难过渡到受法律认可和保护的婚姻关系并持之以恒。该理论对爱情的稳定性和和谐性提出了解释，具有重要的参考价值和现实意义。

第二节　爱情的进度

一、爱情发展的四个阶段

一个成熟的、真正的恋情必须经过四个阶段，那就是：①共存(codependent)；②反依赖(counterdependent)；③独立(independent)；④共生(interdependent)。阶段之间转换所需的时间不一定，因人而异。

第一个阶段：共存

这是热恋时期，情人不论何时何地总希望能腻在一起。享受他们的甜蜜，在热恋期的情侣是那么美好！再苦再累他们都会感觉很甜蜜，而不会在乎一切，即使你们连续几天，冒着大太阳东跑西窜，跑遍整座山，走遍海岸线，逛完所有公园，逛遍街市……回到宿舍你们是那么累，脚都肿了，全身感到都疲乏，可是都会隐在心里，回味的不是苦而是甜蜜，躺在床上，也会露出笑容，甜蜜的笑容。

第二个阶段：反依赖

等到情感稳定后，至少会有一方想要有多一点自己的时间做自己想做的事，或者不想再出去腻到一块，不想再出去逛街，不想再体会到疲倦的那种感觉，这时另一方就会感到被冷落。他/她心里会感到很酸！那种酸酸的感觉很不好受，所以这个时期也叫敏感时期，普遍男孩心里感觉总像空空的，心一直都绷得紧紧的，时时刻刻都想着心里的她，总想向女友报告他的一切行踪，哪怕上厕所也想让女友知道似的，一旦女孩对他爱理不理，或者是无意，或者对他的行踪不感兴趣，或者不喜欢向男友报告自己行踪，那个时候，他就会有种很强烈的失恋的感觉；对于女孩吃醋会经常发生在这个时期，女孩比男孩更感性，加上天生的敏感，会对男友产生一切可以怀疑的怀疑，其中主要是怀疑对她的爱是否没变，是否真的爱她，在这方面的怀疑较多。世界顶尖心理学家巴特利特调查显示绝大部分女方对男方的怀疑都是由于女性的过度感性与敏感造成的，是凭空想象的，这也经常让男方感觉很无奈，所以他们会经常因为一点小事儿而吵架，笔者提醒，小吵可以增强感情，但是大吵会很伤感情的，在敏感期的女孩一定要注意，不要过度怀疑你的男朋友，不然那样会让他受不了，他会感觉很累，他一般由于无奈经常会采取冷战的方法去耗着，但是，大家都知道，冷战是最伤感情的！一旦到了他的承受极限，他甚至会提出分手，就等于把他推向别的女孩，这个时期的女生对男生多了一份怀疑，多了一份误解；男生对女生多了一份无奈，多了一份陌生，都是源于误会。

第三个阶段：独立

这是第二个阶段的延续，要求更多独立自主的时间。真爱的考验往往出现在这个时期，一般地，男女会存在空间的距离，他们会去审视自己的感情和另外一半，这是结婚前必要的考验！男方和女方都在为未来做打算，他们坚信会走到一起，所以，会为了以后的幸福去拼搏，去奋斗，他们的爱情都上升了一个层次，由表面的甜蜜引申到了内心的恩爱，对对方比以前多了一份理解和深层次的爱，这个时候，他们会特别想在一起，特别想念对方，似乎回到了热恋时期，其实完全不一样，这是终成眷属前的最后一步，男人会多了一份事业感，一份责任心，他不想让女友跟了他会让她吃苦，所以，他会很卖命地去工作，想尽一切办法在物质上满足她！男孩事业心最强的时期，也许会让女孩有点被冷落的感觉，难免会有一点摩擦，这个时期同样需要女孩更多地去理解一下自己的男友，因为他是为了你们未来的家努力，不过大部分在这个时期的小吵架都会给爱情加分，一旦他们吵架了，不管误会与否，他们都想着去解释，都怕被对方误解。冷战的时代一去不复返！都会以谈心的方式解决一切问题。咸，是百味之首，是一切调味不可缺少的部分，它为有结果的爱情做好了铺垫。但是，太咸会很伤人，这个适度很难控制，这个时期依然残存着女孩的过度敏感和怀疑，男生的无奈。

第四个阶段：共生

终成眷属，走入结婚的殿堂。这时新的相处之道已经成形，你的他（她）已经成为你最亲的人。你们在一起相互扶持、一起开创属于你们自己的人生。你们在一起不会互相牵绊，而会互相成长。但是，大部分的人都通不过第二或第三阶段，而选择分手一途，这是非常可惜的。很多事只要好好沟通都会没事的，不要要个性，不要想太多，要互相信任，这样第二、三阶段的时间就会缩短。

所爱的人相遇相恋是非常不容易的，不要轻言放弃。每一份恋爱都要经历一定的过程，也许在这个过程中会有伤心、委屈、不理解，但只要我们怀着积极的心态，带着正确的价值观，找到适合自己的爱人，执子之手，方能与之偕老。

【爱阅读】

爱情的境界

爱情的第一境界——平等

世界上没有虚伪的爱情。虚伪的做作的交易必然不是爱情。真爱是心和心的交换，而不是任何形式的交易。所以爱情面前人人平等。真爱没有阶级性，没有种族主义，没有性别歧视，没有年龄差距，真爱只需要一颗真心一片真情。只有真心付出的人，才能收获另一颗真心，才能看到爱情的美好，才能体会爱的动人。

真正的爱情不过分痴情，不咄咄逼人，不公开表现自己的爱情占有欲，能充分尊重对方。美满的爱情，要求人把爱情只当作生活的一部分，而非全部，在开拓与领略自己人生的同时，重视对方，不干涉对方的活动，但又不是漠不关心。要为双方的个人自由留有充分余地。

爱情的第二个境界——民主

将爱情给予对方，比向对方索取爱情时，自己更感欢欣，并以对方的幸福为满足。即是要有无私精神，寻找和珍惜双方心理上的共鸣。美满的爱情在于精神上的和谐，心灵上的沟通。

爱情的第三个境界——自由

萨提亚提出的五种自由：

自由地听和看此时此刻发生的事物，而不是听和看应该发生的事物；

自由地去思考自己所想的，而不是别人规定应该想的；

自由地去感觉自己真正的感受，而不是别人规定的感觉；

自由地去渴望自己想要的，而不是应该要的；

自由地去幻想自己要达成的目标，而不是永远扮演安全而僵化的角色。

人在完全自由的时候，所有的精力都可以用来解决问题、满足需要，而不需要消耗精力于瞻前顾后，人的功能可望达到充分的发挥。

爱情的第四个境界——欣赏彼此的美

爱情的第五个境界——促进各自的成长，成为各自的自己

爱的唯一真正目标是心灵的成长。

爱是生存的需要，是一种生存之爱，是一种从人性出发的爱，是一种作为个体与他人发生关系的方式。爱对一个人的心理健康非常重要。爱归根结底是一种心理上的涵养和呵护，是我们成长的健康营养素。

爱自己(滋养自己，追求心灵成长)的同时，也爱对方，滋养对方，帮助对方心灵成长。

爱是一种肯定，一种对自我的肯定，也是对他人的肯定，我们从中感到被接纳、被包容、被尊重。爱是一种深入，我们从中感到亲密、安全和依靠。爱是一种共鸣，我们从中感到理解、分享和互助。爱是一种珍惜，我们从中感到怜悯和发现价值。爱是一种鼓励，让我们有勇气面对当前的生活，不会逃避，而是坚韧不拔地向前行，去创造和实现自我的价值。

爱不光是给予，是合理的给和合理的不给，是合理的赞美和合理的批评，她是合理的争执、对立、敦促、安慰。

二、相爱要具备的心理因素

真正的爱情是“生命的火焰”，它不仅给我们带来无比的欢愉和幸福，而且赋予我们力量和智慧。在人生的意义上，真正的爱情具有特定的心理因素。

1.共同的人生观

思想感情的和谐交流，是爱情的思想基础，而这种和谐交流，则取决于共同的人生观。一方图安逸，一方干事业，久而久之，就会造成隔阂、情感破裂，甚至离异。人类的爱情与动物性爱的根本区别就在于：人类爱情具有社会性，它是在双方的思想感情、志向理想、人生态度统一而和谐的共鸣中产生和发展的，它是理性而崇高的。

2.和谐与互补

和谐即心理相容，心理相容是爱情成功的心理背景。它是指在恋爱阶段，对对方的思想感情与心理特点方面的充分了解，同时也是保证婚前、婚期和婚后爱情美满的前提。在人生观一致、心理相容的基础上，互补则是融合双方性格、习惯、爱好、情趣的重要手段，互补心理意向是实现这种融合的自觉意识。互补，就是要自觉地用对方的长处弥补自己的不足，用自己的优点去影响对方；就是要适应对方的性格特点，并用自己的性格特点来提示对方，从而达到双方和谐的目的，因而，互补心理是爱情完善并升华的核心环节。

3. 忠贞的感情

忠贞是爱情心理结构的一个重要因素，是爱情成功的基础。爱情具有性爱的特点，性爱是排他性的，但忠贞与爱人私有是有根本区别的。忠贞是炽热专一的情感自我要求，是人类美德。爱人私有是把爱人作为附属品而把爱情私有化的剥削意识。而轻率地玩弄恋爱，更是卑劣、低下的，它会使人堕落毁灭。

4. 理解和信任

共同的思想感情是理解和信任的基本前提。只有理解对方，才能真正爱对方。在理解的基础上要充分信任对方，猜疑、嫉妒是爱情的敌人。英国画家莱顿曾反复对自己提出一个问题，“我该怎样恋爱呢？”最后他得出结论，那就是信任。

5. 尊重与自尊

在爱情心理结构中，尊重与自尊是相辅相成的。没有尊重，便没有真正的爱情；没有自尊，则不可能有真正的尊重。对自我进行恰当的评价，才能做到自尊；对对方进行正确的评价，才能做到尊重。那种没有原则的“夫唱妇随”或“妻管严”的思想意识，有损于爱情的交流。

6. 节制与旁涉

节制与旁涉的心理意向是爱情心理外延环节，也是两个人相爱的重要途径。节制就是要使自己的感情与行为合乎自然的发展，不要一味贪求不合乎感情发展的性行为。旁涉，就是不要用爱情来代替生活的全部(主要指事业和生活)来充实爱情。

三、相爱应具备的能力

爱情是单纯而美好的，每个人都渴望拥有一份甜蜜的爱情，但如果处理不好，也是脆弱易碎的，所以我们要在爱情还没有开始的时候就做好准备，培养自己爱的能力，这样等爱情随缘分到来时，才能牵到对方的手，共同浇灌爱的花朵，使之芬芳永久。

1. 表达爱的能力

当爱意在内心萌发的时候，是人性最美好的时刻。如何在合适的时间、地点，以对方比较容易接受的方式去表达这样一份美好的感情，是我们每个人都要具备的一种能力。表达爱需要勇气，需要信心，表达爱也是幸福的，即使得不到回报，你让对方知道被一个人爱着，也是一种崇高的境界。

2. 接受爱的能力

当别人主动表达爱意时，我们需要有能力体会自己内心的真实感受，并评估自己是否已经准备好去接受这份爱。接受意味着承诺，以及花心力来共同经营。大学生要具有迎接爱的能力，就应懂得爱是什么，要有健康的恋爱价值观，知道自己喜欢什么，需要什么，适合什么。当别人向你表达爱时，能及时准确地对爱的信息作出判断，理智地做出选择。

3. 拒绝爱的能力

每个人都有爱和被爱的权利，也有接受和拒绝的权利。拒绝不适合的爱恰恰是对自己和他人情感的尊重。因此，每个人都需要学会拒绝，拒绝要注意两个方面。

第一，在并不希望得到的爱情到来时，要果断、勇敢地说“不”，因为爱情来不得半点勉强和将就。如果优柔寡断或屈服于对方的穷追不舍，发展下去对双方都是不利的。

第二，要掌握恰当的拒绝方式。虽然每个人都有拒绝爱的权利，但是珍重一份感情是对他人的尊重，也是一种自重，同时，更是对一个人道德情操的检验。当然为了表达我们内心的感激，以尊重而不伤害对方自尊的方式，委婉而坚定地表达自己的态度是必要的。不顾情面、处理方法简单轻率，甚至恶语相加，结果使对方的感情和自尊心受到伤害，这些做法是很不妥当的。

4.解决爱的冲突的能力

相爱的两个人总是会产生冲突，爱的冲突一方面来自日常生活中的不一致或不协调；另一方面可能来自于性格的差异。但是冲突并不会必然影响到感情的走向，冲突预示着亲密关系中出现了一些不和谐的因素，关键是如何去解决冲突。爱需要包容、理解、体谅，需要用建设性的方式去解决冲突，有时成功地解决冲突不但不会导致关系的决裂，反而会促进彼此的进一步了解和关系的健康发展。伤害性的争吵或者冷战都不利于问题的解决。

5.保持爱情长久的能力

爱不是一劳永逸的，长久的爱需要双方不断的付出、浇灌和经营，爱才能保持它的活力。在恋爱过程中，恋爱双方都要不断地丰富自己，提高自己的能力，以增加吸引力。恋爱双方既需要保持自己的个性，又要保持与对方的和谐，二者相互学习，互为补充。

要善于表达爱意。恋爱双方可利用情人节、圣诞节、感恩节等节日，以各种方式向对方示爱，以加深双方的感情，使爱情健康稳定地发展。

6.面对失恋的心理承受力

我们有接受爱和拒绝爱的权利，对方同样也具有。因此不管是面对由于任何原因导致的失恋，我们都需要在伤痛之后有自我疗伤和走向新生活的能力。培养承受失去爱的能力。

首先，要学习如何看待失恋。有些大学生把失恋看作人生的一个巨大的失败，自尊心受到强烈伤害，有一种强烈的负性情绪。其实失恋只是一种选择的结果，自己不被某一个人选择，不等于就一无是处，就是个彻底的失败者。每个人在爱的关系中心理需要不同，看中的关键点也不一样。正所谓萝卜白菜各有所爱，每个人都有可爱的一面，只是每个人欣赏角度不同。

其次，在失恋中学习，把失恋看作人生的一种财富。也许失恋给人带来的强烈的内心冲击是其他事件所不能代替的，这个过程中所体会到的情感挣扎与痛苦，实为一笔人生财富，使人有了更多的人生体验，人会在失恋中成长，变得更加成熟。

再次，失恋说明对方并不是你真正的另一半，说明还有更值得你爱的人等着你。你还需要继续去寻找、去体验、去建设、去学习和感受属于你的真爱。

失恋，就是沙漏，而泪水和心痛，就是那消流的沙，每次思念的反转，都会引起一次心痛的决堤。如果你出现了上述症状，别着急，以下三种失恋疗法，经科学临床实验证明，对一般的失恋者具有显著疗效。

刺激疗法：降低敏感度	失恋初期，你终日魂牵梦萦的都是过去的种种记忆。或许有人劝你："不要再想他(她)了，你应该设法忘掉过去的一切。"但是"不去想"就真的能不想吗？"想要忘"就真的能忘记吗？人的思想，是最叛逆的东西，越强迫不去想，越忍不住要想；希望去忘记，偏偏又忘不掉。所以，除非你早已练就"心如止水"的功夫，否则，依心理学研究显示，暂时镇压情绪和一直思念只会让下一波情绪更加汹涌。故而，本疗法并不鼓励压抑，相反提倡"以毒攻毒"，让泪畅其流，悲尽其哀，让思念和悲伤尽情暴发，尽情去接触那些易触动情绪的物品或情境，直到感觉麻痹为止。
罪状加强法：想对方的坏	恋爱是盲目的。失恋了，就该擦亮眼睛醒醒了。翻开情海恩仇录中的罪状日记，想想他(她)的恶言恶行和薄情寡义，反复洗脑，务必要自己愈来愈讨厌对方，讨厌到咬牙切齿、倒尽胃口为止。当你发现对方竟是如此不堪之人，便会收拾起思念怀旧的心情，完全抛去牵挂和不舍。
比较疗法：比比谁更惨	每个哭泣的人都觉得自己最不幸。但是，请相信我，你成为这个世界上最惨的人的概率远远小于你买一张彩票就中了100万的概率。虽然你已经很惨了，但是一定还有人比你更惨。看看非洲的那些难民，看看人在面临生存时的挣扎和意志，比起来你的悲惨实在是小巫见大巫。万一你对那么遥远的惨况无法心领神会，没关系，在闹市街头走上几回，瞧一瞧那些肢体残障或者脸部伤残、以卖艺或乞讨为生的人，哪个不比你更不幸。他们都撑过去了，你还有什么理由寻死觅活、颓废自怜呢？

【爱阅读】

苏格拉底与失恋者的对话

一天，苏格拉底遇到了一个失恋的人。他们开始了如下对话：

苏格拉底：孩子，为什么悲伤？

失恋者：我失恋了。

苏格拉底"哦"了一下："这很正常呀，如果失恋了都没有悲伤，恋爱大概也就没什么味道。可是，小伙子，我怎么发现你对失恋的投入甚至比恋爱还要倾心呢！"

失恋者：到手的葡萄给丢了，这份遗憾，这份失落，您非个中人，怎解其中味啊！

苏格拉底：丢了就丢了，何不继续向前走，鲜美的葡萄还有许多。

失恋者愤怒地道：踩上她一脚又如何？我得不到的东西别人也别想得到。

苏格拉底：可这只能使你离她更远，而你本来不是想接近她吗？

失恋者：那你说我该怎么办？我真的很爱她啊！

苏格拉底：真的很爱？那你希望你爱的人幸福吗？

失恋者：那是当然。

苏格拉底：那如果她认为离开你是一种幸福呢？

失恋者：不会的，她曾经对我说过，只有和我在一起时，她才会感到幸福。

苏格拉底：你也说是曾经，曾经就是过去，可她现在并不这样认为。

失恋者：这只能说她一直在欺骗我。

苏格拉底：不，她一直对你很忠诚，当她爱你时，她和你在一起；现在她不爱你，她就离你而去，世界上再没有比这更大的忠诚，如果她不再爱你，却假装对你很有情意，甚至跟你结婚生子，那才是真正的欺骗呢！

失恋者：可我为她投入的感情不是白白浪费了吗？谁来补偿我？

苏格拉底：不，你的感情从来没有浪费，因为你在付出感情的同时，她也对你付出了感情；在你给她快乐的同时，她也给了你快乐。

失恋者：可是您要看明白，现在痛苦的人不是她而是我，是我在为她痛苦。

苏格拉底：为她而痛苦，她的日子过得很好，不如说你为自己而痛苦吧。

失恋者：要按您的看法，这一切倒成了我的错？

苏格拉底：是的，从一开始你就犯了错，如果你能给她带来幸福，她是不会从你的生活中离开的，要知道，没有人会逃避幸福，不过时间会抚平你心灵的创伤。

失恋者：但愿有这一天，可我的第一步该从哪里做起呢？

苏格拉底：去感谢那个抛弃你的人，为她祝福。

失恋者：为什么？

苏格拉底：因为她给了你寻找幸福的新的机会。

第三节　性爱的维度

一、两性生殖器官的结构与功能

人和高等哺乳类动物的生殖器官按解剖位置可分为内生殖器和外生殖器，按功能可分为主性器官和附性器官。内生殖器官包括性腺及其相关的附属腺体。

(一)男性生殖系统的组成与功能

男性内生殖器由睾丸、附睾和精囊腺组成，外生殖器由阴囊和阴茎组成。

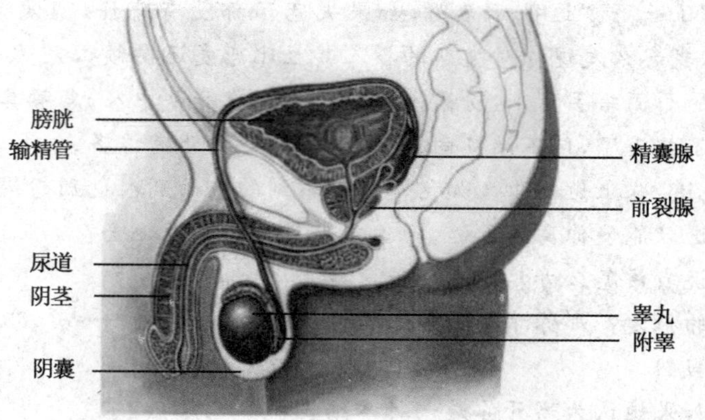

男性生殖器官

男性内生殖器由生殖腺(睾丸)、输精管道(附睾、输精管、射精管和尿道)和附属腺(精囊腺、前列腺、尿道球腺)组成。

睾丸位于阴囊内，左右各一。扁椭圆体，分上下端、内外面、前后缘。表面包被致密结缔组织叫白膜。在睾丸后缘，白膜增厚并突入睾丸实质内形成放射状的小隔，把睾丸实质分隔成许多锥体形的睾丸小叶，每个小叶内含2～3条曲细精管。曲细精管之间的结缔组织内有间质细胞，可分泌男性激素。首次遗精及其随后的一段时间，精液有时没有精子，即使有数量也不及成人，直到18岁才能达到成人水平。

附睾紧贴睾丸的上端和后缘，可分为头、体、尾三部。头部由输出小管组成，输出小管的末端连接一条附睾管。附睾管长4～5 m，构成体部和尾部。附睾管壁上皮分泌的某些激素、酶、特异物质——为精子生长成熟提供营养。睾丸产生的精子在此贮存，发育成熟并具有活力。

输精管长约40 cm，呈紧硬圆索状。输精管行程较长，从阴囊到外部皮下，再通过腹股沟管入腹腔和盆腔，在膀胱底的后面精囊腺的内侧，膨大形成输精管壶腹，其末端变细，与精囊腺的排泄管合成射精管。射精管长约2 cm，贯穿前列腺，开口于尿道前列腺部。精索是一对扁圆形索条，由睾丸上端延至腹股沟管内口。它由输精管、睾丸动脉、蔓状静脉丛、神经丛、淋巴管等外包三层筋膜构成。

前列腺呈栗子形，位于膀胱底和尿生殖膈之间，分底、体、尖。体后面有一纵生浅沟为前列腺沟，内部有尿道穿过。分泌一种含较多草酸盐和酸性磷酸酶的乳状碱性液体，称为前列腺液。其作用是可以中和射精后精子遇到的酸性液体，从而保证精子的活动和受精能力。前列腺液是精浆的重要组成成分，约占精浆的20%。前列腺还可以分泌激素，称之为前列腺素，具有运送精子、卵子和影响子宫运动等功能。

男性的外生殖器的发育主要表现在阴囊皮肤的皱褶增加和颜色的加深，阴茎从原来的不足5 cm增加到12.4 cm，17～18岁时与成人水平相当。

阴囊是由皮肤构成的囊。皮下组织内含有大量平滑肌纤维，叫肉膜，肉膜在正中线上形成阴囊中隔将两侧睾丸和附睾隔开。其皮肤为平滑肌和结缔组织构成的肉膜，收缩舒张调节囊内温度。阴囊内低于体温，对精子发育和生存有重要意义。

阴茎可分为阴茎头、阴茎体和阴茎根三部分，头体部间有环形冠状沟。阴茎头为阴茎前端的膨大部分，尖端生有尿道外口，头后稍细的部分叫阴茎颈。阴茎的勃起是由于机械性刺激或膀胱充胀引起的脊髓反射。婴幼儿时就可以发生。射精是通过生殖管道的一系列协调运动，由阴茎射出精液的过程。引起射精的刺激主要来自于龟头，当龟头受到摩擦刺激时，通过腰骶部脊髓的反射活动引起阴茎勃起，达到性高潮时精液射出。在人类，引起性兴奋的刺激还可来自感官，再通过大脑影响脊髓的反射活动。

精液是精子和附属腺体(前列腺、精囊、尿道球腺等)所分泌液体的混合物。精囊液约占精液的60%，前列腺分泌物约占20%，精子最多只占精液的10%。精囊液为中性或略带碱性的黏液，含有较多的果糖和前列腺素。前列腺分泌一种无色、pH 6.6的液体，并含有较多的草酸盐和酸性磷酸酶。正常成年男性一次射精量为2～6 mL，每毫升精液中含有0.5亿～4亿个精子。过频的射精可减少精液量，特别是精子的数目。若每毫升精液中的精子数量少于2 000万个则不易受精。精液在射出1 min内凝固，几分钟后又逐渐液化。

(二)女性生殖系统的组成与功能

女性的内生殖器为卵巢、输卵管、子宫和阴道，内生殖器位于盆腔内。女性外生殖器指生殖器官的外露部分，又称外阴，系指两股内侧从耻骨联合至会阴的区域，包括阴阜、大阴唇、小阴唇、阴蒂、阴道前庭、前庭腺、阴道口、处女膜和会阴。不同的生殖器官其结构和功能不同，对相关知识的了解和掌握，对维护青春期少女的身心健康意义深远。

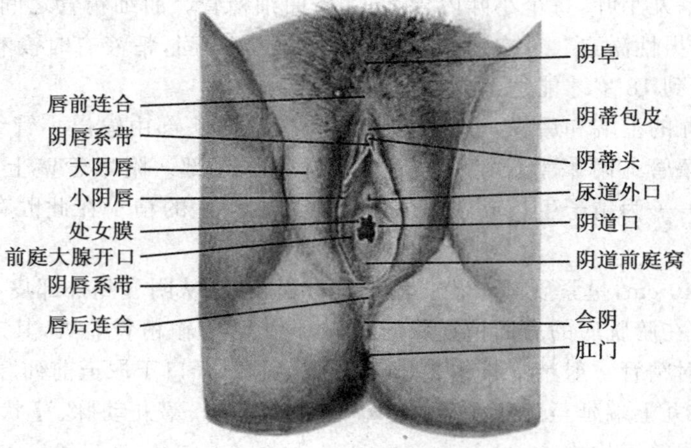

女性生殖器官

女性外生殖器包括：阴阜，即耻骨连合前面隆起的脂肪垫，青春期皮肤上开始生长阴毛，分布是尖端向下的三角形；大阴唇，为靠近两股内侧的一对隆起的皮肤皱襞，未婚妇女的两侧大阴唇自然合拢，遮盖阴道口及尿道口。经产妇的大阴唇由于分娩影响而向两侧分开；小阴唇，为位于大阴唇内侧的一对薄皱襞，表面湿润，富于神经末梢，故极敏感，两侧小阴唇的前端相互融合并分为两叶，包绕阴蒂，前叶形成阴蒂包皮，后叶形成阴蒂系带。阴蒂，位于两侧小阴唇之间的顶端，为与男性阴茎海绵体相似的组织，阴蒂头富含神经末梢，极为敏感，有勃起性。阴道前庭，为两小阴唇之间的菱形区，在此区域内，前方有尿道，后方有阴道开口，此区域内还有前庭球和前庭大腺。前庭球又称球海绵体，有勃起性，其前部与阴蒂相连，后部与前庭大腺相邻，表面为球海绵体肌覆盖。前庭大腺又称巴氏腺，位于大阴唇后部，也被球海绵体肌所覆盖，如黄豆大，左右各一。性兴奋时分泌黄白色黏液，起滑润作用，正常检查时不能摸到此腺体。

女性内生殖器指生殖器官的内脏部分，包括阴道、子宫、输卵管及卵巢。输卵管和卵巢常被称为子宫附件。阴道位于真骨盆下部的中央，为性交器官及月经血排出与胎儿娩出的通道。阴道向下渐次收窄以阴道口开放于阴道前庭，此口在处女时通常有黏膜皱襞所形成的处女膜；子宫位于骨盆腔中央，呈倒置的梨形，前面扁平，后面稍突出，成年的子宫长 7～8 cm，宽 4～5 cm，厚 2～3 cm，子宫腔容量约 5 mL。子宫上部较宽，称子宫体，其上端隆起突出的部分，叫子宫底，子宫底两侧为子宫角，与输卵管相通。子宫的下部较窄，呈圆柱状，称子宫颈。子宫为一空腔器官，腔内覆盖有黏膜，称子宫内膜，从青春期到更年期，子宫内膜受卵巢激素的影响，有周期性的变化并产生月经。性交时，子宫为精子到达输卵管的通道。受孕后，子宫为胚胎发育、成长的场所。分娩时，子宫收缩，使胎儿及其附属物娩出。输卵管为一对细长而弯曲的管道，左右各一，位于子宫两侧，内侧与子宫角相通连，外端游离，而与卵巢接近，全长 8～14 cm。输卵管为卵子与精子相遇的场所，受精后的孕卵由输卵管向子宫腔运行；输卵管根据其形态可分为四部分：①间质部或称子宫部，为通入子宫壁内的部分，狭窄而短。②峡部，为间质部外侧的一段，管腔也较窄，长 3～6 cm。③壶腹部，又在峡部外侧，管腔较宽大，长 5～8 cm。④漏斗部或伞部，为输卵管的末端，开口于腹腔，游离端呈漏斗状，有许多须状组织，有“拾卵”作用。输卵管黏膜受女性激素的影响，也有周期性的组织学变化，但不如子宫内膜明显。此外，在排卵期间，输卵管液中糖原含量迅速增加，从而为精子提供足够的能量；卵巢为一对扁椭圆形的性腺器官，其主要作用是产生卵子和激素，从而使女子具备正常的生理特征和生育能力。青春期前，卵巢表面光滑；青春期开始排卵后，表面逐渐凹凸不平，成年女子的卵巢约 4 cm×3 cm×1 cm 大小，重 5～6 g，呈灰白色；绝经期后卵巢萎缩变小、变硬。卵巢作为女性主要的性腺器官，其主要功能在于排卵和分泌女性激素。排卵大多发生在两次月经中间，在每一个月经周期里，可以同时有 8～10 个卵泡发育，但一般只有一个卵泡达到成熟程度，而其余卵泡先后退化，形成闭锁卵泡。成熟卵泡突出在卵巢表面，卵泡破裂而使卵子从卵巢内排出。

二、性与避孕

现行的避孕方法有很多种，各种方法有不同的优、缺点和不同的适用对象，有的方法还有明确的禁忌证，各人应根据自身的不同情况，选择合适的方法。下面对各种避孕方法，以及这些方法可能对性产生的影响做一些介绍。

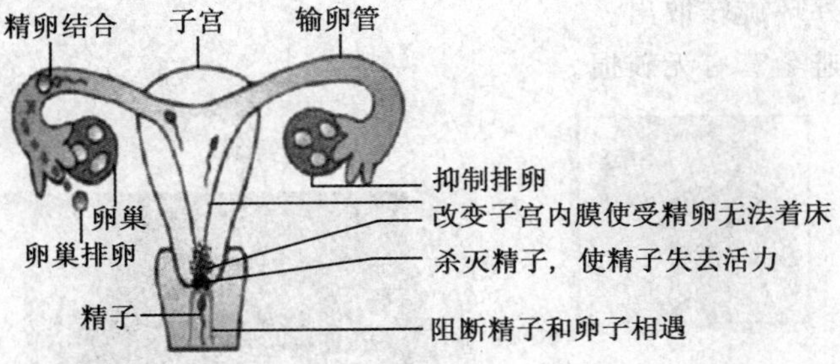

避孕的原理

(一)工具避孕

1. 宫内节育器(IUD)

节育器改变宫腔内体液环境，影响受精卵的着床、生长和发育。1909 年德国 Richard Richter 医生设计了世界上第一个宫内节育器，它由蚕丝弯曲成团状制成。是我国最常用的避孕方式(2004 年 IUD 使用率占 48%)。我国 1960 年起临床推广使用。我国目前使用较多的是母体乐节育器(MLCu375)。

2. 避孕套

避孕原理：阻止精子与卵子的结合，有的含有杀精子药物。正确使用避孕有效率可达在 93%～95%。

优点：无绝对禁忌证，对身体无害；对艾滋病等性病有预防作用，又称安全套；避孕套可治疗精液过敏和部分免疫性不孕症。

缺点：对性生活有一定的影响；个别人对橡胶过敏；避孕失败率相对偏高。

男用避孕套的使用方法：

性交前戴套，捏瘪小囊，边推边套。

在阴茎软缩前即按住套口一并退出。

事后常规检查避孕套有无破损。

可加润滑剂，忌和油脂类物质同用（凡士林、油性基质的避孕栓）。

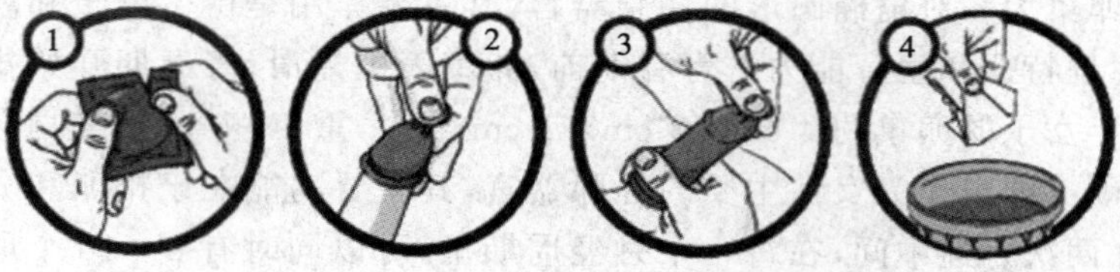

避孕套使用方法

女用避孕套的使用方法：

由女性自己掌握是否使用。

捏扁内环，沿阴道后壁置入。

在套内向上推内环，套住宫颈，外环平摊于阴道口。

套内性交。

性交结束后持外环旋转取出。

事后常规检查避孕套有无破损。

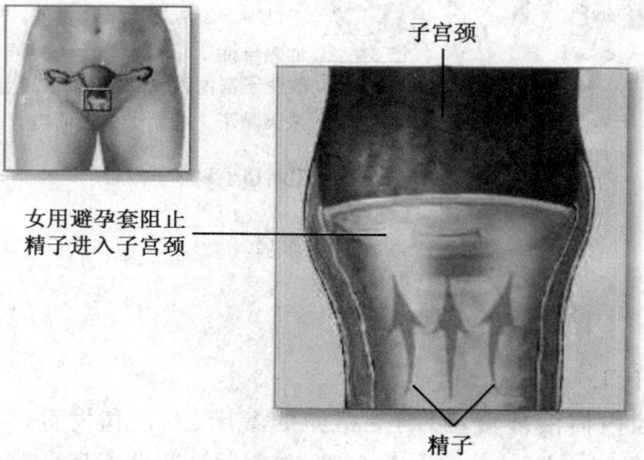

3. 阴道隔膜

使用方法：由医务人员帮助选择型号。

性交前放好，性交后 8～12 h 取出。

隔膜宫颈面和边缘宜加涂避孕药膏。

捏扁弹簧圈，沿阴道后壁置入。

前至耻骨弓，后至后穹隆，完全覆盖宫颈。

（二）药物避孕

1954 年，美国医师格雷戈里-平卡氏发明了避孕药，被列为 20 世纪最伟大的科学成就之一。

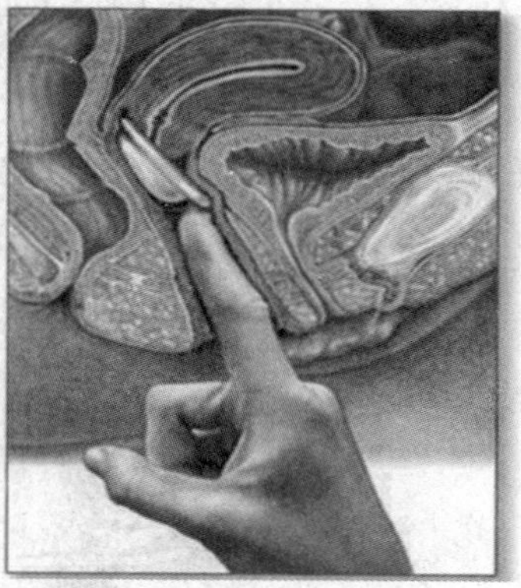 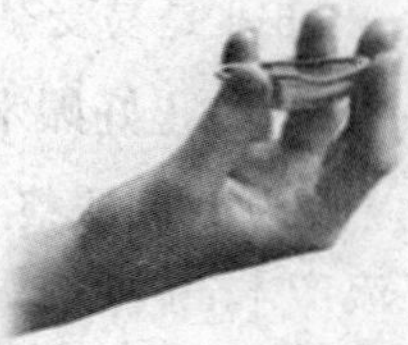

避孕原理：

(1)抑制排卵。

(2)使宫颈黏液变稠，不利于精子穿透。

(3)使受精卵在输卵管内的运行速度变慢。

(4)使子宫内膜变薄，不利于受精卵着床。

避孕药种类：口服避孕药；避孕针；避孕药缓释系统，如皮下埋置剂Ⅰ号。

适应证：生育年龄的健康妇女。但必须在医生指导下使用。

(三)输卵管绝育术

是一种永久性的节育措施，分两种：经腹输卵管结扎术和经腹腔镜输卵管绝育术。

(四)其他避孕法

紧急避孕；安全期避孕法(不安全)；体外排精避孕法；避孕贴避孕。

1. 紧急避孕(房事后避孕)

定义：无防护性性生活后或避孕失败后几小时或几日内，妇女为防止非意愿妊娠的发生而采用的避孕方法。

在美国，由于紧急避孕的开展，每年减少100万次人工流产和200万次非意愿妊娠分娩。上海计划生育指导所调查显示95%的未婚妇女和71%的已婚妇女需要紧急避孕。

紧急避孕方法：口服紧急避孕药。

(1)米非司酮　性交后5 d(120 h)内口服1片(10 mg或25 mg)(失败率1%)。

(2)左炔诺孕酮　性交后3 d(72 h)内口服1片(0.75 mg)，12 h后重复一次(失败率2%)。

(3)雌孕激素复合制剂　性交后3 d(72 h)内口服炔雌醇0.1 mg和左炔诺孕酮0.5 mg，12 h后重复一次(失败率3%)。

紧急避孕注意：

(1)紧急避孕不是常规用药，反复使用会导致月经失调，内分泌异常。

(2)紧急避孕不能预防性病。

2. 安全期避孕法(自然避孕法)

安全期避孕法：采用安全期进行性生活而达到避孕目的，又称自然避孕法。安全期避孕法并不十分可靠，失败率20%。

安全期：排卵前后 4～5 d 是易受孕期，其余时间为不易受孕期，称为安全期。

(五)亡羊补牢——人工终止妊娠术

在孕 27 周之前，以人为的方法终止妊娠，称为人工流产。作为避孕失败的补救措施。一般有药物流产、人工流产术、中期妊娠引产。

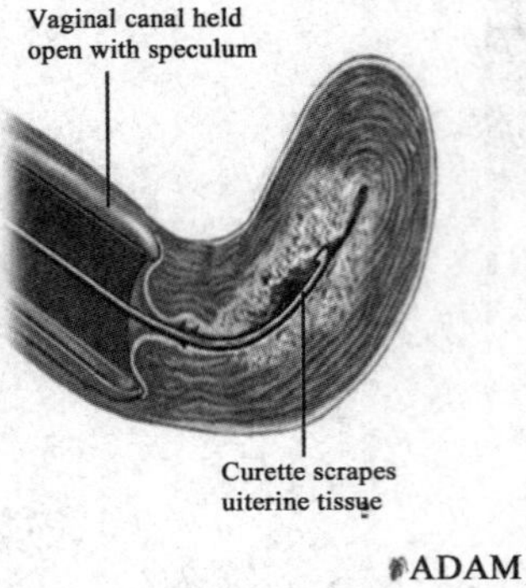

吸刮

扩张宫颈和刮宫术

人工流产的危害：①损伤子宫；②生殖系统感染；③大出血，羊水、空气栓塞等；④继发不孕，子宫内膜异位等。

因此，应选择做好避孕措施，尽量不做或少做人工流产术。

(六)计划生育措施的选择

新婚夫妇：避孕套、外用避孕药，不选 IUD 及不宜口服避孕药。

有一个子女的夫妇：新婚夫妇的各种方法、IUD、长效避孕药。

多个子女的夫妇：绝育措施。

哺乳期妇女：IUD、避孕套。

围绝经期妇女：IUD、避孕套或外用避孕药。

三、青春期的性问题

进入青春期后，由于他们对自己身心在短期内所发生的急速变化缺乏必要的知识准备和心理准备，容易产生许多困扰和疑惑的问题。研究认为，这些问题若不解决，会影响他们的身心健康和正常的学习生活。现就青春期对少男少女影响较大的性问题分述如下。

(一)学会与异性交友

进入青春期的少男少女，由于性意识成熟，不仅喜欢和同性在一起交往，而且还产生了爱慕异性，喜欢与异性交往的心理状态。这本来属于一种正常的性心理现象，却往往受到不应该的非议与指责。由于受传统落后的性观念“男女授受不亲”的影响，有的少男少女害怕与异性交往，有的家长错误地认为异性之间不存在友情，只有爱情。不允许自己的孩子与异性交往，这就给少男少女们带来了很多困惑不解的问题。

其实，一个人不仅要有同性交往，也应有异性之间的交往。研究认为，异性间的交往有许多好处：①可以从异性方面学到许多在同性中学不到的知识，以丰富自己的人生，可以学会如何尊重异性和与异性相处，取人之长补己之短。②有利于调节和平衡性心理紧张度，稳定情绪，有利于提高心理健康水平和学习工作效率。心理学家称此现象为"异性效应"。③有利于充分发展自己的个性和潜能，使人格发展更加完善。

与异性之间的交往又是一种学习过程，需要认真对待。研究认为，不论是女性还是男性，在与异性交往中应该注意以下问题：①必须谨慎地择友与交友，要选择志同道合、为人正直、真诚、有理想、有追求、有抱负的人为友，这样才可以达到相互激励共同进步的目的，而不是以满足个人虚荣心或一时的情感。②与朋友平等相待、相互理解、相互支持、相互尊重、相互帮助、相互学习。③朋友之间要真诚信任，心怀坦荡，落落大方，无须遮遮掩掩，偷偷摸摸。④要严守友情与爱情的界线，不能过早涉足爱河，在交往时要掌握分寸，做到热情而不轻浮，大方而不失稳重，交往时尽量避免异性间单独长时间相处。穿着打扮要得体大方，不穿过于透、露、薄的衣服，在一起时要保持一定的空间距离；举止友好而不过于亲密，以免造成他人的误解。

(二)过早性行为的消极后果

青春期的少男少女在生殖器官系统成熟的过程中，出现性冲动、性欲望是一种自然的性本能表现。但是，人是有理智的，可以用理智和意志力来控制自己的本能冲动。过早有性行为的消极后果是：

青春期少男少女的情感很丰富，但是情绪波动大，对本能性冲动的自我克制能力尚在调适之中。如果出于好奇和神秘感，调适欠当，涉足爱河甚至偷食禁果，就可能沉醉于二人世界，很难集中注意力，严重影响自己的生活和学习，同时远离了集体难免会影响与其他同学的必要交往。

少男少女的性交行为更容易导致少女怀孕。少女怀孕、堕胎势必会使她的身心受到严重伤害，双方在精神上也会遭受巨大压力，甚至给今后的生活和发展前途带来难以弥补的巨大损失。

(三)痛经有时与消极的心理暗示有关

女孩生殖器系统从开始发育到具有生育功能，有一个从幼稚到成熟和完善的变化过程。有的女孩在这个变化过程中有时会出现各种各样的症状，除了有自身身体发育体质差异的原因外，如出现激素分泌不正常、不稳定；有些症状是受社会心理暗示和自我心理暗示等环境因素的影响所造成的。月经期可能出现的症状有腹痛、乳房胀痛、腰酸、四肢乏力、疲劳等不适反应，还有注意力不集中、情绪容易波动等现象。有人称之"经期综合征"。其实，一旦生殖器官系统完全成熟，这些不适反应是可以逐步消失而达到正常的，因此，一般是不需要医治的。由于对女性的月经长期存在着错误的认识，有的女孩子接收到了这些错误的观念，所谓的"经期综合征"可能与此有关。下面分析分析这两种消极的心理暗示。

女性的自我消极心理暗示：女性在早期成长过程中如果接纳了对月经的错误认识，可能形成消极情绪的反馈强化，认为"月经来潮必痛乏力"，这是一种牢固的消极条件反射。本来正常的生理变化却引起了消极的心理情绪反应，而消极情绪心理又进一步强化巩固了这种因生理变化所引起的生理-心理不适应感。它是生理与心理不断地相互消极作用下形成的恶性循环链。也可能是由于某些女性不懂得经期卫生(如洗了冷水、吃了刺激性的食物、做了剧烈运动等)导致的生理与心理不适感,误认为是月经本身所带来的问题。

不良的社会心理暗示。封建性禁锢的观念,视月经为见不得人的丑事,倒霉事。这种愚昧观念长期以来根植于人们的心中。然而,经期卫生知识普及又是相当欠缺,有些女孩子就获得了对月经的负面认识。因此"谈经色变",使她们有一种先入为主的"痛经情节",对月经感到可怕、恐惧。"痛经乏力"的第一印象变成了少女真正痛经的第一社会心理诱因。社会上专治女性痛经的药物出现,更加强并验证了少女们痛经的印象,从而再次强化了已有的消极条件反射——"月经来潮疼痛乏力情绪激动"等不良反应。

女性只要正确认识月经是自然现象,以正确的态度、稳定的情绪、科学卫生保健方法加以对待是可以避免"经期综合征"的。

(四)"处女膜情结"

处女膜本来就女性身体的生理结构,而所谓的"处女膜情结"是我国长期的封建观念根植于人们心理意识的社会化反映。传统上,在中国某些地区,当女儿出嫁时,母亲要送女儿一条洁白的手巾以备新婚之夜"接红",目的是验证新娘的"处女身份"。清除这种严重歧视妇女的封建观念和陈规陋习正是性文化建设的重要任务之一。现今仍然有一定比率的男男女女视处女膜为女性贞节的唯一标志,处于发育阶段的少女们受此观念的"教化",过分或错误地看重处女膜的"价值",就可以称之为"处女膜情结"。

性交不只是处女膜破裂的唯一条件,其他原因也是促成因素。如剧烈运动或骑自行车或自慰行为也可能会导致其破裂。因此,处女膜完整与否,并不能证明一个人的贞节。

这里要指明的是,少女有了"处女膜情结"可能会给自己带来许多困扰和心理负担。如有的少女因为幼儿的性游戏,怀疑自己处女膜已破裂,成天恐惧、担心、无心学习;有的女生担心自己处女膜不完好将来找不到对象,如此等等。明理见智,"处女膜情结"可以休矣!

(五)要正确地认识和对待手淫

进入青春期以后的少男少女对于手淫是最为关心和苦恼的性问题之一。研究认为,男性有 90%以上,女性有 60%以上曾经有过手淫。说明手淫是青少年和成年人较为普遍的一种性行为。

手淫可能是出于偶然因手接触或腹膜外生殖器官时所产生的一种快感并引发了性冲动而引起的。后来便成为一种自主性行为,以此来满足或调解自己的性冲动。对于青春期的少男少女,在没有合法手段来满足性欲望时,适度使用手淫方式来调解性欲,平衡性情绪,降低性紧张度是一种合理的自慰行为。

所谓适时、适度要根据个人的健康而定。如果可以不用手淫方式来调节性紧张当然很好。不少人正是这么做的。如采用转移注意法,认知调节法,升华法等。

青少年在一般情况下,一个月、半个月或一周一次手淫均属正常现象。如果时间间隔太短,手淫后整天无精打采,注意力不集中,记忆力下降,甚至感疲乏无力,说明是手淫过度,必须克制。研究认为,手淫固结症是一种条件反射,只要下定决心,它不是不可能被克服的。

(1)首先应认识到,适度手淫不仅不会影响健康,而且有利健康。但是,过度手淫则危害健康。过度的手淫习惯是在缺乏自制力的条件下养成的。因此,它也是完全可以用意志力克服的,有手淫依赖心理者应该下决心、树信心改掉手淫习惯,必要时可以寻求心理辅导。

(2)建立科学的合理的学习生活作息制度，让生活过得充实紧凑，把自己的主要精力放在学习和工作上，积极参加集体活动，发展自己的兴趣爱好，让自己没有更多的闲暇时间去想性冲动问题。

(3)手淫多发生在晚上入睡前和早晨起床之前这段时间。因此，睡前不要看有性刺激的书刊或听有关性刺激的录音。睡觉时内裤不要太小太紧，被子不要太厚太暖和，双手不要放在阴部。早晨起床后不赖床贪睡。这样可以避免诱发性冲动和手淫。

(4)可以配合厌恶疗法。如有了手淫念头时，拉动橡皮圈弹击手腕，或适度地掐自己的大腿，有一定疼痛，可能会有抑制作用。

(5)可以采用转移注意力的方法。如产生手淫念头时，到外面去散散步，或听听音乐，或找人聊聊天、下下棋都可以。

四、性心理障碍

性心理障碍是指由异常性行为的性障碍，这些人对正常的异性性生活没有欲望，却对病态的性行为具有强烈欲望。在 CCMD-3 中明确指出：有异常性行为的性心理障碍，特征是有变换自己性别的强烈欲望(性身份障碍)；采用与常人不同的异常性行为满足性欲(性偏好障碍)；不引起常人性兴奋的人物，对这些人有强烈的性兴奋作用(性指向障碍)。除此之外，与之无关的精神活动均无明显障碍。

临床上将性心理障碍分为三类：

(一)性身份障碍

表现为变换自身性别的强烈欲望；又称易性症或易性癖。

分为男性性身份障碍和女性性身份障碍，指一个人对自身性别的认定与解剖生理上的性别特征相异，固执地坚持或渴望心理上的性别认定，反对和厌恶自身解剖生理的性别特征。严重者为易性症(transsexualism)。

韩国变性艺人李诗妍

患者期望成为异性并被人接受，常希望通过外科手术或激素治疗而使自己的躯体机能与自己所偏爱的性别一致，而且转化性别的强烈愿望至少已持续 2 年，其性爱倾向为纯粹同性恋。在排除其他精神障碍（如精神分裂症）的症状或与染色体异常有关的症状后便可以做出诊断。

（二）性偏好障碍

采用与常人不同的异常性行为方式满足性欲，包括恋物症、异装症、露阴症、窥阴症、摩擦症、性施虐与性受虐症等。

（1）诊断准则　①与不适当的对象，或以不适当的方式进行性活动；②表现极稳定的性趣，绝大多数是男性；③都与社会相当疏离；④通常给人不成熟的感受；⑤性功能障碍很普遍。

（2）类型　①非法的活动；②危害自己或他人的方式。

（三）性指向障碍

表现为性对象的选择与常人不同，一般不引起常人性兴奋的人或物或情境，对病人有强烈的性兴奋作用。除了性行为异常外，患者其他的精神活动均无明显障碍，如同性恋、双性恋等。

1. 同性恋的认同过程

男同性恋，多发生于 13～15 岁；女同性恋，多发生成年早期。

2. 呈现过程

自我觉醒：察觉自己被同性吸引而产生困扰，有些人产生疏离感。

自我接纳：须先克服自己内在源自社会观念对同性恋的负向态度。

自我揭露：可将自己的新身份与其他部分整合在一起。

3. 常见的误解与刻板印象

（1）同性恋对社会是一种威胁。主要原因有：恐惧同性恋者会企图引诱年轻人采取他的生活方式；必要时，采取暴力获致性搭档；厌恶行为较典型的同性恋者，感觉其行为怪异；相信他对社会是一种伤害。

（2）不是完全同性恋，就是完全异性恋。很多人都有一定程度的同性恋倾向，目前完全同性恋生活的男人或女人也可能在某个时期有偶发异性恋接触。

（3）同性恋者都是天生的。其实同性恋行为成因复杂，包括遗传、家庭、环境、成长经验、外界刺激等。荷尔蒙分泌及生理特征与异性恋不同，这也只能解释一部分原因。

4. 对同性恋的看法

在 20 世纪的很多时间中，同性恋都被视为一种精神疾病，但是同性恋权利运动逐渐加强之后，同性恋在 DSM-Ⅲ（1980）中只有与自我状态不协调时，才算有问题。到了 DSM-Ⅲ-R（1987）时就不再视同性恋为性变态。研究显示：男同性恋和女同性恋在心理适应及身体健康的状况都与异性恋者并无不同。今日，同性恋已经不再被视为心理疾病，而被视为众多人当中的一种性取向。

目前越来越多的国家、地区承认同性恋婚姻的合法地位。当地时间 2015 年 6 月 16 日下午 5 时，美国加利福尼亚州最高法院关于同性恋婚姻合法化的裁定正式生效，至少有 5 个县的民政部门开始为同性恋发放结婚证。在旧金山市政厅，市长纽瑟姆特意为一对年逾八的女同性恋主持了婚礼,成为美国第二个允许同性恋结婚的州。继美国加利福尼亚宣布承认同性恋婚姻之后,挪威于 2015 年 6 月 17 日也投票通过了允许同性恋结婚的法律。新的同性恋婚姻法允许同性恋在教堂举行婚礼,可以收养儿童或者进行人工受孕。人们对待同性恋者的态度越来越宽容。

美国成为全球第 21 个在全境承认同性婚姻的国家

以上介绍了性身份障碍、性偏好障碍、性指向障碍三类性心理障碍,但对于性心理障碍的治疗却十分棘手。由于患者回避谈论或行为隐蔽,故在性心理障碍的早期往往不易发现,一旦发现则那些与性快感相联系的症状已极难放弃,虽有一些治疗成功的个案报道,但没有哪一种方法是对所有人都有效的,以往认为心理治疗是唯一的或主要的,药物只是治疗由性心理障碍而引起的失眠、焦虑、抑郁、恐惧等伴随症状,但随着许多新药的诞生,临床和某些发病机制的研究,近来较多的报道抗强迫、抗焦虑药物及治疗冲动控制障碍的药物对某些性心理障碍者治疗有效。在心理治疗上除了动力学派的领悟治疗,行为学派的厌恶治疗外,心理疏导、催眠等治疗也取得一定的疗效。

第七章　自我的广度

——完善的自我是成长的花朵

我们生命的过程，就是做自己，成为自己的过程。

——心理学家罗杰斯

真正的自由不是外在的，不是别人给你的，而是一份自由的心情，一份自己给自己的悠闲自在的感觉，无论外在的环境如何。

——克里希那穆提

生命不设限

尼克·胡哲(Nick Vujicic 尼克·武伊契奇)，1982 年生于澳大利亚，是“生命不设限”(Life Without Limits)组织创办人、著名残疾人励志演讲家。他天生没有四肢，但他把目光集中在自己所拥有的，接纳自己、肯定自己、欣赏自己，创造了生命的奇迹。

尼克·胡哲

尼克·胡哲一生下来就没有双臂和双腿，只在左侧臀部以下的位置有一个带着两个脚趾头的小“脚”，他的妹妹戏称为“小鸡腿”，这种罕见的现象医学上取名“海豹肢症”。更不可思议的是：骑马、打鼓、游泳、滑板、足球，尼克·胡哲样样皆能，在他看来是没有难成的事。他还拥有会计与财务规划双学士学位，是企业总监，更于 2005 年获得“杰出澳洲青年奖”。他为人乐观幽默、坚毅不屈，热爱鼓励帮助他人，年仅 33 岁，已踏遍世界各地，接触逾百万人，激励和启发他们的人生，他也拥有了属于自己的幸福。

尼克·胡哲身上尽管有太多的没有，但他以自身的经历去不断地激励别人，告诉人们跌倒了要学会爬起来，并开始关爱自己。巡回演讲，他毫不回避身上的缺陷，并以一种独特的方式展示自我。他说“人生最可悲的并非失去四肢，而是没有生存希望及目标！人们经常埋怨什么也做不来，但如果我们只记挂着想拥有或欠缺的东西，而不去珍惜所拥有的，那根本改变不了问题！真正改变命运的，并不是我们的机遇，而是我们的态度。”

尼克·胡哲懂得把目光集中在自己所拥有的，悦纳自己，创造了生命的奇迹。他的经历给了我们很大的震撼，同时，也让我们有了很多启示。我们为什么不可以更好地认识自己，并超越自己呢？

第一节　自我的梯度

不同理论学派心理学家从自己的理论观点出发来诠释“自我”。威廉·詹姆斯是关注自我研究的最坚定的早期倡导者，他认为，一切与自身相关的事物都会在某种程度上成为自我的一部分。荣格认为，自我是我们意识到的一切东西，它包括思想、情感、记忆和知觉。随着人格心理学的发展，人们越来越重视自我的意识能动作用方面。自我意识不仅是人们认识世界、改造世界的前提，也是能否获得主观幸福感、心理是否健康的关键。

自我意识是个体对自己的认识。具体地说，自我意识是个体对自身的认识和对自身周围世界关系的认识，就是对自己存在的觉察。认识自己的一切，大致包括三方面的内容：

一是生理自我，是个体对自身生理状态的认识和评价。主要包括对自己的体重、身高、身材、容貌等体像和性别方面的认识，以及对身体的痛苦、饥饿、舒适度等感觉。

二是心理自我，是自身心理状态的认识和评价。主要包括对自己的感知、情绪、能力、气质、性格、理想、信念、兴趣、爱好等方面的认识和评价。

三是社会自我，是对自己与周围关系的认识和评价。主要包括对自己在一定社会关系中的地位、作用，以及对自己与他人关系的认识和评价。

自我意识的出现，是人的心理发展进入的一个全新的阶段，是个体社会化的结果，是人类特有的高级心理活动形式之一，使人们能更好地认识和改造世界。

【爱思考】

女生小花，长相清秀端庄，身高161 cm，但却总对自己的外貌不满意。进入大学后，随着参加社团、校园文体活动增多，她对外貌的不满意的问题越来越困扰她，甚至影响到了她的正常学习和生活，她网购了增高药、各种化妆品，希望自己能长高、变美。但效果不佳，出现了抑郁情绪。同时，她还打工挣钱，打算去整形医院整容。

小花这是怎么了？

一、自我的结构

自我意识的结构是从自我意识的三种心理成分，即从知、情、意的角度来分析的，是由自我认知、自我体验和自我调控三个子系统构成。

自我认知，是人对自身身心状态、人际关系等方面的认识，是自我意识的首要成分，也是自我调节控制的心理基础，它包括自我感觉、自我观察、自我分析和自我评价。自我分析是在自我观察的基础上对自身状况的反思。自我评价是对自己能力、品行等方面社会价值的评估。自我认知主要涉及的问题有“我是一个什么样的人？”“我为什么是这样的一个人？”等。

自我体验，是自我意识的情感成分，是指人在自我认知的基础上产生的情感体验，如由于对自身相貌美与丑的认识而产生的自信或自卑等情绪情感。自我体验的具体内容有自尊感和自信心。自尊心、自信心和自我评价紧密联系在一起。自尊心是个人在社会比较过程中获得有关自我价值的积极的评价与体验。自信心是个体对自己能力是否适合所承担的任务而产生的自我体验。自我体验主要涉及的问题有“我能否悦纳自己”“我对自己是否满意”等。

自我调控，是自我意识的意志成分，是伴随着自我认知、自我体验而产生的各种思想倾向或行为倾向，主要表现为个人对自己的态度和行为的调控，它包括自我检查、自我监督和自我控制等。自我检查是个人在头脑中将自己的活动结果与活动目的进行比较、对照的过程。自我监督是个人以其良心或内在的行为准则对自己的言行进行监督的过程。自我控制是个人对自身心理与行为的主动掌控的过程。自我调节是一个人自我教育、自我发展的重要机制，自我调节的实现是自我意识的能动性质的展现。自我调控主要涉及的问题有“我怎么控制自己”“如何成为理想自我”等。

二、自我理论

(一)詹姆斯的“经验自我”和“纯粹自我”

詹姆斯(1842—1910)，美国心理学家、美国实用主义哲学家的先驱，是自我概念的创始人。他认为：“自我是个体所拥有的身体、特质、能力、抱负、家庭、工作、财产、朋友等的总和”，他把自我分为“经验自我”和“纯粹自我”。

“经验自我”是指人们可能经验到的一种对象，即与世界的其他对象共存的存在物。詹姆斯认为：“每个人的经验自我，就是他试图用‘我’(me)来称呼的一切”、“‘我’与‘我的’很难区分”、“自我与世界之间没有明显的界线，我的身体、服饰、妻子儿女及财产都是自我本身的各种关系，参与了自我的构成”。詹姆斯又将经验自我分为物质自我、社会自我和精神自我三种成分。詹姆斯认为物质自我的核心部分是身体，因为人一生中总是通过身体与周围的事物发生关系，并依据身体提出各种需求。社会自我是关于别人对自己的看法的意识，最特殊的社会自我是他的恋人的态度。精神自我是监控内在思想和情感的自我。精神自我高于社会自我，社会自我高于物质自我。

“纯粹自我”是指一个人知晓一切东西，它又称为能动自我或主动自我。詹姆斯把作为对象的个人称为经验自我(me)，把当下思想看成是纯粹自我(I)。他以“个人同一性”理论为依据论述纯粹自我，个人同一性就是“现在的自我与他想起的那些过去的自我相同”。纯粹自我接受不同的感觉并影响感觉所唤起的动作；纯粹自我是兴奋的中心，接受不同情绪情感的震荡；纯粹自我是努力和意志的来源，意志似乎从此发出指令。

(二)弗洛伊德的“本我”“自我”和“超我”

弗洛伊德(1856—1939)，奥地利医生、心理学家，是精神分析学派的创始人。自我领悟是弗洛伊德理论中精神分析治疗的重要组成部分。弗洛伊德认为，人格由“本我”、“自我”和“超我”三部分组成。

“本我”来自人的本能，指原始的自己，是一切心理能量之源。它表现出追求满足各种个人欲望和实现个人利益的特征，按照快乐原则行事。它唯一的要求是获得快乐，避免痛苦，不被个体察觉，它是无意识的。

“自我”是人的理性部分，指自己。它往往处于社会生活的现实要求、超我的道德追求与本我的利益追求之间，尽可能地寻找权宜之计，遵循现实原则，是个体最终行为表现的决策者。它寻求本我冲动得以满足，同时保护整个机体不受到伤害，是自己可意识到的。

“超我”来自社会文化，是个体在成长过程中通过内化道德规范、内化社会及文化环境的价值观念而形成的，主要监督、批判以及管束自己，超我遵循道德原则，要求自我按照社会可以接受的方式去满足本我。超我追求完美，与本我相对立，与本我都是非现实的，超我大部分也是无意识的。

（三）罗杰斯的“现实自我”和“理想自我”

罗杰斯(1902—1987)，美国心理学家，是人本主义心理学的主要代表人物之一。他根据临床实践发现他的患者倾向于用自我来叙述，才重视自我概念。他提出了自我分为“现实自我”和“理想自我”。

“现实自我”是人在现实的生存环境中，通过与情境相互作用而表现出来的对自身现实状况、实际能力与行为等方面的意识。“理想自我”是个体经由理想或者为了满足内心需要而建立起来的有关自己的理想化形象。理想自我在一定程度上也是客观现实的反映，它反映了来自他人的要求和社会规范的约束以及是否满足个体内在需要。理想自我代表个体最希望拥有的自我概念、理想概念，即理想自我实际上是观念的存在而不是实际存在。

在正常情况下，当理想自我源于理智认知，理想自我就可以指导现实自我积极地适应或作用于社会环境，有助于现实自我的不断完善与进步，有助于协调现实自我与社会环境的良性互动，促进自我的健康发展。但是，当理想自我的形成源于焦虑时，理想自我与现实自我差距较大时，理想自我不但不能指导现实自我有效发展，反而会因为焦虑导致攻击、逃避、依赖等脱离现实的自我心理倾向。罗杰斯在临床实践中发现，现实自我和理想自我之间的不一致是导致神经症的原因之一。

总的来说，罗杰斯认为对于一个人的个性和行为具有重要意义的是他的自我概念，而不仅是现实自我。自我的认知方面、情感方面以及意识和潜意识方面都重要。在现实生活中，我们应该既要注重自我一致性的需要，又要注重正面关注自我的需要，促使自己健康积极地成长。

（四）艾里克森的心理社会性发展模型

艾里克森(1902—1994)，美国精神病学家、著名的发展心理学家和精神分析学家。艾里克森的心理社会性发展模型为自我发展提供了动力学解释。艾里克森对弗洛伊德的思想做了修改，假定人生的特定阶段会产生特定的需求，他认为人的整个发展包括八种需求，每一种需要都与人们如何看待和感受自己有关。

第一阶段，婴儿要面对的第一问题是信任他人的能力，尤其是对母亲的信任。这些最初的信任感是以后人际关系的基础。在这一阶段没有建立起良好信任感的个体可能无法与他人保持亲密关系。

第二阶段，自主和控制是最重要的问题。孩子自由地探索周围环境，体验到自己的能力和对环境的影响力，自主感就开始发展了，反之，就会产生羞怯、怀疑等。

第三阶段，儿童开始发展自己的想象力，努力积极地操纵环境。当允许儿童创造、构建和改变他们的世界时，他们的自发性就得到了发展。反之，如果对儿童努力改变环境加以奚落和限制等，就会产生内疚感。

第四阶段，儿童开始接受正规的学校教育。儿童追求自己学习上获得成功和得到赞许。如果通过勤奋学习获得成功和赞许，他们会乐观进取，获得勤奋感。如果屡遭失败，就会丧失自信和进取心，产生自卑感。

第五阶段，青少年面临着同一性危机。自我同一性是在前四个阶段发展的基础上对自己心理面貌的整合，即"我是谁?"拥有可靠和整合特性的个体就能获得或建立同一性，反之就会产生同一性混乱或角色混乱。

第六阶段，成人早期面临的核心问题是建立一种亲密的人际关系。青年人已走向社会，开始进入一种承诺和持久的关系，如果不能获得这种关系将导致孤独。

第七阶段，成人中期最重要的问题是知觉到个体是社会中具有生产力的一员，将过上幸福充实的生活，生儿育女，关心后代的繁殖与养育。这可以通过工作、志愿努力和抚养孩子来实现，反之其人格贫乏和停滞，个体过度关心自己的幸福或认为生活是无意义的。

第八阶段，个体面对的问题是完整和绝望。完整是指个体回看自己经历的人生时会有满足感，这使他们能够有尊严地面对死亡。相反，回顾一生，觉得一事无成，重新开始又为时已晚，那么个体会感到悲哀、绝望。

表 7-1 为艾里克森的心理社会性发展模型。

表 7-1 艾里克森的心理社会性发展模型

生命阶段	心理社会冲突	特征
第一年	信任 VS. 不信任	当婴儿受到温暖、持续的照顾时，他就能建立起信任感；缺乏照料或照顾不够则产生不信任感。
1～3 岁	自主性 VS. 羞怯和怀疑	当鼓励儿童探索自我和环境时，自主感得以发展。当儿童的探索受到抑制时，羞怯感和怀疑产生。
3～5 岁	自发性 VS. 内疚感	当鼓励儿童进行各种各样的尝试时，他们的自发性就得以促进。如果父母嘲笑孩子或过度批评他们，就会使他们产生内疚感。
6～12 岁	勤奋 VS. 自卑	当儿童受到表扬时，他们就会获得勤奋感。当他们所做的努力被认为是不充分的或差劲的时就会让他们产生自卑感。
青春期	同一性 VS. 角色混乱	处于这个阶段的个体要面临的一个关键问题是"我是谁?"拥有可靠和整合的特性的个体被认为是达到同一性的；无法建立稳定和统一特性的个体将会面临角色混乱。
成人早期	亲密 VS. 孤独	艾里克森认为处于这个时期的个体所面临的关键问题是建立一种承诺的和亲密的人际关系。这个过程出现失败将导致孤独。
成人中期	生殖 VS. 停滞	个体是社会中能进行生产的成员，为社会做出贡献，为未来创造人口。这可以通过工作、志愿努力和抚养孩子来实现。与之相反是停滞，它的特征是个体过度关心自己的幸福或认为生活是无意义的。
成人后期	完整 VS. 绝望	完整是指当个体回过头看自己所经历的生活时会有满足感。这使他们能够有尊严地面对死亡。如果遗憾成为主导，那么个体会感到绝望。

艾里克森的心理社会性发展模型为不同年龄段的教育提供了理论依据和教育内容。艾里克森承认人的一生中可能会重复面临某些冲突，这些冲突可能永远无法完全解决。因此，最好的方式就是把这些冲突看成是人们在生活中所普遍会遇到的问题。

第二节　自我的成熟度

自我意识的发生是不均衡的，呈现出有早有晚、有快有慢的发展状况。心理学研究表明，个体自我意识从萌生、形成、发展到相对完善的过程，要经过20多年时间，综观自我意识的形成过程，我们可以把它分成四个阶段。

一、自我意识的发生发展

(一)自我意识萌生时期(生理自我形成发展期)

自我意识发展的第一阶段是生理自我占主导地位。在生命降生之初，婴儿是没有自我意识的。他们甚至意识不到自己和外界事物的区别。生理自我的形成一般始于8月龄左右，在3岁左右基本成熟。

1岁左右，幼儿开始能把自己的动作和动作对象区别开来，初步意识到自己是动作的主体。例如，当他手里抓着玩具时，他不再把玩具当作自己身体的一部分。1岁以后，开始意识到自己身体的感觉，从成人那里学会使用自己的名字，像称呼其他物体一样地称呼自己。2岁左右，逐渐学会用代词“我”来代表自己。3岁左右，自我意识有了新的发展，当作错事时，会感到羞愧；当碰到矛盾时，会感到疑虑；当母亲对其他儿童表现出关心和喜爱，会产生强烈的嫉妒感；第一人称“我”的使用频率提高，许多事情要求“我自己来”，开始有了自我独立的要求。但其行为仍以自我为中心，即以自己的想法解释外部世界。此时，生理自我的发展主要表现为个体对自己躯体认知感的增强，其中包括对躯体的占有感、爱护感和支配感等。处于这一时期的婴幼儿对于“我是谁”这一问题的回答最有可能是：“我有眼睛能看见东西”“别的小朋友不可以打我，我也不能打别的小朋友”等。

【爱阅读】

苗苗2岁半。有一天，她刚走出教室2 m远，园长也跟着出来了。这时苗苗放了个屁，园长又向前走了两步。突然，苗苗停下来，转身认真并郑重其事地对园长说：“是我放的屁，不是你的屁。”园长肯定地说：“是的，是你放的屁！不是我放的屁！”苗苗这才放心地转身向前走。

(二)自我意识形成时期(社会自我形成发展期)

这一阶段是社会自我占主导地位。3岁到青春期这段时期，是个体接受社会化影响最深的时期，也是学习角色的重要时期。个体在社会生活中，通过模仿、认同、练习等方式，逐步形成各种角色观念，如性别角色、家庭角色、伙伴角色等。这一时期，个体最为关注自己的社会属性，开始学会了解社会对自己的期待，根据他人的要求和期待来调整自己的行动。青春期以前，他们的眼光是向外的，对自己的内心世界视而不见。这一时期他们还不懂得情绪是自己的主观感受，还不善于用自己的眼光去认识世界，只是照搬成人的观点去认识外部世界。这一阶段的个体对于“我是谁”的回答，更有可能从社会属性来回答，如“我是×××学校的学生”“我的爸爸是局长”“我的学习成绩很棒”等。

（三）自我意识发展时期（心理自我形成发展期）

从青春期开始到青春后期大约10年时间，是心理自我的发展时期，自我观念逐渐趋于成熟。青春期，个人无论在生理、认识或情绪等方面，都有很大变化，如性的成熟、逻辑思维和想象力的发展、敏感的感受性等。这一阶段，个体的自我意识具有以下特点：一是自我意识分为观察者的我（I）和被观察的我（me），个体从自己的观点出发，认识和考量自己的心理活动；二是个体能够透过自我去认识客观世界，即不是从他人的观点去考量事物，而是由自我的观点来认识事物；三是个体价值体系的发展和理想自我的活动，与自我观念的发展相联系。这时，个体常常强调自己所具有的个性特征的重要性，以及自己所追求的目标对于自己的重要性。由于自我意识的发展，个体要求独立、自治的意识强烈，更想摆脱成年人的影响束缚，这一阶段，个体经历着一个特别明显的冲突、典型的分化、矛盾和统一的过程。自我明显的分化，意味着自我矛盾冲突的加剧，两个我不能统一，自我形象便不能确立，自我概念也不能形成，表现出明显的内心冲突，甚至有一定的内心痛苦和激烈的不安感。于是个体对自我的态度常常是波动的，对自我的控制往往是不自觉、不果断的。时而肯定自己，时而又否定自己；时而对自己充满自信，时而又感到自己无能等。经过这一阶段的发展，个体逐渐能知觉和调节自己的心理状态、心理活动和行为等。

（四）自我意识完善时期（自我意识同一期）

如果说青春期是自我意识迅速发展并趋向成熟的阶段，那么，青春期之后个体的自我意识则是完善阶段和提高阶段。这一阶段是生理自我、社会自我、心理自我相互融合的过程，理想我与现实我经过激烈的矛盾和斗争，使现实我努力符合理想我的要求，在新的水平与方向上协调一致，重新实现统一的时期。艾里克森所提出的“同一性对角色混乱阶段”是在这一阶段形成自我认同感，认识、接受并欣赏自己。当然，这一阶段矛盾斗争的结果有两种可能性，积极的结果是使人自信，克服自我角色混乱，形成新的真实的自我统一，有利于自身发展；消极的结果是使人自卑或自负，不清楚自己是谁，形成歪曲的自我统一，影响自身的成长和发展。

自我意识的形成和发展的过程，正是一个人人格成长的过程，关注每一阶段的健康成长，都会使人终身受益。

二、自我意识成熟的标志

当自我与个体实际表现不相符合时，会促使个体调整自己的看法，从而使其自我与实际情况相一致，这是自我逐渐成熟的标志，也是心理健康的标志。自我成熟的特点表现在：①对经验持开放的态度；②信任自己的机体；③出自个人内心的评判；④愿意成为一个变化的过程；⑤自我成长向内求。

（一）对经验持开放的态度

个体比较开放地对待自己的经验，就会变得更易于了解源自自身机体内部的情感和态度，同时也变得更能够认识周围的客观现实，也就是说，个体越开放地对待其经验，就越能够以现实的态度对对待周围的人，正视新环境，处理好他将面临的新问题。

心理实验证明，如果感官信息与自我的组织模式有矛盾，这些信息就往往在意识中有所歪曲。也就是说，我们不能如实地接受全部感官信息，只能容纳那些符合预先存在于我们心中的图像的东西。我们处于安适的关系中，防御戒备心和僵化态度往往会消失，以更加开放的态度对待自己的经验，甚至可以接受对立的证据，而不是封闭现实。“爱人者，人恒爱之；敬人者，人恒敬之。”罗杰斯认为，我们学会关心、爱护、同情、认可，用善意对待他人，也会获得同样方式的回报，在这样一个和谐的人际环境中，更有利于我们获得内心的平静与快乐，提高生活幸福感，实现自我和谐。这种在认识自己周围的客观现实时所抱有的开放态度，是自我成熟的一个重要因素。

(二)信任自己的机体

自我成熟的第二大特点是越来越深刻地发现自己机体的可靠性，因为它能够在任何新的环境下找到最恰当的行为方式。为了帮助理解，我们可以设想一个人面临下述这些存在的选择，如“我愿意选择此人作我的伴侣吗？”“我是回家度假，还是独自消磨时光？”请思考在这样一些情境中，自我成熟的人会做出什么反应？只要他开放地对待他的感官经验，就可以得到一切有关的信息，在这基础上制定恰当的行为方式。个体能够自由地感知社会的要求，对自己复杂而矛盾的情感和冲动了如指掌。个体能够回忆起曾经有过的类似情景，以及自己在当时不同行为所导致的结果，以及对这样复杂的生活情景有着比较准确的认识。同时，个体可以让他的机体组织和意识较好地共同考虑、权衡和比较各种刺激、需要和要求，以及它们各自的重要性和紧迫性。通过对这些复杂的生活情景的权衡和比较，可以找到在这一特定情景中能够最大限度满足他的全部需要的行动途径，既包括近期的需要，也包括长远的需要。在斟酌权衡某一特定的生活选择所包含的各种因素时，个体的机体组织并不总是正确的，有时也可能做出错误的选择。但是，由于个体对自己的经验常常持开放的态度，所以，如果出现了令人不满的后果，他便能立即意识到，并迅速进行修正。

这将可能有助于我们认识到一个事实，即我们大多数人不能正确估量和权衡所面临的选择，这主要是因为我们常常把某些经验以内的成分排除在外，同时又把某些不属于自己经验的因素考虑在内。例如，一个人可能坚持认为“我可以饮烈酒而不醉”。但是，我们只要看看他过去的经验，他的话就很难说是正确的。

当个体对其经验持以开放的态度时，他就会发现他的机体组织是值得信任的。他将对源于自身机体的各种复杂丰富的情感和倾向越发感到信任和喜爱。良心对他来说，不再是一个铁面无私的监察官，专门监视那些不可预测的本能冲动，因为个体很少敢让这些本能冲动自由地表现出来；而现在良心在他的精神世界中已经与情感思想融洽相处，成为其中的一员。我们还发现，一旦消除了严厉的监视和控制后，本能冲动和情感思想完全可以实行有效的自理。

(三)出自个人内心的评判

自我成熟的第三大特点是出自个人内心的评判。当一个人因为治疗而正在向真正的人转变时，他的另一个独特倾向表现在他的选择、决定和价值判断的根源和出发点上。个体会越来越感到评价的基点存在于自身内部，因而他逐渐不再寻求他人的赞同或否定，不再依赖别人提出的生活标准，也不再依靠别人来帮助自己做出决定和选择。个体认识到自己唯一值得考虑的问题是：“我的生活方式能使我真正感到满意吗？能真正表现我自己吗？”这对于任何有创造性的人来说，都是至关重要的。

【爱思考】

心雨感觉自己活得太累了，来寻求咨询帮助，因为她有许多烦恼，甚至考虑过自杀。在交谈过程中，她发现自己有一种极强烈的愿望，即希望得到他人认可，希望依赖他人，希望有人为她指点生活的道路和方向。因此，她对那些未能给她足够指导的人抱有苛刻的批评态度。她一个接着一个地评论她的教授，她痛心地认为没有一个教授能使她懂得任何具有深刻意义的东西。后来，她开始逐渐意识到造成这种现象的部分原因是她自己未能主动地配合老师学习这些课程。

心雨为什么累呢?

罗杰斯通过举一个例子，来说明出自个人内心的评判是自我成熟的特点之一。这个例子引自他与一个年轻女研究生的交谈记录，与以上的“爱思考”中的案例类似。通过进一步的交谈，这位年轻女性在一次后期交谈中已经开始逐步认识到她自己可能对学习的落后负有部分责任。我们也可以更好地理解“一个人承认评价的基点存在于自身内部”的深刻含义。

(四)愿意成为一个变化的过程

自我成熟的第四大特点是愿意成为一个变化的过程。我们对自己的认知是一个不断探索的过程，发现自己和变成自己而努力奋斗的过程。

当一个人遇到心理困惑去做心理咨询时，刚进入治疗关系时，他总希望达到某种固定的状态，总想触及能够解决问题的关键，希望工作效率高，婚姻状况使人满意。通过自由的治疗对话，他常常会改变这些一成不变的目标，愿意接受这样一种令人满意的认识：他不是一个固定僵化的实体，而是一个变化的过程。一位咨询者在结束治疗时，似乎感到有些不解，他说：“我还没有完成自我综合和自我重新组织的工作，但这并不使人气馁，只是有点困惑罢了。现在我认识到这原来是一个持续不断的过程……它令人激动，有时还使人感到不安，同时它又使人大受鼓舞，感到自己在行动，在朝着一个确定的目标前进，尽管你并不能总是很清楚地意识到这个目标究竟是什么。”从这位咨询者的话中，我们可以看到“信任自身机体组织”，以及“愿意把自己看作是一个变化的过程”。那些努力变为自己的人，把自己看成为一个流动不止的过程，而不是一成不变的实体。

(五)自我成长向内求

自我成熟的第五大特点是自我成长向内求。自我完善，意味着个体心智不断成熟，更加注重体验、觉察、表达，内心更加整合与稳定。一切的心智成熟者，他们人生之旅都是从勇敢面对问题开始的。生活中的一切都是我们自己吸引过来的。只有向内求，改善内在的状态，进而改变外在的世界，自我才可以真正得到成长。

规避问题和逃避痛苦是个体心理疾病的根源，不及时处理，将会为此付出沉重的代价，承受更大的痛苦。“世界上没有任何人任何事可以让你快乐，除非经过你的允许；世界上没有任何人任何事可以让你不快乐，除非经过你的同意。”我是一切的根源，所以，我们要向内求，去接纳和面对那些已经发生的事情，逐步地激励自我、挑战自我、发展与完善自我，从而拥有较高内在安全感。内在安全感与自我意识、心理健康有着密切联系。具有较高内在安全感者通常具有较高的自我认同和自我悦纳，才能与他人建立相互信任的人际关系，才能积极地挖掘自身潜力，才能更好地实现自我价值，从而活出自己想要的人生，找回真实的自己。

【爱阅读】

当你不再证明自己时，美就绽放了

你想要证明什么？没有一棵树需要证明它是树。

也许你想证明你的脑袋比别人更聪明，或是证明你比别人更能干，这或许既是许许多多的人命运的悲哀。他们原本可以散发出天然的品质，原本可以举手投足就充满了美丽。

可惜，当一个美女努力在证明她的美的时候，散发的却是丑；当一个人努力地表现他的聪明的时候，做的事情却很愚蠢；当一个人总想证明自己的时候，内心却永远摸不到、找不到自己。

这句话，需要怎样才可以让那些迷失的人明白呢，多少生命无辜地在那里折腾，拿着自己有限可怜的聪明当作宝贝，却不懂得接收并找到自己与生俱来的魅力、美丽。

只有当你不再证明自己的时候，光辉才经由你而呈现；你才可以真实、真诚、坦荡地呈现自己，才可以有机会看到内在的智慧与宝藏，如同泉涌一般源源不绝。

由内而外的信心，才会布满你每一个眼神与动作。那个时候，你让自己陶醉。这一扇门如此神秘，以至于那么多人一生无法窥探。那种本来的自信被世俗所淹没，换来的，是通过别人的评价来喂饱自己的匮乏。

凡是不会爱也无法收到真爱的人，都会陷入这种奇怪的生命轮回之中。因而缺乏内在的自信，他们无法真正懂得欣赏自己。爱自己，不是穿最漂亮的衣服（那是衣服的事情不关你事），不是戴最美的首饰，不是吃最好的食物，不是住最豪华的酒店，更不是开最好的车子。那些都是玩具，都是你的妆点。

爱自己源自与你自己的相处，来自你对自己全然的欣赏、全然的疼惜、全然的理解、全然的接纳。爱的本质，就是全然的接纳。没有这一个基础，爱永远进不了你的心灵，你始终找不到归属。

回到本源，才可以从那里出发。只是放开；只是坦然地呈现；只是就这样把自己的目光送到对方的眼睛里；只是如同烛光，就这样闪亮即可以贡献光明；只是喜悦地聆听，满心地享受；只是让心灵去感应，并随着那份跳动的韵律，即可捕获禅机。

可是，你意识到你的自我证明了吗？当你能意识到的时候，你就知道自己不需要证明了。当你不再证明自己的时候，神性就出来了，美就绽放了！

第三节　自我的广度

每个个体都有独特的自我，都有独特的自我意识，自我意识是隐藏在个体内心深处的心理结构，是个体的生理素质和心理素质发展到一定程度的基础上形成的，也是个体与社会环境相互作用而形成和发展的。

一、影响自我形成和发展的因素

（一）个体因素

自我的形成和发展与个人生理的发展、心理的发展是密切相关的，离开了生理及相应的心理能力的发展，自我不可能发生。

1. 生理因素

对于一个发育正常、健康的人来说，不会发现在其生理上与别人有什么不同，但对于一个发育异常、容貌较差或者有残疾的人来说，容易受到他人的轻视冷落，容易形成自卑感。当然也有一些人很有志气，他们通过努力，用实际行动作出成就，从而增强自信，让别人重视和佩服。在体质方面也会有差异，幼年时体质强的人，容易养成勇敢和支配性强的性格；体质弱的人，容易形成依赖性或者回避性较强的性格。生理自我的发展是自我发展的基础，生理的成熟和发展是个体产生自我的关键。

2. 心理因素

个性和自我评价会影响着自我的发展。如婴儿一出生就各不相同，有的比较灵活，有的比较迟缓，有的比较安静，有的比较吵闹，这是个性心理特征中的气质，源于先天遗传。正所谓“江山易改，秉性难移”，气质是比较难改变的，但气质也有一定的可塑性；高自尊的人比低自尊的人认为自己有更多的积极品质；个体心理倾向性包括需要、动机、兴趣、理想、信念、世界观和人生观。一个人的理想、信念和世界观一旦形成，决定其将成为怎样的人，准备如何实施，从而及时调整自我理想，深化自我认识，实现和超越自我。自我评价是自我意识的一部分，其本身的发展变化也影响了自我意识的变化。自我评价发生变化，必然会引起一定的心理行为的变化，从而使自我意识出现相应的波动。

(二)社会因素

自我的形成和发展有赖于先天遗传和后天环境的共同作用，与社会环境息息相关。

1. 家庭环境

个体最早的社会环境是家庭，家庭环境对于个体自我的形成和发展起着关键性的作用。哈特研究表明，父母的满意度、教育、兴趣、对待孩子的态度和方式与孩子的自我概念显著相关，例如，父母对孩子的情感和关注持积极的态度，可以提高孩子的自信心，有利于孩子更好发展；张春兴等学者发现，学生越感觉父母用关怀、奖励、宽容、赞赏、爱护、温暖和高期望的态度来管教他们，他们的自我意识就会越高。许多心理学研究表明：家庭的物质生活条件、社会地位、家庭成员之间的关系及家庭成员的言语沟通、行为及感情对个体的自我形成和发展起着非常重要的作用。

2. 学校环境

学习环境是促进个体自我发展的重要场所，学校的教育思想、校风学风、校园文化、学校教师以及个体在学校中的同辈群体都会对个体自我的发展产生重要的影响。其中，师生关系、朋辈互助对学生自我的形成与发展具有非常重要的作用。师生关系是促进学生学习和减少学生行为问题的关键因素。老师对学生行为的评价、情绪反应和行为表现影响着学生对自己的体验和评价，尤其是对学生个性发展中的诸多心理因素如自我意识和自尊心等影响深刻。此外，个体在学校中的同学和朋友对个体自我的形成和发展也会产生影响。学校学习生活中的“榜样”作用也不容忽视，个体常根据“榜样”的价值取向进行定位比较，形成自我观念。

3. 社会文化环境

社会文化对个体社会化过程有重要的影响力，必然也将对自我的形成和发展产生重大影响。国家的宣传教育体系、宗教团体、风俗禁忌、传统习惯以及生产力发展水平等都在日常生活中潜移默化，渗透到人们的自我意识中。如一个把自己看作是有竞争力的人，就需要生活在一个能给予其参与竞争活动机会的环境。另外，各种思潮涌入以及中西文化的冲突也带给人们强烈的心理冲击，加之随着科学技术的发展，大众传播手段更加丰富，互联网的普遍应用，个体能发挥自己的主动性和创造性，以一种前所未有的方式促进个体自我的发展。

二、大学生健康自我的构建

【爱思考】

我是一名女生，今年 18 岁，来自于偏远山区，家境贫寒。大学以前从来没有离开过小山沟里。我的性格内向，平时沉默少言。来到大学，我感觉自己样样不如别人，自己知识面很窄，没见过世面，在同学面前什么都不懂，长得不好看，个头又矮小，生活费紧缺，甚至连我以前引以为豪的学习成绩也没有了任何优势。我总觉得自己低人一等，怕身边的同学瞧不起自己。

我该怎么办？

(一)全面分析自我，客观认识自我

每个人都有认识不了的自己。2 000 多年前，古希腊人把"认识你自己"这句话刻在神庙的门柱上，时刻提醒人们认清自己，可是直到现在，人们还是无法完全客观地认识自己。在心理学上，把人难以认识到自己的部分情况的现象称之为苏东坡效应。这一效应是因为"不识庐山真面目，只缘身在此山中"，人们无法识别自己的部分性格和能力。

人到底有多了解自己呢？Joe Luft 和 Harry Ingham 提出了一个"乔哈里窗(Johari Window)"，就是一个常被用来研究人的潜能的工具。他们把人的内心世界比作一个窗子，它有四格：开放我、盲目我、隐藏我和未知我。

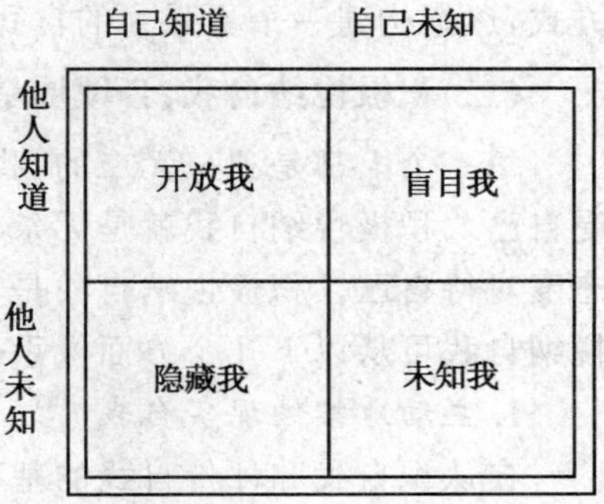

乔哈里窗

由图可知，左上角称为开放我，是我和别人都知道的部分，如我的身高、体重、长相以及某些属于公开性的统计资料；右上角称为盲目我，是我不知道，而别人了解的部分，如我的一些习惯动作、口头禅；左下角称为隐藏我，是我知道，而别人不知道的部分，如一些童年往事、痛苦经验等；右下角称为未知我，是我和别人都不知道的部分。神秘莫测的未知我部分通常是指某些尚待开发的潜能。因此，通过观察乔哈里窗，我们可以大概认识自己。

然而，乔哈里窗中仍有许多我们自己未知部分。但是，只要对自己充满信心，作为"万物之灵长"的我们一定能更好地认识自己。那么，我们应如何做到全面客观地认识自我呢？

1. 通过自我觉察认识自我

人贵有自知之明，通过自觉自省，分析开放我和隐藏我，也就是通过指向内部对自己的态度动机、言行举止、心理活动等进行自我观察、自我思考来认识自我。只要肯严于剖析自己，乐于自我反思，就能合理地分析自己的优势与不足，更好地理解"尺有所短，寸有所长"，

也就能更客观地认识自己。

2.通过他人评价认识自我

正所谓“当局者迷,旁观者清”,通过自我暴露,我们能更了解隐藏我,同时,还能引发别人的回馈,进而更有助于减少盲目我的部分,使得开放我更加广阔,我们更容易被别人接受。因此,我们要虚心地听取他人的评价,通过冷静、客观的自我反思,以更全面地观察的自己,即“以人为镜可以明得失”。

3.通过合理比较认识自我

通过自我觉知和自我反思来认识自我,难免会有主观偏差,有可能仅仅是别人的一次错误反馈,从而导致我们错误的认知,因此,需要进行合理的观察,比较客观地认识自我以减少盲目我的部分。根据相似性原则选择那些与自己条件相似的朋友来进行横向比较,当然,也可以与比自己稍强(向上比较)或者比自己稍弱(向下比较)的朋友进行横向比较,还可以根据自己的成长经历,用发展的眼光对自己的过去、现在和未来进行纵向比较,逐渐增加新认识,探索未知我,更合理地了解自己。

4.通过参与活动认识自我

通过主动参与各项社会活动来缩小未知我,多接触不同的环境,多尝试不同的机会,多体验不同的活动,逐渐看到自己的思考方式、判断问题的方式、价值观等。通过多种渠道,分析自己的活动表现和成果,全面客观地认识自己,结合自己的优势,完善内在的、深层的思维方式,逐渐构建一个更强大的自我。

(二)积极悦纳自我,合理展示自我

每一个人都是独一无二的,我们可以成为独特的自己。成为自己的先决条件就是要接受自己。积极悦纳自我就是无条件地接受自我的一切,是以一种温暖、关爱、宽容和体贴的态度对待自己。积极悦纳自我是在全面承认现实自我的基础上,再寻求自我的发展。积极悦纳自我可从以下几个方面入手:

1.主动地接纳现实自我

在认识自我和评价自我的基础上,找到自己的长处和不足,应扬长避短,找准适合自己的领域。诺贝尔化学奖获得者奥托·瓦拉赫,他的成功极富传奇色彩。小时候曾经听从父母的要求,走文学和艺术道路,但是都没有取得成功,甚至他被公认为学校最笨的学生之一。唯独他的化学老师认为他做事细心,具备做好化学实验的基本品格,建议他试学化学。后来,瓦拉赫智慧的火花一下被点着了,成了公认的化学方面的高才生,并获得了诺贝尔化学奖。人们把这一现象称之为瓦拉赫效应。该效应说明:人的智能发展是不均衡的,每个人都有强点和弱点,一旦找到自己智能的最佳点,使智能潜力得到充分的发挥,便可取得惊人的成绩。正所谓“金无足赤,人无完人”,我们每个人都不完美,要能够证实自己的缺点和不足,也要找到自己擅长的领域,不能一味地模仿他人,积极接纳自我,善用自我发展中的瓦拉赫效应。

2.合理地定位理想自我

理想自我高于现实自我,全面地接纳现实自我是自我完善的前提,合理定位理想自我才能指引自我更好地发展。过高或者过低的奋斗目标都不能起到促进个体自我发展的良好作用,只有对自己进行合理的积极的预期,才能起到较好的引导作用。相传古希腊雕刻家皮格马利翁善于雕刻,他用象牙雕刻了一座表现了他理想中女性的雕塑,久而久之,他深深地爱上了自己用象牙雕刻的美丽少女，并祈求爱神赐予少女雕像以生命。爱神被他真挚的爱所感动，就使这座雕像活了起来，最终，皮格马利翁娶了这个钟爱的少女为妻。后来人们把由期望而产生的实际效果的现象，称之为皮格马利翁效应，又叫作罗森塔尔效应或期望效应。期望效应说明：人们积极悦纳自我，有积极的期望，会促使自己向好的方向发展。我们要相信自己是一个有价值的人，相信"天生我材必有用"，合理地定位理想自我。

3. 获得积极的统一自我

每个人都有现实自我和理想自我，个体要不断地自我反思和自我监控，深刻了解和把握自己，要分析和确认理想自我的合理性和可行性。与现实自我作比较，适度地扩大交往，展示自我，获得更多的社会支持，有针对性地缩小两者之间的差距，使现实自我不断理想化，在积极的心态下，最大限度地把自己的潜能化为现实，最终获得积极的自我统一。

【爱思考】

机械系的小范来自农村，家境不佳，相貌平平，个子矮小。他一方面努力完成学业，另一方面也要为生计奔波，他与周围的人融洽相处，在别人的眼里他是一个坚强且有头脑的人。

但是，他却不这样认为，他说这不是他。他不敢与人谈自己的家、谈奔波的辛苦，因为这些都是心底最隐秘的东西。那些让他感到极度自卑的地方，想改变却又是徒劳的。他认为这个"自卑的我"才是真正的我，而那个外在的"我"不过是一个假象，从来也没有真实地存在过。

小范的自我有问题吗？是什么问题？

(三)有效调控自我，主动改变自我

自我在精神结构中处在最重要的地位，是人格的根基，它的功能有：控制和调节本能活动；保持与现实的关系；防御作用，使本能活动更适合外界现实的要求等。常言道，"人生不如意事常八九"，当我们面对挫折时，心理平衡往往会遭到破坏，多数情况下，会感到困扰，甚至体验到痛苦。我们就会有意或无意地采取某些方式来调节心理状态，恢复心理平衡。

【爱阅读】

自我功能的11种基本能力

1. 现实检验力与对现实的感知——现实检验力是指分辨出什么是真实的知觉、什么是非真实的知觉的能力（与之相对的是妄想、错觉、幻觉或对事件的知觉严重扭曲）。对现实的完全感知是指将自己的身体和外部事件都当作真实而常见的（与之相反的是现实感和自我感丧失、似曾相识体验、似梦状态、灵魂出窍体验、感同身受或者身体意向严重扭曲）。

2. 判断力——一个人拥有完好的判断力是指：

(1)能够意识到一个有意行为的适当性和可能发生的结果（包括可能发生的危险、社会意义以及法律后果）；

(2)其行为是其意识的反应。因此，对结果的认识并不能代表拥有良好的判断力。例如，有的人可能知道无保护措施的性行为是危险的，但是如果他们还是不采取任何保护性行为安全的措施，那么他们的判断力就是有欠缺的。

3. 人际关系（又称为"客体关系"）——包括对他人的知觉和期望，其实就是我们毕生人际关系的质量。它不仅仅是形成和维持关系的能力，更是获得的能力，以及和稳定、亲密、爱恋、分享和共情关系，以及和他人是融合还是隔阂。例如，这方面有欠缺的人包括需要保持很大人际距离独居的人；无法忍受分离需要常吃定心丸的人；还有缺乏同情心不顾他人感受颐指气使的人。

4.感官刺激管理——为了正常地生活在世界上，人们需要频频招架多不胜数的感官刺激。这些刺激既有外部刺激，也有内部刺激或身体感觉。刺激管理功能完好的人，可以自动过滤掉不重要的刺激，这样就不会转移掉集中在其他重要事情上的注意力。没有了这种功能，人们就会感到被噪声、气味和视觉刺激填满。例如，有的刺激管理功能不全的人不能忍受拥挤的人群，因为那里充斥着燥热、噪声或气味；有的人如果不待在完全安静的室内，就会烦躁不安。过多的环境刺激使他们畏缩、退却或感到崩溃。

5.情感或焦虑承受力——这是指承受和管理焦虑及其他强烈的积极和消极情绪的能力，如愤怒、嫉妒、绝望、渴望或爱恋。焦虑或情感承受力差的人很容易感到被自己的情绪所扰，或者在两种心境之间快速而剧烈地摇摆。我们可以把这种功能看作是另一个类型的内部刺激管理。

6.冲动控制——良好的冲动控制指一个人以可控的方式按照其情感、驱力或愿望行事的能力。冲动控制能力差的人会任由自己跟随情感和驱力“无法无天”地行事，如总是动手动脚、乱发脾气、暴饮暴食、酗酒、吸毒、滥交和自残。

7.娱乐能力，又称为“自我职能的退化”——这是指放松、沉浸于幻想和白日梦以及平静且毫无焦虑地体验无意识情感和驱力的能力。

具有娱乐能力的人能够从他们的幻想和白日梦中激发出创造性，也能帮助他们触碰更深层的情绪。娱乐能力对心理治疗也是非常重要的——不管是对病人还是治疗师。它让病人获取和体验无意识的思想和情感，让治疗师拥有更好的共情能力。如果人们感到被幻想折磨得困惑、烦恼或无能为力，或者他们很容易退缩，而且很难改变这种局面，那么这种倒退就是不适宜的，而且会造成困扰。

8.自我意识或心理觉察——自我意识或心理觉察是指对自己的内在状态怀有好奇心，拥有准确认识自身情感的能力，拥有理解他们自己及他们的无意识动机的能力。缺乏自我意识的人对探索自己的行为缺乏兴趣，不能合理解释自己的行动，抛给治疗师很多“我不知道”的回答，并且也意识不到自己的情感。

9.自尊管理或准确的自我评价——自尊管理指一个人的自我遭受打击时管理自己的能力。准确的自我评价反映了一个人对自身能力的主观感觉与其真实或客观能力的相符程度。它与一个人相信自己的能力或自信的感觉有关。

10.认知功能——指人天生的认知器官所赋有的能力，也包括利用内在过程连接不同经验、识别模式、调和不一致的态度和情感、解决问题以及抽象思维的能力。

11.防御机制——防御机制是心灵对内外压力和情绪冲突做出无意识和自动化反应的方式。它们限制了一个人对焦虑、抑郁或嫉妒等负面情绪的觉察，解决内在的情绪冲突。根据防御机制的适应性高低，将它们分类是非常有用的。例如，读一本关于自身问题的书比忽视问题更具适应性。适应性较高的防御机制主要靠压抑；适应性较低的防御机制主要靠分裂。一个人的防御机制主要基于压抑还是分裂与这个人是否拥有客体恒常性有关。

1.大学生常见的心理防御机制

所谓心理防御机制，是指个体面临挫折或冲突的紧张情境时，出于自我保护的本能，在其内部心理活动中具有的自觉或不自觉地消除烦恼，减轻内心不安，以恢复心理平衡与稳定的一种适应性倾向，又称为心理防卫机制、自我防御机制等。心理防御机制通常有积极和消极之分。积极的心理防御机制在缓冲心理挫折时，常常表现出一种自信、愉快和进取的倾向，有助于个体积极战胜挫折，调控自我；而消极的心理防御机制则大多数表现为退缩、逃避、自欺欺人，起到暂时缓解心理矛盾或冲突的作用，但常常阻碍个体面对现实，对个人的发展产生消极影响，经常过度地应用和依赖心理防御机制可能导致生活适应问题、神经症甚至精神异常。

(1)积极的心理防御机制　大学生常见的积极心理防御机制有升华、幽默、认同等。升华是指一个人在遇到挫折后，将自己不为社会所认可的动机或者需要转变为符合社会要求的动机或者需要，将低层次的行为引导到有建设性、有利于社会和自身的较高层次的行为。升华既转移或实现了原有的情感，达到了心理平衡，又创造了积极的价值，利人利已。例如，不少大学生把对同学的嫉妒升华为积极进取的行为；把单恋转化为热爱集体、团结同学的高级情感。幽默是指一个人在遇到挫折或尴尬时，用幽默的态度、言语和行为来转化矛盾和冲突，从而缓解相应的紧张、焦虑和不安。比如，有的大学生因个子矮小被他人取笑时，善于用幽默的语言解嘲："浓缩都是精华"。认同是指一个人在遇到挫折时效仿他人获得成功的经验和方法，使自己的思想、信仰、目标和言行更适应环境的要求，从而在主观上增强自己获得成功的信念。有的大学生常把一些历史名人、学术权威、英雄楷模作为自己认同的对象，从而激励自己，奋发进取。

(2)消极的心理防御机制　大学生常见的消极心理防御机制有合理化、投射、幻想、反向等。合理化又称为文饰，是指用合理的理由和事实来解释所遭受的挫折，以减轻或消除心理困扰的方式，表现为"找借口""酸葡萄效应"等。有的大学生考试成绩不理想，就以身体欠佳或压力过大为借口，避免挫败感。投射是指将自己的不当或者失误转嫁到他人身上，以减轻自己的内疚，或者将自己某些不讨人喜欢、不被他人接受的性格、态度、观念等转置给他人，以掩盖某些自己不受欢迎的特征。例如，有的大学生自私，却说人人都自私；有的大学生嫉妒心强，认为人人都怀着嫉妒，甚至把别人的真诚赞美视为讽刺挖苦等。幻想是指在遇到挫折而无法克服时，脱离现实，想入非非，以求暂时的满足，减少焦虑和痛苦，企图以自己想象的情境来应对挫折。例如，有的大学生表白失败后，幻想他成功英雄救美，最终得到了梦中女神的青睐，幸福地生活在一起。反向是指把自己一些不符合社会规范、不被允许的欲望和行为，以完全相反的态度或行为展现出来，以掩盖自己的本意，减轻心理应激。例如，有的大学生内心很自卑，却总表现出自高自大自负等。

由此我们可知，除了升华、幽默等成熟机制外，多数心理防御机制是消极的，因此，大学生要经常检查自己惯用是心理防御机制，根据具体情境灵活使用各种防御机制，以积极乐观的心态，调控好自己的生活，展现出更好的心理调节能力。

2. 自我调节的一般模型

我们也常常遇到真正努力的人，他们总是尽其所能，当事情进展不顺利时，他们依然坚持，很少会放弃。为什么他们会选择坚持不懈，有效地调节自我呢？

自我调节是指个人系统地引导自己的思维、情感和行为，使之指向实现特定目标的一种过程。自我调节模型关注个体选择做什么以及他们如何努力达成所设定的目标。布朗提出自我调节过程包括三个组成部分：目标选择、行动准备和一个行为控制环路。第一阶段，在人们能够有效调节自己的行为之前,他们必须选择一个目标,确定想要做什么。假定目标来自期望一价值结构。期望一价值模型假设人们根据他们对能否达到目标的期望来选择目标。在最普遍的水平上,人们的目标是围绕他们想要成为的人来设定的,而且通常这个目标被认为是生命中最有价值的目标。设定目标后,就要努力实现它,这是自我调节过程的第二阶段。这一行动准备阶段中人们收集信息,根据可能的结构构建情况,并实施行为。简而言之,人们设计和准备实施一项计划来达到他们的目的。第三个阶段是行为控制环路。控制是对个体如何利用信息来调节他们行为的研究,也被称为控制理论,因为它所强调的和机械上的消极反馈控制一样,动物会调整他们的行为来适应某些标准。在这种情况下,消极反馈意味着减小偏差。个体形成一种认知期望,基于他所形成的期望和情绪,个体将对其行为作出调整,如果他对于成功的期望一价值很高,并且有着积极的情绪反应,那么,他将有可能调整相应的行为,继续向他的目标努力。

3. 大学生有效地自我调控

大学生在选择方向、确立目标、发展自我时,要充满希望,满怀信心,要勇于接受挑战,进一步扩展自我。但是,在实施计划的过程中,往往会遇到各种打击和挫折,阻碍大学生前进的步伐,这就需要大学生进行有效的自我调控。那么,如何才能主动有效的自我调控呢?

首先,要培养健全的意志品质。人的意志品质是生活磨炼的结果,要培养健康的意志品质,需要有具体明确的目标,有更多正面教育的榜样,有更合适的锻炼方法,以及贵在坚持不懈的精神。通过明确的奋斗目标,使大学生能够与懒惰安逸、困难挫折、物质诱惑等消极倾向作斗争,积极参加各种实践活动,使其行动力能得到长期保持。其次,还要培养较高的成就动机,成就动机是指个体将自己认为有价值、有意义的事情做到完善的内在动力。较高的成就动机会激发、维持和调节大学生的内在动力,即使面对困难也会越挫越勇,从而更自觉、积极、主动追求自我发展。最后,还需要通过自我强化和自我激励,通过合理的自我评估,相信自己有独特的才能,更积极主动地朝向自我目标迈进。

(四)不断超越自我,追求实现自我

1. 自我实现需求的含义

所谓自我实现需求是指人的一种内在的高级需要,即实现个人理想、发挥自身潜能、表现个人才能的需要。马斯洛需求层次理论从低到高按层次分为五种,即生理需求、安全需求、社交需求、尊重需求和自我实现需求。马斯洛发现,那些"自我实现"的人之所以比较不容易受到焦虑与恐惧影响,是因为他们对自己及他人都能抱着喜欢和接纳的态度。"自我实现"的人能够按照自己的意愿决定自己的行为,追求内在自由。同时,他们也有缺点,但因为他们能接纳自己的缺点,所以他们比一般人更加真诚,对自己更加满意,自我感觉更加幸福快乐。

2. 自我实现需要不断地去探索

追求实现自我是我们终生努力的目标,我们都值得拥有更美好的人生,我们都需要不断地去追求自我实现。可是,实现自我并不是一件容易的事情。我们在成长过程中,本身就有不确定性因素存在。同时,外来因素也影响着我们的发展,比如,当意志不坚定时,遇到了困难挫折、威胁利诱等情况,就极易放弃追求自我。因此,在完善自我、超越自我的过程中,我们需要付出艰辛的努力,同时,我们还需善用积极的心理暗示,对我们的美好未来充满无限的期待,从而产生神奇的暗示效应。所谓暗示效应,是一种有趣的心理效应,通过反复的暗

示，人们会产生与原来欲望相符合的心理。这一效应说明：不断地对自己进行积极的心理暗示，事情就会往积极的方向发展。通过不断挖掘出自我潜能，可更好地追求自我实现。

马斯洛指出："实际上大多数人，一定有可能比现实的自己更伟大些，只是缺乏一种不懈努力的自信。"超越自我需要坚持不懈地努力，水滴石穿就是很好的证明。对于我们大多数人来说，智力和能力的差距不大，知识和技能也差不多的情况下，能否自我超越的关键就在于能否坚持，但或许也存在着天才。因此，对于每个人来说，追求自我实现的道路或许是不一样的，需要我们每一个具有自我实现需要和能力的人不断地去探索。

第八章　职业的气度

——职业发展是成长的风景

选择职业是人生大事，因为职业决定了一个人的未来。铁匠锤打铁砧，铁砧也锤打铁匠；海蛤的壳在棕黑深邃的海洋里变成，人的心灵也受到生命历程的染色，只是所受的影响奥妙复杂，不易为人觉察而已。所以罗素说：选择职业，就是选择将来的自己。

一个人若是看不到未来，就掌握不住现在；一个人若是掌握不住现在，就看不到未来。

离成功只有半英里的费罗伦丝·查德威克

1952年7月4日清晨，加利福尼亚海岸下起了浓雾。在海岸以西21英里的卡塔林纳岛上，一个43岁的女人准备从太平洋游向加州海岸。她叫费罗伦丝·查德威克。

那天早晨，雾很大，海水冻得她身体发麻，她几乎看不到护送他的船。时间一个小时一个小时的过去，千千万万人在电视上看着。有几次，鲨鱼靠近她了，被人开枪吓跑了。

15小时之后，她又累、又冻得发麻。她知道自己不能再游了，就叫人拉她上船。她的母亲和教练在另一条船上。他们都告诉她海岸很近了，叫她不要放弃。但她朝加州海岸望去，除了浓雾什么也没看到……

人们拉她上船的地点，离加州海岸只有半英里！后来她说，令她半途而废的不是疲劳，也不是寒冷，而是因为她在浓雾中看不到目标。

在人生的航行中，我们只有给自己明确了方向、设定了目标，我们内心深处那个勇敢、坚定、执着、不畏艰险的我才能最大限度地激发自己的潜能，更好地迎接人生路上的各种挑战。

所以，我们需要职业生涯规划来指导自己的人生。

第一节　职业的气度

哈佛大学曾进行过这样一项跟踪调查，对象是一群在智力、学历和环境等方面条件差不多的年轻人。调查结果发现：27%的人没有目标；60%的人目标模糊；10%的人有着清晰但比较短期的目标；其余3%的人有着清晰而长远的目标。

以后的岁月，他们行进在各自的人生旅途中。25年后，哈佛再次对这群学生进行了跟踪调查。结果是这样的：

3%的人，在25年间朝着一个方向不懈努力，几乎都成为社会各界的成功人士，其中不乏行业领袖和社会精英；

10%的人，他们的短期目标不断地实现，成为各个领域中的专业人士，大都生活在社会的中上层；

60%的人，他们安稳地生活与工作，但都没有什么特别成绩，几乎都生活在社会的中下层；

剩下27%的人，他们的生活没有目标，过得很不如意，并且常常在抱怨他人，抱怨社会，当然，也抱怨自己。

其实，他们之间的差别仅仅在于：25年前，他们中的一些人就已经知道自己最想要做的是什么，而另一些人则不清楚或不很清楚。

【爱思考】

小敏毕业于管理学专业，现就职于上海某外企，工作3年后升职至人事主管，8年后升职至人事总监，现主要负责员工招聘、培训等工作，与当年的同班同学比较，小敏取得了非常不错的成就。

小敏在上中学期间就对心理学非常感兴趣，高中时期自学了普通心理学、社会心理学、管理心理学等课程，在充分了解自己的兴趣和特长后，决定报考某重点大学管理学专业，大学期间她还继续学习，不光积极地学习专业知识，还利用课余时间，取得了心理咨询师等级证书、人力资源管理等级证书。

小敏还利用课余时间勤工俭学，不仅减轻了家庭负担，也使自己得到了充分的锻炼。她先后做过送报员、文员、问卷调查员等工作，每一份工作都是临时工，收入微薄，又苦又累，经常是午夜后才能休息，可小敏觉得值得，她积极了解自己和公司，把心理学运用到工作中，不抱怨，不偷懒，得到了人事部门经理的赏识，逐渐让她参加一些录用、分配、教育等高级业务，因而，她很快就获得了人力资源相关的工作经验，这为她未来的求职奠定了坚实的基础。

小敏为就业做了哪些准备？

一、职业与职业生涯

(一)职业

职业是参与社会分工，利用专门的知识和技能，为社会创造物质财富和精神财富，获取合理报酬，作为物质生活来源，并满足精神需求的工作。

理解职业的定义须有以下认识：

(1)不是任何工作都能成为职业。某项工作只有变得足够重要，足够丰富以致能吸引劳动者长期稳定地投入其中才能够成为职业。并且劳动者从事这项工作时能够取得一定的经济收入，取得合理的劳动报酬，满足劳动者的物质需求。

(2)职业是劳动者获得的劳动角色。这个角色是劳动者获得的一种社会角色，劳动者必须要按照社会结构中这一社会角色规定的规范去行事。

(3)职业为劳动者提供了一个实现个人价值的机会。职业无论对于个人还是社会的生存和发展，都非常重要。

(二)职业生涯

“生涯”，英文 career。职业生涯是指一个人一生连续从事和担负的职业、职务、职位的过程。职业生涯是一个人一生汇总所有与职业相联系的行为与活动，以及相关的态度、价值观、愿望等的连续性经历的过程，也是一个人一生中职业、职位的变迁及工作理想的实现过程。简单地说，职业生涯就是一个人终生的工作经历。一般可以认为，我们的职业生涯开始于任职前学习和培训，终止于退休。我们选择什么职业作为我们的工作，这对于我们每个人的重要性都是不言而喻的。

一个人的职业生涯是一个漫长的过程，也许一生只从事一种职业，也许一生中从事多种职业，但每个人都希望找到一个相对稳定、适合自己的职业。如何选择和规划自己的职业生涯，往往受学识、爱好、机遇、工作环境等主客观条件的制约，只有根据现行的工作需要改变原来的职业目标和兴趣，调整心态，培养对所从事职业的敬业精神，在实践中产生对事业的热爱，才能集中精力全身心投入工作，实现个人价值，做出成就。

二、职业生涯规划

“为什么总是找不到适合我的工作?”很多找不到工作或频繁跳槽者都有着这样的困惑。我们认为，职业规划是我们迈入社会的第一个规划，也是人生规划当中最核心的规划。

职业生涯在人的一生中占有极为重要的地位，职业生涯的成功与否直接影响到人生价值能否得到充分的体现，间接决定了生命内容的精彩抑或平淡。因此，做好职业生涯的规划，对每个人来说都是十分重要的，它关乎个人的前途与命运。

职业生涯规划的目的，绝不只是帮助一个人按照自己的资质条件去找到一份工作，更重要的是，帮助一个人真正了解自己，为自己定下事业大计，筹划未来，进一步详尽估量主、客观条件和内外环境优势和限制，在“衡外情、量己力”的情形下，设计出符合自己特点的、合理而又可行的职业生涯发展方向。

个人和组织相结合，在对一个人职业生涯的主客观条件进行测定、分析、总结研究的基础上，对自己的兴趣、爱好、能力、特长、经历及不足等方面进行综合分析与权衡，结合时代特点，根据自己的职业倾向，确定其最佳的职业奋斗目标，并为实现这一目标作出行之有效的安排被称之为职业生涯规划。比如，作出个人职业的近期和远景规划、职业定位、阶段目标、路径设计、评估与行为方案等一系列计划与行为。

对于个人来说，职业生涯规划的作用可归纳为以下几点：

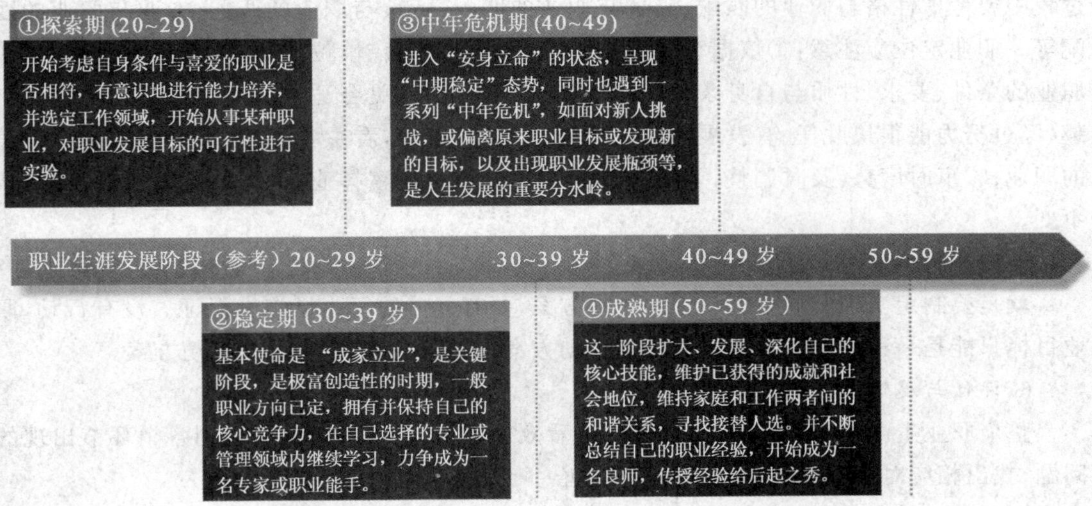

职业生涯发展阶段

(1)准确评价个人特点和强项,以既有的成就为基础,确立人生的方向;

(2)评估个人目标和现状的差距,激发自己前进的动力;

(3)重新认识自身的价值,实现自我价值的不断提升和超越,增强职业竞争力;

(4)通过科学的规划,将个人、事业与家庭生活和谐地联系起来,经营更美好的人生。

(一)职业生涯规划的步骤

1. 自我评价

也就是要全面了解自己。一个有效的职业生涯设计必须是在充分且正确认识自身条件与相关环境的基础上进行的。要审视自己、认识自己、了解自己,做好自我评估,包括自己的兴趣、特长、性格、学识、技能、智商、情商、思维方式等。即要弄清我想干什么、我能干什么、我应该干什么、在众多的职业面前我会选择什么等问题。

2. 确立目标

确立目标是制定职业生涯规划的关键,通常目标有短期目标、中期目标、长期目标和人生目标之分。长远目标需要个人经过长期艰苦努力、不懈奋斗才有可能实现,确立长远目标时要立足现实、慎重选择、全面考虑,使之既有现实性又有前瞻性。短期目标更具体,对人的影响也更直接,也是长远目标的组成部分。

3. 环境评价

职业生涯规划还要充分认识与了解相关的环境,评估环境因素对自己职业生涯发展的影响,分析环境条件的特点、发展变化情况,把握环境因素的优势与限制。了解本专业、本行业的地位、形势以及发展趋势。

4. 职业定位

职业定位就是要为职业目标与自己的潜能以及主客观条件谋求最佳匹配。良好的职业定位是以自己的最佳才能、最优性格、最大兴趣、最有利的环境等信息为依据的。职业定位过程中要考虑性格与职业的匹配、兴趣与职业的匹配、特长与职业的匹配、专业与职业的匹配等。职业定位应注意：①依据客观现实，考虑个人与社会、单位的关系；②比较鉴别，比较职业的条件、要求、性质与自身条件的匹配情况，选择条件更合适、更符合自己特长、更感兴趣、经过努力能很快胜任、有发展前途的职业；③扬长避短，看主要方面，不要追求十全十美的职业；④审时度势，及时调整，要根据情况的变化及时调整择业目标，不能固执己见，一成不变。

5.实施策略

就是要制定实现职业生涯目标的行动方案，要有具体的行为措施来保证。没有行动，职业目标只能是一种梦想。要制定周详的行动方案，更要注意去落实这一行动方案。

6.评估与反馈

整个职业生涯规划要在实施中去检验，看效果如何，及时诊断生涯规划各个环节出现的问题，找出相应对策，对规划进行调整与完善。

由此可以看出，整个规划流程中正确的自我评价是最为基础、最为核心的环节，这一环做不好或出现偏差，就会导致整个职业生涯规划各个环节出现问题。

(二)职业生涯规划的基础理论

1.施恩的职业生涯发展理论

美国的施恩教授立足于人生不同年龄段面临的问题和职业工作主要任务，将职业生涯分为9个阶段。

第一，成长、幻想、探索阶段。一般0～21岁处于这一职业发展阶段。主要任务是：

(1)发展和发现自己的需要和兴趣，发展和发现自己的能力和才干，为进行实际的职业选择打好基础；

(2)学习职业方面的知识，寻找现实的角色模式，获取丰富信息，发展和发现自己的价值观、动机和抱负，作出合理的受教育决策，将幼年的职业幻想变为可操作的现实；

(3)接受教育和培训，开发工作世界中所需要的基本习惯和技能。在这一阶段所充当的角色是学生、职业工作的候选人、申请者。

第二，进入工作世界。16～25岁的人步入该阶段。首先，进入劳动力市场，谋取可能成为一种职业基础的第一项工作；其次，个人和雇主之间达成正式可行的契约，个人成为一个组织或一种职业的成员，充当的角色是应聘者、新学员。

第三，基础培训。处于该阶段的年龄段16～25岁。与上一正在进入职业工作或组织阶段不同，要担当实习生、新手的角色。也就是说，已经迈进职业或组织的大门。此时主要任务已是了解、熟悉组织，接受组织文化，融入工作群体，尽快取得组织成员资格，成为一名有效的成员；适应日常的操作程序。

第四，早期职业的正式成员资格。此阶段的年龄为17～30岁，取得组织新的正式成员资格。面临的主要任务：①承担责任，成功的履行与第一次工作分配有关的任务；②发展和展示自己的技能和专长，为提升或进入其他领域的横向职业成长打基础；③根据自身才干和价值观，根据组织中的机会和约束，重估当初追求的职业，决定是否留在这个组织或职业中，或者在自己的需要、组织约束和机会之间寻找一种更好的配合。

第五，职业中期。处于职业中期的正式成员，年龄一般在25岁以上。主要任务：①选定一项专业或进入管理部门；②保持技术竞争力，在自己选择的专业或管理领域内继续学习，力争成为一名专家或职业能手；③承担较大责任，确定自己的地位；④开发个人的长期职业计划。⑤寻求家庭、自我和工作事务间的平衡。

第六，职业中期危险阶段。处于这一阶段的是35～45岁者。主要任务：①现实地估价自己的进步、职业抱负及个人前途；②就接受现状或者争取看得见的前途做出具体选择；③建立与他人的良师关系。

第七，职业后期。从40岁以后直到退休，可说是处于职业后期阶段，此时的职业状况或任务：①成为一名良师，学会发挥影响，指导、指挥别人，对他人承担责任；②扩大、发展、深化技能，或者提高才干，以担负更大范围、更重大的责任；③如果求安稳，就此停滞，则要接受和正视自己影响力和挑战能力的下降。

第八，衰退和离职阶段。一般在40岁之后到退休期间，不同的人在不同的年龄会衰退或离职。此间主要的职业任务：一是学会接受权力、责任、地位的下降；二是基于竞争力和进取心下降，要学会接受和发展新的角色；三是评估自己的职业生涯，着手退休；四是培养新的工作以外的兴趣、爱好，寻找新的满足源。

第九，离开组织或职业——退休。在失去工作或组织角色之后，面临两大问题或任务：①保持一种认同感，适应角色、生活方式和生活标准的急剧变化；②保持一种自我价值观，运用自己积累的经验和智慧，以各种资源角色，对他人进行传帮带。

需要指出的是，施恩虽然基本依照年龄增大顺序划分职业发展阶段，但并未囿于此，其阶段划分更多的根据职业状态、任务、职业行为的重要性。正如施恩教授划分职业周期阶段是依据职业状态和职业行为和发展过程的重要性，又因为每人经历某一职业阶段的年龄区别，所以，他只给出了大致的年龄跨度，并在为职业阶段上所示的年龄有所交叉。

2. 霍兰德职业兴趣理论(人业互择理论)

职业兴趣理论主要是由美国著名的职业指导专家霍兰德提出和发展。他认为人的一生中，面临许多选择，职业方面的选择是关乎一生幸福的重要内容之一。这其中职业兴趣起到了极为重要的影响。

霍兰德把职业兴趣分为六种基本类型，我们每个人都归属于其中的一种或几种类型。六种职业兴趣类型简述如下：

第一，社会型(S)

共同特征：喜欢与人交往、不断结交新的朋友、善言谈、愿意教导别人。关心社会问题、渴望发挥自己的社会作用。寻求广泛的人际关系，比较看重社会义务和社会道德。

典型职业：喜欢与人打交道的工作，能够不断结交新的朋友，从事提供信息、启迪、帮助、培训、开发或治疗等事务，并具备相应能力。如教育工作者(教师、教育行政人员)、社会工作者(咨询人员、公关人员)。

第二，企业型(E)

共同特征：追求权力、权威和物质财富，具有领导才能。喜欢竞争、敢冒风险、有野心、有抱负。为人务实，习惯以利益得失、权利、地位、金钱等来衡量做事的价值，做事有较强的目的性。

典型职业：具备经营、管理、劝服、监督和领导才能，以实现机构、政治、社会及经济目标的工作，并具备相应的能力。如项目经理、销售人员、营销管理人员、政府官员、企业领导、法官、律师。

第三，常规型(C)

共同特点：尊重权威和规章制度，喜欢按计划办事，细心、有条理，习惯接受他人的指挥和领导，自己不谋求领导职务。喜欢关注实际和细节情况，通常较为谨慎和保守，缺乏创造性，不喜欢冒险和竞争，富有自我牺牲精神。

典型职业：注意细节、精确度、有系统、有条理，具有记录、归档、数据特定要求或程序组织数据和文字信息的职业，并具备相应能力。如秘书、办公室人员、记事员、会计、行政助理、图书馆管理员、出纳员、打字员、投资分析员。

第四，实际型(R)

共同特点：愿意使用工具从事操作性工作，动手能力强，做事手脚灵活，动作协调。偏好于具体任务，不善言辞，做事保守，较为谦虚。缺乏社交能力，通常喜欢独立做事。

典型职业：喜欢使用工具、机器，需要基本操作技能的工作。对要求具备机械方面才能、体力或从事与物件、机器、工具、运动器材、植物、动物相关的职业有兴趣，并具备相应能力。如技术性职业（计算机硬件人员、摄影师、制图员、机械装配工）、技能性职业（木匠、厨师、技工、修理工、农民、一般劳动）。

第五，调研型(I)

共同特点：思想家而非实干家，抽象思维能力强，求知欲强，肯动脑，善思考，不愿动手。喜欢独立的和富有创造性的工作。知识渊博，有学识才能，不善于领导他人。考虑问题理性，做事喜欢精确，喜欢逻辑分析和推理，不断探讨未知的领域。

典型职业：喜欢智力的、抽象的、分析的、独立的定向任务，要求具备智力或分析才能，并将其用于观察、估测、衡量、形成理论、最终解决问题的工作，并具备相应的能力。如科学研究人员、教师、工程师、电脑编程人员、医生、系统分析员。

第六，艺术型(A)

共同特点：有创造力，乐于创造新颖、与众不同的成果，渴望表现自己的个性，实现自身的价值。做事理想化，追求完美，不重实际。具有一定的艺术才能和个性。善于表达、怀旧、心态较为复杂。

典型职业：喜欢的工作要求具备艺术修养、创造力、表达能力和直觉，并将其用于语言、行为、声音、颜色和形式的审美、思索和感受，具备相应的能力。不善于事务性工作。如艺术方面（演员、导演、艺术设计师、雕刻家、建筑师、摄影家、广告制作人），音乐方面（歌唱家、作曲家、乐队指挥），文学方面（小说家、诗人、剧作家）。

3. MBTI 人格理论

MBTI 理论认为一个人的个性可以从四个角度进行分析，用字母代表如下：

驱动力的来源：外向 E—内向 I　　接受信息的方式：感觉 S—直觉 N

决策的方式：思维 T—情感 F　　对待不确定性的态度：判断 J—知觉 P

其中两两组合，可以组合成 16 种人格类型。实际上这 16 种类型又归于四个大类之中，在此我们将四个大类型筛选，并总结如下：

ISTJ 检查员型	ISFJ 照顾者型	INFP 哲学家型	ENFJ 教导型
ESTJ 管家型	ESFJ 主人型	ENFP 公关型	INFJ 博爱型
ISTP 冒险家型	ISFP 艺术家型	ENTP 智多星型	INFJ 独立自主型
ESTP 挑战型	ESFP 表演者型	INTP 学者型	ENTJ 统帅型 /CEO

忠诚的监护人　理想主义者　天才的艺术家　科学家、思想家的摇篮

MBTI 人格理论

第一，SJ 型——忠诚的监护人

具有 SJ 偏爱的人的共性是有很强的责任心与事业心，他们忠诚、按时完成任务，推崇安全、礼仪、规则和服从，他们被一种服务于社会需要的强烈动机所驱使。

George Bush　　乔治·布什

Queen Elizabeth　　伊丽莎白女王

George Washington　　乔治·华盛顿

乔治·布什

第二，SP 型——天才的艺术家

有 SP 偏好的人有冒险精神，反应灵敏，在任何要求技巧性强的领域中游刃有余，他们常常被认为是喜欢活在危险边缘寻找刺激的人。

Michael Jordan　　迈克尔·乔丹

Marilyn Monroe　　玛丽莲·梦露

Pablo Picasso　　帕布洛·毕加索

迈克尔·乔丹

第三，NT 型——科学家、思想家的摇篮

NT 偏爱的人有着天生的好奇心，喜欢梦想，有独创性、创造力、洞察力，有兴趣获得新知识，有极强的分析问题、解决问题的能力。他们是独立的、理性的、有能力的人。

玛格丽特·萨切尔

Bill Gates　　比尔·盖茨

Albert Einstein　　阿尔伯特·爱因斯坦

Margaret Thatcher　　玛格丽特·萨切尔

第四，NF 型——理想主义者

精神领袖 NF 偏爱的人在精神上有极强的哲理性，他们善于言辩、充满活力、有感染力、能影响他人的价值观并鼓舞其激情。他们帮助别人成长和进步，具有煽动性，被称为传播者和催

化剂。

VLadimir Lenin　　　　弗拉基米尔·列宁

Oprah Winfrey　　　　奥普拉·温弗尼

Mohandas Gandhi　　　莫汉达斯·甘地

印度独立运动领袖

莫汉达斯·甘地

根据MBTI理论,每种个性类型均有相应的优点和缺点、适合的工作环境、适合自己的岗位特质。使用MBTI进行职业生涯开发的关键在于如何将个人的人格特点与职业特点进行结合。

对于大学生而言,在进行职业生涯设计时除了参考职业兴趣之外,最重要的就是了解自己的MBTI类型,它不仅可以提供适合的岗位、工作环境等方面的参考,还根据个人的情况提出了系统的发展建议。

4.职业锚理论

职业锚(Career Anchor)是职业生涯规划时另一个必须考虑的要素。职业锚是指当一个人做出职业选择时,最难以舍弃的选择因素,也就是一个人选择和发展一生的职业时所围绕的中心。

施恩教授

职业锚的概念是由美国施恩教授提出的,这一概念最初产生于美国麻省理工学院斯隆管理学院的专门研究小组,是从斯隆管理学院毕业生的跟踪研究中提炼而成的。施恩教授在1978年时提出了五种类型的职业锚,随后大量的学者对职业锚进行了广泛的研究,并在20世纪90年代将职业锚确定为八种类型:

第一,技术/职能型

技术/职能型的人追求在技术/职能领域的成长和技能的不断提高,以及应用这种技术/职能的机会。他们对自己的认可来自于他们的专业水平,他们喜欢面对专业领域的挑战。他们通常不喜欢从事一般的管理工作,因为这意味着他们不得不放弃在技术/职能领域的成就。

第二,管理型

管理型的人追求并致力于工作晋升,倾心于全面管理,独立负责一个部分,可以跨部门整合其他人的努力成果。他们想去承担整体的责任,并将公司的成功与否看成自己的工作。具体的技术/职能工作仅仅被看作是通向更高、更全面管理层的必经之路。

第三,自主/独立型

自主/独立型的人希望随心所欲安排自己的工作方式、工作习惯和生活方式。追求能施展个人能力的工作环境,最大限度地摆脱组织的限制和制约。他们宁愿放弃提升或工作发展机会,也不愿意放弃自由与独立。

第四,安全/稳定型

安全/稳定型的人追求工作中的安全与稳定感,他们因为能够预测到稳定的将来而感到放松。他们关心财务安全,例如退休金和退休计划。稳定感包括诚实、忠诚以及完成老板交待的工作。尽管有时他们可以达到一个高的职位,但他们并不关心具体的职位和具体的工作内容。

第五，创业型

创业型的人希望用自己能力去创建属于自己的公司或创建完全属于自己的产品（或服务），而且愿意去冒风险，并克服面临的障碍。他们想向世界证明公司是他们靠自己的努力创建的。他们可能正在别人的公司工作，但同时他们在学习并寻找机会。一旦时机成熟了，他们便会走出去创立自己的事业。

第六，服务型

服务型的人一直追求他们认可的核心价值，例如帮助他人，改善人们的安全，通过新的产品消除疾病等。他们一直追寻这种机会，这意味着即使变换公司，他们也不会接受不允许他们实现这种价值的变动或工作提升。

第七，挑战型

挑战型的人喜欢解决看上去无法解决的问题，战胜强硬的对手，克服无法克服的困难障碍等。对他们而言，参加工作或职业的原因是工作允许他们去战胜各种不可能。他们需要新奇、变化和困难，如果事情非常容易，它马上会变得非常令人厌烦。

第八，生活型

生活型的人希望将生活的各个主要方面整合为一个整体，喜欢平衡个人的、家庭的和职业的需要，因此，生活型的人需要一个能够提供"足够弹性"的工作环境来实现这一目标。他们将成功定义得比职业成功更广泛。相对于具体的工作环境、工作内容，生活型的人更关注自己如何生活、在哪里居住、如何处理家庭事情等。

职业锚实际上是内心中个人能力、动机、需要、价值观和态度等相互作用和逐步整合的结果。在实际工作中，通过不断审视自我，逐步明确个人的需要与价值观，明确自己擅长所在及今后发展的重点，最终在潜意识里找到自己长期稳定的职业定位即职业锚。

对于有工作经验的人而言，明确自己的职业锚是职业选择的最佳参考。而对于没有工作经验的人而言，因为不了解各个职位的内涵，所以其职业锚还没有清晰形成。

第二节　职业的宽度

一、个性与就业

在职业环境中，不同的人有不同的职业适应范围，不同的职业对人有不同的要求。一个人的个性会影响到职业的适宜度，某些个性的人会更适合某一行业发展。在严峻的就业形势下，每个人要使个性与职业形成很好的匹配，是比较困难的。

"最适合才最好"，个人的人格与工作环境之间的适配和对应，是职业满意度、职业稳定性和职业成就的基础。大学生首先要进行理智的自我分析，内容包括以下几点：测评自身综合素质、能力，包括学习成绩在全专业年级的排名，自己的兴趣、特长、爱好，自己有何出众的能力（包括潜能等）。分析自己的性格和气质。是喜欢与人打交道，还是喜欢与事情打交道？是喜欢挑战性的工作还是安稳的工作？分析自己在择业过程中具有哪些优势和劣势，该如何扬长避短？分清主次，明确你更看中自身的发展机会还是工作报酬、工作环境或其他方面等（很容易导致择业过程中盲目从众或患得患失，同时也会影响到今后的工作）不妨与父母、老师、同学和朋友谈心，从他们那得到一些对自己的中肯评价和有益的指点。

心理学上说的个性是指个人带有倾向性的、本质的和比较稳定的心理特征（需要、兴趣、能力、气质、性格等的总和）。

（一）需要与职业

心理学认为，需要是生存与发展所必需的事物在人脑中的反映。一方面，没有需要就没有人的一切活动；需要越强烈、越迫切，由它所引起的活动就越有力；另一方面，需要也是在人的活动中不断产生和发展的。

美国心理学家马斯洛首创的需要层次理论：从下到上，生理需要、安全需要、社交需要、被尊重需要、自我实现需要。

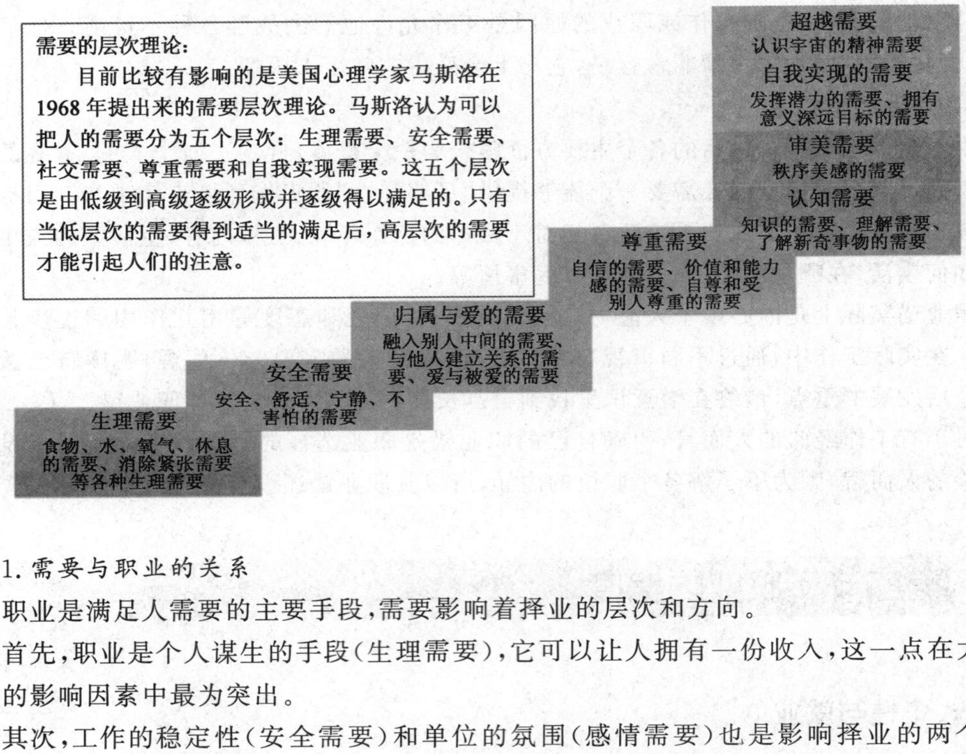

1. 需要与职业的关系

职业是满足人需要的主要手段，需要影响着择业的层次和方向。

首先，职业是个人谋生的手段（生理需要），它可以让人拥有一份收入，这一点在大学生择业的影响因素中最为突出。

其次，工作的稳定性（安全需要）和单位的氛围（感情需要）也是影响择业的两个重要因素。

再次，职业可以让人充分利用所学的知识，发挥自己的能力，挖掘自己的潜能，为社会积累财富、创造价值，从而获得社会地位（尊重需要）和实现自我价值（自我实现需要）。

2. 了解自我的需要

要先结合自身情况明确自己需要的层次和对象。需要的层次是选择的出发点，受到社会、时代、家庭、观念和经济等因素的影响，如金钱、权利、稳定性、职业价值等分别体现了不同层次的需要。之后再进行相应层次具体职业对象的选择。

(二)兴趣与职业

1. 兴趣

兴趣是人认识某种事物或从事某项活动时的心理倾向，有直接和间接之分。在工作过程中，作为正当兴趣两种都是必要的。如果缺乏直接兴趣，会使工作成为一种沉重的负担；如果缺乏间接兴趣，又会丧失工作的目标和恒心。

从事自己感兴趣的职业是迈向成功职业生涯的第一步。一个人对某种职业感兴趣，他在学习和工作中就能全神贯注、积极热情、富有创造性。从职业兴趣的发生和发展来看，一般要经历"关注—偏好—投入"三个过程。

2. 职业兴趣

职业兴趣即对某类职业或工作的积极态度。它是个人成功的推动力。不同的人有不同的职业兴趣，如果能够从事与自己的职业兴趣相符的职业，个体在工作中就能更加积极热情、全神贯注和富有创造力。职业兴趣可以提高人的工作效率；职业兴趣是事业成功的重要因素。

(1)职业兴趣可以提高人的工作效率。有资料表明，如果一个人对某份工作有浓厚的兴趣，他就可能发挥其全部才能的80％～90％，并能长时间地保持高效率而不感到疲劳；反之，如果一个人对某份工作缺乏兴趣，就只能发挥其全部才能的20％～30％，且容易筋疲力尽。

(2)职业兴趣是事业成功的重要因素。郭晶晶是跳水"梦之队"的领军人物，曾多次获得世界冠军，然而，辉煌的背后是一条布满荆棘的成长之路。5 岁开始跳水训练，15 岁首次参加奥运会一无所获，在之后的几年赛事中，她始终与冠军宝座失之交臂。巨大的压力、残酷的现实，并没有让她意志消沉。相反，基于对跳水运动的喜爱，她以坚韧的毅力进行着更为艰苦的训练，最终取得成功。

在学校里被人骂为"低能儿"、"傻瓜"的爱迪生，却在发明王国显示出了杰出的才华；在课堂上"智力平平"的达尔文，在大自然的怀抱里却异常聪明和敏锐。正是兴趣让这些曾被认为"愚笨"的人成了大家眼里的天才。

获得诺贝尔物理学奖的华裔科学家丁肇中说："兴趣比天才重要。"

3. 职业兴趣的测评方法

常见的职业兴趣测评方法有三种：一是行为观察，即通过观察个体参与各种活动时的行为表现来推测其兴趣之所在；二是知识测验，即通过测试个体掌握特定职业特殊词汇和其他信息的情况来推断其兴趣之所在；三是职业兴趣测试，即职业兴趣问卷测验，这是目前职业兴趣测评中最具科学性，也是最常用的方法。

六岛环游游戏：

恭喜你！你获得了一次免费度假游的机会，有机会去下列六个岛屿中的一个。唯一的要求是你必须要在这个岛上待满至少半年的时间。请不要考虑其他因素，仅凭自己的兴趣按一、二、三的顺序挑出你最想前往的 3 个岛屿。

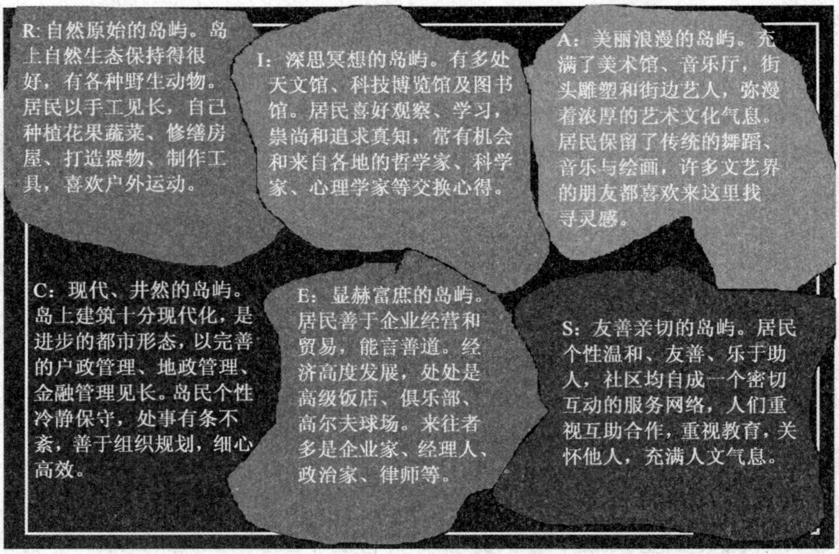

六岛环游游戏是对霍兰德职业兴趣理论的一个简单应用，每一个岛代表霍兰德职业兴趣理论的一个类型。你最想去的 3 个岛反映了你的兴趣和职业倾向(表 8-1)。

表 8-1　劳动者类型与职业类型的对应关系

类型	劳动者	职业
现实型(R)	愿意使用工具从事操作性工作；动手能力强，手脚灵活，动作协调，不善言辞，不善交际。	主要是指各类工程技术工作、农业工作，通常需要一定体力，需要运用工具或操作机器。主要职业有：工程师，技术员，机械操作、维修、安装工人，矿工，木工，电工，鞋匠，一般翻译人员，司机，测绘员，描图员等。
研究型(I)	抽象思维能力强，求知欲强，肯动脑，善思考；喜欢独立的和富有创造性的工作；知识渊博，有才华，不善于领导他人。	主要是指科学研究和科学实验工作，主要职业有：自然科学和社会科学方面的研究人员、专家，化学、冶金、电子、计算机、无线电、电视、飞机等方面的工程师、技术人员、飞机驾驶员、计算机操作员等。
社会型(S)	喜欢为他人服务和教育他人；喜欢参与解决人们共同关心的社会问题；渴望发挥自己的社会作用，体现自身社会价值；看重社会义务和社会道德。	主要是指各种直接为他人服务的工作，如咨询服务、医疗服务、教育服务、生活服务等。主要职业有：教师，保育员，行政人员，心理咨询师，医护人员，衣食住行服务行业的经理、管理人员、服务人员、福利人员等。
事务型(C)	喜欢按计划办事，习惯接受他人的指挥和领导，自己不谋求领导职务；不喜欢冒险和竞争；工作踏实，忠诚可靠，遵守纪律。	主要是指与文件档案、图书资料、统计报表相关的各类科室工作。主要职业有：会计、出纳、统计人员、打字员、办公室人员、秘书、文书、图书管理员、导游、外贸职员、保管员、邮递员、审计人员、人事职员等。
企业型(E)	精力充沛、自信、善交际，具有领导才能；喜欢竞争，敢冒风险，处理事情稳重果断；喜爱权力、地位和物质财富。	主要是指那些组织与影响他人共同完成组织目标的工作。主要职业有：经理、企业家、政府官员、商人、领导者、管理者等。
艺术型(A)	喜欢以各种艺术形式的创作来表现自己的才能，实现自身的价值；具有特殊艺术才能和个性；乐于创造新颖的、与众不同的艺术成果；渴望表现自己的个性。	主要是指各类艺术创作工作。主要职业有：音乐、舞蹈、戏剧等方面的演员、艺术家、编导、教师，文学艺术的评论员，广播节目的主持人、编辑、记者，画家，书法家，摄影家，艺术、家具、时装、珠宝、房屋装饰等行业的设计师等。

(三)能力与职业的匹配

1.能力的含义

能力是顺利、有效地完成某种活动所必须具备的心理条件。能力是和完成某种活动相联系的,能力的发展会受到遗传、环境和教育因素的影响,因此能力的发展会出现个体差异,如智商的高低、能力类型的异同、能力发展的早晚等。能力是不断发展、永不停滞的,所以时时刻刻都要加强对职业所需能力的培养。

能力和智力不能混淆。智力是从事任何活动所必须具备的最基本的心理条件,即认识事物并运用知识解决实际问题的能力。例如,敏锐的视觉是美术创作所必需的但不是音乐创作所必需的,所以它是一种能力;而观察力、记忆力、思维力是从事任何活动都必须具备的,所以它们属于智力范畴,思维力是智力的核心,代表着智力的发展水平。

2.能力的分类

(1)按照能力发展程度分为能力、才能和天才。才能是具备发展某种能力所需要的各种心理条件,例如,具备了音乐能力所需要的心理条件,就可以说有音乐才能。一个人不仅具备了才能,而且能力所需要的各种心理条件达到了完美的结合,又给人类做出了杰出贡献的,叫天才,如莫扎特、贝多芬都是音乐天才。

音乐天才:贝多芬

(2)按照能力的结构分为一般能力和特殊能力。一般能力即平常所说的智力;特殊能力是从事某种专业活动或某种特殊领域活动所表现出来的能力,如音乐能力、数学能力、写作能力等。

(3)按照能力所涉及的领域分为认知能力、操作能力和社交能力。认知能力是获取知识的能力,即智力;操作能力是支配肢体完成某种活动的能力,如体育运动、手工操作能力;社交能力是从事社会交往的能力,如言语表达和感染力、组织管理能力等。

(4)按创造程度分为模仿能力、再造能力和创造能力。模仿能力是仿效他人行为的能力;再造能力是按照现成的模式或程序掌握知识技能的能力;创造能力是不按照现成的模式或程序,独立掌握知识技能、发现新规律、创造新方法的能力。

苹果教父:乔布斯

每个人都具有一种或多种能力组成的能力系统,了解能力的分类,可以更客观、系统地评价自己所具备的各种能力,从而更准确地匹配职业。

3.能力与知识、技能的关系

知识是历史经验的总结和概括。技能是通过练习而获得和巩固,完成活动的动作方式和动作系统。能力是隐性的,知识和技能是外显的。

能力与知识、技能之间有着密不可分的联系。能力是掌握知识技能的前提,没有某种能力难于掌握相关的知识和技能。在掌握知识技能的过程中,能力也会得到发展。

4. 能力与技能的测评

智力测评：智力高的人比智力低的人学得快，做得好；不同职业对人的智力的要求也不尽相同。在智力测评中，我国主要采用的是由韦克斯勒于1955年编制的，在1981年和1997年经过两次修订的韦氏成人智力测验（WAIS－RC）以及联合型瑞文测验（CRT）。

技能测评：对一个人技能技巧的实际水平的测验，而不是潜在可能水平的测验，属于成就测验。测验的方式大多数是作业实例测验，比如SRA听写技巧测验、DAT语言使用测验、明尼苏达工程类类推测验、业务打字测验等。

能力倾向测评：可以判断一个人的能力优势与在某一职业成功发展的可能性。此类测验分为普通能力倾向测验和特殊能力倾向测验。

学习能力测评：是用笔试的方式测评学习能力。例如，升学考试就是一种学习能力的测评，通过考试的人，有能力进入更高层次的学习。

（四）气质与职业的匹配

1. 气质的含义

气质是心理活动表现在强度、速度、稳定性和灵活性等方面的动力性质的心理特征。气质相当于我们日常生活中所说的脾气、秉性或性情。气质是一种相对稳定的自然属性，先天因素起决定性作用，如遗传素质相同或相近的人的气质类型虽不完全相同但是很接近。当然，气质的稳定性也不是绝对的，它也是会发生变化的，人在经历过世事变迁之后，气质也可能会有所改变。

2. 气质的类型

（1）气质的体液说　把人的气质分为四种，即多血质、黏液质、胆汁质和抑郁质（表8-2）。多血质心理特征属于敏捷而好动的类型。胆汁质心理特征属于兴奋而热烈的类型。黏液质又称为安静型。抑郁质的人沉静而羞涩、敏感，精神上难以承受或大或小的神经紧张。

（2）气质的血型说　A型血的人温和老实、消极保守、焦虑多疑、冷静但缺乏果断，富于情感；B型血的人积极进取、灵活好动、善于交际、爱说寡信；O型血的人胆大好胜、自信、热情、意志坚强，爱支配人；AB型的人，其外表像B，内在像A。

表8-2　四种气质类型与职业匹配

类型	工作特点	对应职业
多血质	适合做社交性、文艺性、多样性、要求反应敏捷且均衡的工作，而不太适应做需要细心钻研的工作；可从事广泛的职业	外交人员、管理人员、驾驶员、医生、律师、运动员、新闻记者、冒险家、服务员、侦察员、干警、演员等
胆汁质	适合做反应迅速、动作有力、应激性强、危险性较大、难度较高而费力的工作；不适宜从事稳重、细致的工作	出色的导游员、勘探工作者、推销员、节目主持人、演讲者、外事接待人员等
黏液质	适合做有条不紊、刻板平静、难度较高的工作，不适宜从事剧烈多变的工作	外科医生、法官、管理人员、出纳员、播音员、会计、调解员等
抑郁质	适合做兢兢业业、持久细致的工作，不适宜做要求反应灵敏、处理果断的工作	技术员、打字员、排版工、检查员、登录员、化验员、刺绣工、机要秘书、保管员等

(五)性格与职业的匹配

性格决定命运,一个不好的性格对某个人的职业生涯也许是致命的问题。性格对于职业选择有直接影响,不同性格的人适合不同职业,不同职业需要不同性格的人来从事。

1.性格

是指个人对现实稳定的态度和习惯化的行为方式。主要体现在态度特征、认知特征、意志特征及情绪特征四个方面。在个性心理特征中,性格具有核心意义。而态度又在性格中处于核心地位,它主要指个人在处理各种社会关系方面的性格特征,包括对社会、集体、他人的态度,对工作、学习以及对自己的态度等,决定着个体的行为方式。

2.性格的特征

(1)性格的态度特征　是指一个人如何处理社会各方面的关系的性格特征,即他对社会、集体、工作、劳动、他人及自己的态度的特征。如忠于祖国、热爱集体、认真负责、一丝不苟、谦虚谨慎、乐于助人、善待自己等。

(2)性格的意志特征　是一个人对自己的行为自觉地进行调节的特征。如有远大理想、行动有计划、有团队精神、果断、有耐心、有毅力等。

(3)性格的情绪特征　是一个人的情绪对他活动的影响,以及他对自己情绪的控制能力。

(4)性格的认知特征　是指一个人在认知活动中所表现出来的特征。如独立或依赖、现实感强或爱幻想、深思熟虑或人云亦云、思维精确或思维模糊等。

3.性格的测评方法

量表法:在一个有定量单位和参照点的连续体上把事物的属性表现出来,这个连续体称为量表。性格测验经常采用的量表有荣氏十六型性格量表。

投射法:投射法就是让被测试者通过一定的媒介,建立起自己的想象世界,在无拘束的情景中,显露出其性格特征的一种测试方法。测试中的媒介没有明确的意义,可以是一些没有规则的线条,也可以是一些意义不确定的图片,也可以是一些有头没尾的句子,也可以是一个故事的开头,让被测试者来编故事的结尾;等等。被测试者作出反应时,一定要凭自己的想象力加以填补,使之有意义。在这个过程中,恰好投射出被测试者的思想、情感和经验。

一个简单的性格投射实验:

1	2	3
4	5	6
7	8	9

9个图片代表九种不同的性格,找出其中你最喜欢的一个根据图片的编号查看答案。

选择图 1:无忧无虑,顽皮,愉快的人。
你喜欢自由自在,无拘无束的生活。
你的座右铭是:生命只能活一次,因此你尽量享受每一刻。
你好奇心旺盛,对新事物抱有开放的态度;你向往改变,讨厌束缚。
你觉得身边的环境都不断在变,而且经常为你带来惊喜。
选择图 2:独立,前卫,不受拘束。
你追求自由及不受拘束,自我的生活。
你的工作及消闲活动都与艺术有关。
你对于自由的渴求有时候会使你做出出人意料的事。
你的生活方式极具个人色彩;你永远不会盲目追逐潮流。
相反地,你会根据自己的意思和信念去生活,就算是逆流而上也在所不惜。
选择图 3:时常自我反省,敏感的思想家。
你对于自己及四周的环境能够比一般人控制得更好更彻底。
你讨厌表面化及肤浅的东西;你宁愿独自一人也不愿跟别人闲谈,但你跟朋友的关系却非常深入,这令你的心境保持和谐安逸。
不介意长时间独自一人,而且绝少会觉得沉闷。
选择图 4:务实,头脑清醒,和谐。
你作风自然,喜欢简单的东西。
人们欣赏你脚踏实地,他们觉得你稳重,值得信赖。
你能够给予身边的人安全感,你给人一种亲切,温暖的感觉。
你对于俗气的,花花绿绿的东西都不屑一顾,对时装潮流抱着怀疑的态度。
对于你来说,衣服必须是实用及大方得体的。
选择图 5:专业,实事求是,自信。
你掌管自己的生活,你相信自己的能力多于相信命运的安排。
你以实际,简单的方式去解决问题。
你对日常生活中所遇到的事物抱有现实的看法,并且能够应付自如。
人们知道你可担重任,因此都放心把大量工作交给你处理。
你那坚强的意志使你时刻都充满信心。
未达到自己的目标之前,你绝不罢休。
选择图 6:温和,谨慎,无攻击性。
你生性随和,但处事谨慎。
你很容易认识朋友,但同时享受你的私人时间及独立生活。
有时,你会从人群中抽身而出,一个人静静地思考生活的意义,并自娱一番。
你需要个人的空间,因此有时会隐匿于美梦当中,但你并不是爱孤独的人。
你跟自己及这个世界都能够和睦共处,而你对现状亦非常满意。
选择图 7:具分析力,可靠,自信。
你对事物的灵敏度令你可以发现到旁人忽略了的东西。
这些就是你的宝石,你喜欢发掘这些美好的东西。
你的教养对于你的生活有很特别的影响。

你有自己高雅独特的一套，无视任何时装潮流。

你的理想生活是优雅而愉快的，而你亦希望跟你接触的人们都是高雅而有教养的。

选择图 8：浪漫，爱幻想，情绪化。

你是一个感性的人。你拒绝只从一个严肃、理智的角度去理解事物。

你的感觉亦十分重要。事实上，你觉得人生必须要有梦想才叫活得充实。

你不接受那些轻视浪漫主义及被理智牵着鼻子走的人，而且不会让任何事物影响到你那丰富的感情及情绪。

选择图 9：你不介意冒险，特别喜欢有趣的、多元化的工作。

相比之下，例行公事及惯例会令你没精打采。

你最兴奋的是可以积极参与任何比赛活动，因为这样你就可以在众人面前大显身手了。

二、社会环境和职业选择

职业目标的确定要考虑两方面的因素：一是自身条件，如所学专业、个人的兴趣、特长、性格特点；二是社会环境对职业发展的影响以及对个人发展的影响。而要做到两者的统一，就必须进行认真的分析。

(一)就业区域选择

1. 原则

(1)匹配性原则(与自己喜欢的行业匹配；与自己的能力和素质匹配)　如果你对某一行业有强烈的从业兴趣，应该寻找能实现自身行业发展抱负的地区。

(2)动态性原则(把目光放长远一点，应该多一些选择)　只要职业适合自身发展，可以完全抛弃原有的地域思维定式。

(3)替代性原则(投向经济圈，如长三角、珠三角、京津冀)　与大城市相比，其周边的中小城市，在职业发展机会、生活环境上，某种程度上还更有优势。

(4)长远性原则　可能关注于已经成长的城市，而未看到正在成长或尚未成长的地区。但这些地区往往孕育着更多的成就事业的机会，有着更大的舞台。

2. 大城市和中型城市的简单比较(表 8-3)

表 8-3　大城市和中型城市就业的简单比较

比较项	中型城市	大城市
行业选择机会	由于应聘者较少而可能更容易找到理想的行业	有时必须放弃行业选择
职业发展空间	地区高度重视每个人才的引进政策可能营造更好的发展空间	人才拥挤可能造成人才高消费现象
工作压力	相对较小	工作压力大，生活节奏快
生活舒适度	相对较为舒适	相对更为紧张

3. 介绍我国的三大经济圈

(1)京津冀都市圈　北京、天津、河北省的唐山、秦皇岛、承德、张家口、保定、廊坊、沧州 7 市。

(2)长三角都市经济圈　是我国经济势力最强的地区，全区土地面积占全国 1%，人口占全国6.25%,工业总产值占全国21%。以上海为龙头,包括南京、杭州、苏州、无锡、宁波、舟山、嘉兴、镇江、常州、湖州、绍兴、南通、扬州、泰州、台州等。

(3)珠三角都市经济圈　世界加工厂;广州、珠海、佛山、深圳、江门、中山、惠州、东莞、肇庆等9个市及所辖地区,以占全国0.43%的土地和1.8%的人口创造出占全国9.32%的国内生产总值。

(二)社会分析

社会在进步、在变革,作为即将步入社会的大学生,应该善于把握社会发展脉搏。这就需要对社会大环境进行分析:当前社会、政治、经济发展趋势;社会热点职业门类分布及需求状况;所学专业在社会上的需求形势;自己所选择职业在目前与未来社会中的地位;社会发展对自身发展的影响;自己所选择的单位在未来行业发展中的变化情况,在本行业中的地位、市场占有及发展趋势等。对这些社会发展大趋势问题的清醒认识,有助于把握职业社会需求,使自己的职业选择紧跟时代发展的步伐。

(三)组织分析

这应是个人着重分析的部分,因为组织将是你实现个人抱负的舞台,西方有句关于职业发展的名言:"你选择了一个组织,就是选择了一种生活。"特别是现代组织越来越强调组织文化建设,对员工的适应生存能力要求越来越高。因而应对自己将寄身其中的组织的各个方面进行详细了解。在知己知彼的基础上,只有两者之间拥有较多的共同点,才是个人融入组织的最佳选择。

(四)人际关系分析

个人处于社会庞杂环境中,不可避免地要与各种人打交道,因而分析人际关系状况显得尤为必要。人际关系分析应着眼于以下几个方面:个人职业发展过程中将同哪些人交往,其中哪些人将对自身发展起重要作用;工作中会遇到什么样的上下级、同事及竞争者,对自己会有什么样的影响,如何与他们相处等。

第三节　职业的长度

一、职业生涯的设计与开发

在人生的各个阶段,每位当事人多多少少需要称称自己的"斤两",并分析自己所追求的目标及价值,这一行为,人们称其为"职业生涯设计"。

(一)职业生涯设计的四个环节

职业生涯设计由审视自我、确立目标、生涯策略、生涯评估四个环节组成。

(1)有效的职业生涯设计,必须是在充分认识自身条件与相关环境的基础上进行的。对自我及环境的了解越透彻,越能做好职业生涯设计。

(2)有效的生涯设计需要切实可行的目标,以便排除不必要的犹豫和干扰,全心致力于目标的实现。如果没有切实可行的目标作驱动力的话,就很容易对现状妥协。

(3)有效的生涯设计需要有确实能够执行的生涯策略,这些具体且可行性较强的行动方案策略会帮助其一步步走向成功，实现目标。

(4)有效的生涯设计还要不断地反省且修正生涯目标，反省策略方案是否恰当，以能适应环境的改变，同时可作为下轮生涯设计的参考依据。

(二)确定职业生涯路线

选择了职业发展目标之后，还应该确定达到这一目标的职业生涯路线。表 8-4 是几种典型的职业生涯路线。

表 8-4 几种典型的职业生涯路线

类型	典型特征	成功标准	主要职业领域	典型职业通路
技术型	职业选择时，主要注意力是工作的实际技术或职能内容。即使提升，也不愿到全面管理的位置，而只愿在技术职能区提升。	在本技术区达到最高管理位置，保持自己的技术优势。	工程技术、财务分析、营销、计划、系统分析等。	财务分析员—主管会计—财务部主任—公司财务副总裁
管理型	能在复杂多变的情况下，分析解决问题，善于影响、监督、率领、操纵、控制组织成员能为感情危机所激励，善于使用权力。	管理越来越多的下级，承担的责任越来越大，独立性越来越大。	政府机构、企业组织及其各部门的主要负责人。	工人或职员—生产组长—生产线经理—部门经理—行政副总裁—总裁
稳定型	依赖组织，希望平稳，倾向于按组织要求行事，高度的感情安全，没有太大抱负和风险，考虑退休金。	一种稳定、安全、整合良好的家庭、工作环境。	教师、医生、幕僚、研究人员、勤杂人员	更多的追求职称：助教—讲师—副教授—教授
创造型	要求有自主权、管理才能，能施展自己的特殊才能，喜好冒险，力求新的东西，经常转换职业。	建立或创造某种东西，他们是完全属于自己的杰作。	发明家、风险性投资者、产品开发人员、企业家。	无典型职业通路，极易变换职业或干脆单挑。

(三)制订行动计划

在确定了职业发展路线之后，为了沿着这条职业发展路线达到职业生涯目标，就需要制订行动计划。在行动计划中主要包括通过什么样的途径来发展和提高自己与目标相关的知识与技能。发展和提高的方式和方法是多种多样的，主要有自我学习系统的课程、短期培训、同伴互助学习等。

职业生涯规划按照时间的长短来分类，可分为人生规划、长期规划、中期规划与短期规划四种类型，具体见表 8-5。

表 8-5 职业生涯四种类型及其任务

类型	定义及任务
人生规划	整个职业生涯的规划，时间长至 40 年左右，设定整个人生的发展目标。如规划成为一个有数亿资产的公司董事。
长期规划	5～10 年的规划，主要设定较长远的目标。如规划 30 岁时成为一家中型公司的部门经理，规划 40 岁时成为一家大型公司副总经理等。
中期规划	一般为 2～5 年内的目标与任务。如规划到不同业务部门做经理，规划从大型公司部门经理到小公司做总经理等。
短期规划	2 年以内的规划，主要是确定近期目标，规划近期完成的任务。如对专业知识的学习，2 年内掌握哪些业务知识等。

(四)评估与反馈

在行动的过程中,需要通过不断的评估与反馈来检查与评价行动的效果。在职业发展的过程中,往往需要不断地对职业发展计划进行调整。这种调整可能是调整具体的行动计划,也可能是对职业发展路线的调整,甚至是对职业目标的调整。

二、分步发展

(一)树立分步发展的观念

第一,树立终生学习观。当今社会发展日新月异,知识更新速度加快,大学毕业生如果不在工作中注意更新知识,就难以适应社会发展的需要。原有的"夕阳产业"改组消亡,新兴的"朝阳产业"层出不穷,产业结构的调整同时需要与之相适应的新知识和新型人才。因此,在工作中不断地学习,接受继续教育,吸收新知识,掌握新技术,保持和增强自身的优势,是当代大学毕业生必须面对的课题。

上班族的终生学习,是发展自己最常用的方法。在工作中人们总是在不断地校正自己的目标,不断地为自己"充电"以达到阶段性的目标。随着起点不断抬高,有些决策是需要勇气的。例如,某高校的一位本科毕业生,毕业时被招聘到南方某城市的一国内著名的公司,工资收入很不错,而去年他突然提出辞职,脱产复习考研究生。但按他的话来说就是"磨刀不误砍柴工",他是为了"充电",提高自身素质,为未来发展积蓄更多的"能量"。

第二,正确对待"待业"问题。目前,在毕业生中,待业的人数越来越多。对于这个问题毕业生要正确对待。

(1)不要害怕待业。待业仅仅是大学生跨入社会的一个过程,是暂时的现象,待业并不等于终生失业。大学生要正确对待择业过程中的挫折。据上海市高校毕业生就业指导中心调查,1997 年毕业后待业的毕业生,经过半年或一年的努力,90%以上已经找到工作单位。

(2)要冷静分析待业的原因。待业的原因可能是多方面的,可能是由于学习成绩不好或是在校表现欠佳;可能是就业期望值过高,脱离实际;也可能是身体条件原因;还可能是学的专业"过冷",社会需求不大等。每位毕业生只有在就业时学会以市场去定位,这样才能做到"量体裁衣"。

(3)要尽早结束待业。即要从如下方面着手努力:①要克服依赖思想。在就业问题上,决不要幻想会产生奇迹,而要靠自己推销自己。②要针对自己的待业原因,找出应对措施。如参加再学习或培训等。③要全方位的收集需求信息。包括人才市场或劳动力市场上的就业信息,动员一切社会关系,帮助自己提供就业信息推荐就业单位。④要与学校保持密切联系,取得学校的支持和帮助。⑤可以先找一份临时工作过渡一下。

第三,成功发展需要注意的几个问题:

(1)要有乐趣。做到这一点,既要有情感的投入,也要有信念的强力支持,还得有艺术技巧。①在思想观念上,要视工作为人生的支柱。②改变工作心态和心境,干一行,爱一行;爱一行,专一行;将压力变为自己在工作中不断进取的动力。③培养热爱本职工作的高度热情。④深入挖掘工作中的问题。学习用辩证的观点观察问题、分析问题、解决问题。并把问题的解决当作一种艺术享受,当作一种乐趣。⑤在工作中学会扬长避短,不能因为工作中出现困难而止步不前。

(2)学会科学工作。达尔文说过："我一生的主要乐趣和唯一的职务就是科学工作。"每个人的工作都有很多内容，要使工作有条不紊，就必须学会科学工作。①有计划性。在工作安排上，要按照轻重缓急做周密细致的安排，制定自己长远计划及短期计划，切忌胸中无数。②有组织性。要合理地安排好自己的工作时间及速度，使其紧张而有序，繁多而不琐碎，张弛有度。③有技巧性。要通过不断的探索和总结，深入了解工作的特点和规律，并在把握规律的基础上采用一定的方法和技巧，达到事半功倍的效果，切忌蛮干。④养成良好习惯。习惯是影响成功的要素之一，应利用习惯来增加工作效率。良好的工作习惯包括：准时——不浪费光阴；恒心——工作始终如一；果断——不错失良机；主动——不怠慢懒惰；迅捷——快捷而有力；勤奋——不断加强学习。

(3)要充分发挥个人的能力、潜力和创造力。能力是人适应生活和创造生活的一种手段，是知识的一种转化物，是人们创造财富的一种源泉。生理学和人类学表明，每个人都有一部分自己并不晓得的潜力，能做一些自己都意想不到的事情。在工作中，应利用自己所学的专业知识和掌握的专业技能，充分挖掘自己的潜能，发挥自己的创造力。只有这样，才能创造性地开展工作，开创工作的新局面，从而实现自己的人生价值。

(4)要协调好人际关系。良好的人际关系可以帮助你在事业上取得成功，更好地实现自己的人生价值。不好的人际关系则会使你萎靡不振，工作消极。

(二)在顺境和逆境中如何发展

1. 顺境中的发展

所谓顺境，就是在职业生涯中因个人特点与职业环境相吻合而具有的工作情景。顺境和逆境是辩证关系，是一个互逆的动态过程。也就是说，随着环境和时间等条件的变化，顺境可能转变为逆境，反之亦然。作为毕业生，应做到：在逆境时振作精神，奋力拼搏，并积极寻找新的突破口；在顺境时认真分析自己仍然存在的潜在不足，并抱着积极的态度努力挖掘改造。切忌妄自菲薄，夜郎自大。同时要注意以下几个问题的出现：

(1)自以为是，目中无人。在人生道路中，由于一切都太顺利了，比如从小学一直上到大学，没有落过榜，就很有可能瞧不起那些留过级、落过榜的人；因其行为从来没有受到过检验或者挑战，常把错误的东西当成正确的东西来对待，往往听不进别人善意的劝告，总以为自己的想法是正确的。

(2)喜好奉承。因为在学业、事业上一直很顺利，也就很少有人指出其身上的缺点和不足。特别是一些当了一官半职的人，总认为自己能一路升迁，是由于自己的能力和有众多的人拥护。因而他们喜好奉承，听不进不对自己心思的话。这样使其最终在奉承中迷失了方向。

(3)忧患意识差。人无远虑，必有近忧。由于其生活道路一直很顺利，自己的一切来得容易，因而很难体验到身处逆境的人所体验到的那种艰难感。从而也不会做太多的"假如明天我失业了"等这样的假设，更不会为这些假设作素质上的准备。

(4)缺乏同情心。一个人如果长期生活在优越的生活环境之中，或者他所追求的一切都是那么顺利地得到了，那么就很少体验到饥饿、挨冻是什么滋味，考大学不被录取是什么心情。正因为他们缺少这种体验，所以对别人的挨饿、受冻，对别人遭受的歧视和人生打击，就很难在心灵上产生共鸣。

(5)难以自律。“水往低处流，人往高处走。”这话本来不错，可对于一些在人生路上没有受过多大挫折、经过多大打击的人，想得更多的是发更大的财，当更大的官。这些人往往会因为顺利而忘记了发财和升官应该遵循的原则。

(6)满足现状，不思进取。把一时的顺利看成一生的顺利，这样容易消磨创新的意志。在顺境中常想到逆境的人，才能使其在顺境中增长，在逆境中不乱。

2.逆境中奋起

(1)保持一个正常的心态。人的一生不可能是一帆风顺，逆境往往对人的锻炼更大。由于人在逆境中心情一般不好，所以处在逆境中的人一定要保持一个正常的心态，这样才能正确地分析、处理问题。切不可造成一种偏激或灰心丧气的心态，这对走出困境是十分不利的。

(2)认真思考。人不可能不犯错误，危险的是重复地去犯错误。不管是谁给自己造成目前的这种不利的处境，摆脱困境却是最主要的。反思是摆脱困境需要做的第一步。要科学地审视问题，找出问题的原因和解决的方案。

(3)如何对待“跳槽”。从个人来说，“人往高处走”是人之常情，人们都想通过跳槽谋得一个理想的工作岗位。但跳槽也有学问，跳槽应小心稳重，切莫轻率。轻率会后悔，弄得不好就可能会经济受损失，心理受压力，事业受挫折，眼前直接的麻烦是招致失业。一般来说，跳槽的原因是复杂的，但大概可归纳为如下情况。

专业不对口，用非所学，用非所长。不少毕业生是因找工作难，就可能先找了一份与专业不大相关的岗位来干。当有专业对口的岗位在向自己召唤，跳槽是自然之事。

人际关系不顺畅。因与领导、同事发生了较大的矛盾，且不易消除，跳槽则可为自己创造建立新的和谐人际关系的可能性。

解决家庭困难。因夫妻分居，或要照顾老人。

工作压力太大，超负荷运转。虽然工资较高，但其负荷超过自己身体的承受能力而“顶不住”。

寻求更好的个人发展。原单位各方面情况均不错，但似乎还不能充分发挥自己的作用，还有更大的潜力可挖。人们常说“流水不腐，户枢不蠹”“树挪死，人挪活”，相当多的人是通过流动而“增值”的。

(三)“跳槽”时要避免的问题

(1)只因工资比原单位稍高一点，就贸然辞职走人。如果新单位并不适合自己发展，或工时长，心理压力大，实际上也是得失相当或得不偿失。为此，首先要看清现单位及新单位的情况，看它有无发展前途。

(2)与领导、同事闹意见就赌气一走了之，以至一段时间里并未找到工作，或只能找到不理想的工作。其不可取在于此决策并非出自理智而是感情用事。

(3)见异思迁。总希望得到工作舒服而工资优厚的单位，因此一次次跳槽，也一次次地失望。要知道好的待遇都不可能白给，它必须建立在一定的实力及相应的付出的基础之上。凡待遇好的单位，慕名的人自然不少，竞争也一定很激烈。所以，跳槽的关键是要看自己的能力，要从自己的实际出发，不可轻率从事。

(4)盲目随大流。有的人看见本单位有些人跳槽出去或者有的单位有不少人跳槽进去，很是羡慕，觉得这些人很有本事，也很“时髦”，而且觉得那么多人都这样跳，大概错不了。因此，也就盲目随大流地跳来跳去。其实，各人有各人的实际情况，对别人合适的，对自己不一定合适。要懂得只有自己掌握自己的命运，才能立于不败之地。

需要指出的是，盲目的“跳槽”，往往适得其反。“跳槽”到一家新单位，一切都要从头开始。从开始熟悉新工作，建立新的人际关系，都要花费很多的精力和时间去做重复的工作，这也是一种浪费。而且，用人单位对“跳槽”次数多的人往往印象不佳。在没有充分了解之前，用人单位是不会把一些重要的、核心的工作交给你，这就使你丧失了很多机遇。

当然，并不是所有的跳槽都是合情合理的，这就需要跳槽者要注意遵守国家有关毕业生服务期的规定和用人单位签订的协议、劳动合同，正确处理国家、集体、个人三者的利益关系，正确处理工资、住房等待遇与事业发展的关系，这样才会有无悔的重新选择，才会有职业生涯发展的成功。

(四)岗位成才与自主创业

1.岗位成才

(1)珍惜每一份工作。要选择一个自己喜爱的工作来做。社会的发展，给人们提供了越来越多的自由选择职业的机会。你可以通过众多的渠道来寻找一份适合自己的工作，并且要珍惜自己的选择，要忠于职守，努力工作，在工作中不断培养自己的兴趣，尽力把工作做好。

(2)宝贵的工作经验，难得的资历。第一份工作可以给你很实际的工作经验，为你职业生涯的开发打下基础。假如你的工作是按部就班，重复单调的，则可以使你体会到就业的气氛，锻炼你的耐性；假如你的工作是富有挑战性的，则可以使你感受到竞争的气氛，锻炼你应变的能力。

资历往往能发挥意想不到的作用。如果你曾在比较著名的机关、公司工作过，那么这对你无疑是一次宝贵的经历。别人会认为你受过训练或工作经验比较丰富。即使你尚未有那辉煌的经历，你在第一份工作所获得的工作经验，也会使你今后更易找到工作，招聘不是经常注明“熟手”“有经验者”优先录用吗？

(3)注重知识的转化。在校期间主要是书本和理论上的学习，而企业所需要的是解决实际问题的能力。怎样用自己所学的理论去指导自己的实践，完成这一关键的转化是每个大学毕业生应该认真思考的问题。首先是思维方式的转变，实际中的问题可能比理论的问题形象得多、复杂得多，它可能涉及的不只是一门学科就能解决的，所以需要综合地去看问题和解决问题；其次要注意实践经验的积累，加强感性认识，避免“纸上谈兵”。

(4)重视岗位培训。公司对新录用的职员一般都要进行一番培训，这也许是你第一份工作所获得的最重要的东西。学历是需要的，因为那是你知识水平的一个标志。但是学历并不能完全代表你的能力，因为你要胜任现在的工作，还必须有你在这个职位上所需要的知识。

2.自主创业

自主创业是近年来逐步兴起的大学生创业风潮的一种创业模式。所谓自主创业就是大学毕业生不向社会寻求工作，而是自己创立公司、开办企业等个人色彩较浓、个体性行为较强的创业活动。

自主创业不仅要求毕业生能结合专业特长，根据市场前景和社会需要搞出自己的创新成果，而且要直接面向市场，面向社会，把研究成果转化为产业，创造出可观的经济效益。它也包括那些发现市场商机，抓住机遇创办自己的经济实体，以商业经营创造出社会价值的行为。自主创业使大学毕业生由知识的拥有者变成直接为社会创造价值、做出贡献的创业者。

(1)尽量涉及自己熟悉的专业。俗话说“隔行如隔山”，毕业生在自主创业的选项上首先要考虑自己所学的专业和自己的知识结构，做到知己知彼，这样可避免很多的弯路，缩短自己成功的距离。

(2)选择市场对路的产品和朝阳行业。在当今市场经济条件下，市场是最终的检验官，产品没有销路，企业就面临着亏损和倒闭，所以市场调查是必须重点对待的，这对你的决策将起到关键的作用。涉及的是朝阳产业还是夕阳产业，这对一个公司、企业有着战略的意义。因为朝阳产业将对今后企业的发展扩大提供良好的环境和外界发展空间。

(3)量力而行。毕业生刚步入社会，人力、财力及社会各种关系都有限，切不可贪大求洋，脱离实际，要有从小做起的准备，一方面资金有一个积累的过程，另一方面也可以积累一些经验。另外要注意克服从众心理，应在人弃我取上多想些办法。

附录　高校心理委员工作手册

第一章　心理委员职能描述与工作要求

为了加强辅导员、心理健康教育老师与学生之间的交流，及时把握学生心理健康状况，更好地对校园心理危机事件进行预防和干预，充分发挥朋辈教育的作用，各高校相继发布了《关于设立班级学生心理委员的通知》，旨在通过心理委员的纽带作用，协助老师开展心理健康教育工作，增强高校学生的心理健康意识。

一、心理委员工作管理体系及职位描述

心理委员是一个直接与同学实行心灵互动的职位，在学校心理咨询中心老师、学院心理健康教育老师和校（院）团委分管心理健康教育工作的教师的共同组织、指导下，开展班级心理健康教育工作。

此职位首先要求具有“助人、奉献、热情、主动”的基本特质。“助人”就是要求心理委员能够做到乐于帮助其他同学，特别是从心理上去关心帮助其他同学，这是对心理委员的第一要求，也是对心理委员的最基本要求；“奉献”就是要求心理委员具有无私奉献的精神；“热情”就是要求心理委员能够满腔热情地投入到关心帮助同学的工作之中；“主动”就是要求心理委员能够发自内心地去自觉观察周围同学，主动体察同学的情感变化。

心理委员的甄选条件：

(1)心理健康状况良好，乐观开朗。

(2)对心理学知识有兴趣，关注心理健康。

(3)热心集体事务，做事踏实认真，人际关系良好。

(4)善于与人沟通，具有良好的语言能力和组织能力。

(5)任职至少一年。

二、心理委员工作职责

1. 定期汇报本班学生心理动态

各班心理委员应定期向院（校）心理健康部门汇报大学生心理健康动态，全面、真实地反映自己所观察到的班级心理健康状况，及时汇报同学中出现的心理问题。对于紧急或突发的心理危机事件，心理委员应立即告知辅导员或学院心理健康教育老师或心理咨询中心老师，并配合予以处理。

2. 力所能及地承担班内的心理疏导工作

对于班内需要心理帮助的同学，心理委员应主动与之沟通，在自己的干预能力之内展开一定的疏导工作，当发现自己无力胜任时，要及时转介给辅导员或心理健康教育老师，以免贻误干预时机。

3. 定期开展班级心理健康教育活动

心理委员根据学校提出的心理健康教育主题（如时间管理、情绪管理、职业生涯规划、生命教育、象牙塔里的爱情、网络伴我健康成长等）并结合本班实际情况每学期在班内（或两个班级合作）开展 1 次主题班会或素质拓展培训，以普及心理健康知识，增进同学间的交流和自我成长。同时，积极利用学院宣传栏在本院学生公寓开展日常心理健康知识普及教育。

4. 协助老师开展心理健康教育相关课程或活动

心理委员应在各学院心理健康部的组织下积极协助学院心理健康教育老师开展新生团体辅导课、心理普查及建档、"5.25"心理健康日、"10.10"世界精神卫生日、心理情景剧大赛等一系列与心理健康教育相关的课程或活动，配合完成其他心理健康教育日常事务。

三、心理委员的专业成长

1. 每学年由学校心理咨询中心老师对全校新发展的心理委员开展统一的专业成长讲座（内容涉及大学生心理健康教育的相关文件和规定、我校大学生心理健康教育概况、大学生心理健康的基本知识、大学生常见心理问题及应对、心理咨询的基本技术等）并发放相关知识读本，以帮助心理委员具备一定的专业技能。

2. 每学期各学院由学院心理健康教育老师牵头安排至少 3 次心理沙龙活动，针对同学中出现的主要问题进行探讨，收集解决意见。同时，在沙龙中通过电影、互动游戏、专题讨论等形式帮助心理委员舒缓压力，获得自我成长。

四、心理委员的工作考核

为了让各班心理委员充分了解自己的职责，调动心理委员的工作积极性，更好地为班上同学服务，各学院心理健康部将根据各班心理委员沙龙活动的出勤情况、心理委员月报表的提交及对其他各项工作的完成情况给予相应的评分，考核情况将作为学期及年度评优的参考。对于任期结束且考核合格的心理委员将由心理咨询中心颁发"心理委员结业证"，对考核优秀的同学，颁发优秀心理委员证书，以对心理委员的专业知识和工作成效予以认可。

第二章　心理委员应具备的知识

一、大学生心理健康的标准

1. 智能良好

(1)两个精神：科学、人文。

(2)四种能力：发现、认识、分析、解决。

2. 善于协调和控制自己的情感

情绪的处理：合理宣泄、转变观念。

3. 具有良好的意志品质

(1)目的：目的要合理。

(2)过程：调整期望值和心态。

(3)个性：坚强、自觉、果断、自制。

4. 人际关系和谐

(1)相对稳定、相对广泛的人际交流圈。

(2)独立思考、保持一个独自完整的自我。

(3)积极主动、坦诚。

(4)宽以待人。

5. 能动地适应和改造环境

(1)先适应、后改造。

(2)适应是绝对的、改造是相对的。

6. 正确的自我评价

(1)恰如其分地认识自己。

(2)自尊、自强、自制、自爱适度。

(3)面对挫折与困境，能够自我悦纳。

(4)正视现实，积极进取。

7. 要保证人格的完整和健康

(1)构成要素要完整：认知、情感、意志。

(2)人格的统一：不分裂。

(3)积极进取的人生观。

8. 心理年龄和生理年龄要适应

二、常见心理问题的识别

在大学生中，“常见心理问题”是各班心理委员应该关注的两项重要内容之一。

面对同学产生的“常见心理问题”，心理委员应选择适当时机及时建议有关同学接受校心理咨询中心与校精神门诊的专业老师的咨询与治疗。

大学生“常见心理问题”内容如下。

(一)躯体化

躯体化，通常是指无病因的身体疼痛或疲劳症状，又称为“躯体化障碍”。当人们内心存在情绪障碍时，会因此倍感焦愁不安而难以解脱。这种内在的压力长期得不到适当的释放，就很有可能转化为外在的躯体症状表现出来，出现一系列的病痛与不适。这种焦躁和压抑越重，身体上的反应也就越明显，而一旦在精神上得以解脱，身体上的不适也就不治而愈了。“躯体化”表现不可小视，原因在于这种精神压力如果无法解脱而长期存在，则极有转化为器质性病变的危险和可能，一旦病灶形成，病况就会急转直下，甚至危及生命。

(二)焦虑

焦虑，即焦虑性神经症(或简称焦虑症或焦虑障碍)，它是以焦虑为主要特征的神经症。

表现为没有事实根据也无明确客观对象和具体观念内容的提心吊胆和恐惧不安的心情，同时还有植物神经症状和肌肉紧张以及运动性不安。焦虑症分为惊恐障碍和广泛性焦虑两种形式。

广泛性焦虑症的症状特点：经常或持续的、无明确对象或固定内容的紧张不安，或对现实生活中某些问题过分担心或烦恼，而且这种紧张不安、担心或烦恼与现实不相称，常伴有植物神经功能亢进（如心跳加快、头晕、多汗等），运动性紧张（如搓手顿足、不能静坐、面肌或手指震颤）和过分警惕。广泛性焦虑症又称为慢性焦虑症。

惊恐发作的症状特点：反复出现强烈的惊恐状态，伴濒死感或失控感，并有严重的植物神经症状。

（三）抑郁

抑郁症是一类以心境（情绪）低落为主要表现的心理障碍。

抑郁症的特点：一般说来，抑郁症具有"懒、呆、变、忧、虑"五大临床特点，即"五 D 征"。而且症状符合得越多，诊断的正确率越高。如果这"五 D 征"再加上有顽固性长期失眠则对抑郁症确诊的符合率更高。下面对上述五大临床特点进一步解释如下：

"懒"——无原因地突然变得疲乏无力，自觉懒散无能，甚至连简单的日常生活、工作、学习、作业或做家务亦懒于应付；"呆"——精神活动异常迟钝，但是绝大多数患者从外表看来无异常表现，患病后通常动作减少，行为不敏、思维迟钝、构思困难、记忆力下降、注意力难以集中、理解力和脑功能明显减退；"变"——患抑郁症后，性格明显改变，前后判若两人，自我感觉很差，精力、体力和脑力大不如以前，一位一向外向乐观合群的人，逐渐变得沉默寡言，不爱说笑，见人避开；"忧"——情绪低下，忧郁悲观，意志消沉、无信心、无活力、无愉快感。有万念俱灰之感，心情压抑、沮丧、忧愁，说不完的苦闷，对外界一切事物都缺乏兴趣；"虑"——多思多虑、焦虑不安、一筹莫展、自责自卑，可有惶恐不宁、坐立不安等表现。

抑郁症的特点还在一定程度上表现在生理变化方面，如胃口不好、体重下降、失眠或睡眠过度、腰酸背痛等身体不适。

（四）自卑

自卑是一种因过多地自我否定而产生的自惭形秽的情绪体验。自卑感人人都有，只有当自卑达到一定程度，影响到学习和工作的正常进行时，才归之为心理疾病。在人际交往中，主要表现为对自己的能力、品质等自身因素评价过低；心理承受力脆弱、经不起较强的刺激、谨小慎微、多愁善感、常产生疑忌心理；行为畏缩、瞻前顾后等问题。

（五）社交退缩

社交退缩，主要指个体在社会交往过程中对社交对象或社交场合的恐惧畏缩，不敢与他人接触交往，并由此使自己正常的日常社会交往活动都不能顺利进行，属于社会交往方面的障碍之一。

社交退缩行为的形成与个体的人格特质、成长环境（包括家庭教育）以及社交挫折经历等有关。

（六）社交攻击

社交攻击，主要指个体在社会交往过程中对他人进行语言方面的诋毁或行为上的伤害，同时使自身与周围人群的人际关系恶化，属于社会交往方面的障碍之一。

(七)性心理障碍

性心理障碍包括:一是性别认同障碍或性身份障碍,即性别转换症,他们自我意识的性别或心理性别与其生物学性别恰恰相反,于是强烈要求医生为其改变身体的性别,否则具有强烈的自杀或自残倾向。二是性取向障碍,即同性恋。由于大多数同性恋者具有良好的自我协调能力,他们不承认自己有病或有错,所以也不会求医和求助。只有少数同性恋者痛恨自己的行为,但又缺乏自我协调能力,于是处于严重的自责与心理冲突之中,在社会舆论的谴责或压力之下具有求治愿望。三是性偏好障碍,也就是性欲倒错,主要表现为性对象异常和性满足方式异常,包括露阴症、窥淫症、挨擦症、恋物症等十余种变态的性行为。他们的问题不在于其性偏好偏离正常有多远,而在于缺乏正常的性追求和性行为方式。

性心理障碍过去认为是病态人格中的一种类型,所以叫性病态人格或性变态。事实上,许多性心理障碍病人并没有突出的人格障碍,除了单一的性心理障碍表现出来的与一般人的性行为不相同之外,并没有其他的人格缺陷,因此目前都一致叫作性心理障碍。性心理障碍的共同特点是:病人产生性兴奋、性冲动及性行为的对象和一般常人不一样。他们对一般常人不引起性兴奋的某些物体或情境,如对女人用过的内衣、手帕等,产生强烈的性兴奋,而对正常的性行为方式有不同程度的干扰或减低。

(八)偏执

偏执,常指偏执型人格或妄想型人格。其行为特点常常表现为:极度的感觉过敏,对侮辱和伤害耿耿于怀;思想行为固执死板,敏感多疑、心胸狭隘;爱嫉妒,对别人获得成就或荣誉感到紧张不安,妒火中烧,不是寻衅争吵,就是在背后说风凉话,或公开抱怨和指责别人;自以为是,自命不凡,对自己的能力估计过高,惯于把失败和责任归咎于他人,在工作和学习上往往言过其实;同时又很自卑,总是过多过高地要求别人,但从来不信任别人的动机和愿望,认为别人存心不良;不能正确、客观地分析形势,遇到问题易从个人感情出发,主观片面性大;如果建立家庭,常怀疑自己的配偶不忠等。持这种人格的人在家不能和睦相处。

(九)强迫

强迫,又称为强迫障碍,它是以反复出现强迫观念或强迫行为为基本特征的一类比较常见的心理疾病。强迫症患者往往还存在社会功能损害,学习和职业能力受到影响,生活质量下降。这些都使得患者痛苦不堪。

强迫观念是指反复进入患者意识领域的而且是没有现实意义的、不需要的或多余的思想、表象、情绪或意象,患者很想摆脱,但又无能为力,因而感到十分苦恼。主要表现为强迫计数、强迫怀疑、强迫回忆、强迫联想等。强迫行为则是指反复出现的、刻板的仪式动作,患者明知不合理,但又不得不做,以强迫检查、强迫清洗等最为常见。

强迫症有三个最主要的特点:一是主观上受强迫的体验;二是患者认为自己的强迫思维或强迫行为没有意义,主观上感到必须加以意识的抵抗并实施抵抗行为;三是有症状自知力,因强迫与抵抗强迫之间的强烈冲突而痛苦,所以寻求治疗。概括起来,就是自我强迫与反强迫同时存在,冲突导致焦虑和痛苦而求医。

(十)依赖

依赖主要包括药物依赖、酒精依赖、情感依赖、互联网依赖等。表现为依赖障碍者与其依赖人格有很大关系。而依赖人格是指人习惯性地过分依赖他人,没有决断的想法和行为。

其中情感依赖是依赖人格中很常见的一类，它主要是指对伴侣或配偶的依赖。有依赖人格的人，不会也不知道如何处理自己生活中遇到的问题，而是习惯于让别人替自己做主。

(十一)冲动

冲动障碍又称为冲动控制障碍。它是一类不受自我控制而要进行某些行为的心理障碍，这些行为通常为社会规范所不允许或对自己与他人造成伤害。具有这种障碍的人，在行动之前常会感到压力、激动与亢奋，在行动时会感到快乐、满足与放松，而事后却可能多少有罪恶感与抑郁情绪。

(十二)精神病倾向

精神病可以分为多种多样，其中精神分裂症是一种较常见的精神疾病，此病的病因尚未完全阐明，它常有特殊的(怪怪的)思维、知觉、情感和行为等多方面的障碍和精神活动与环境的不协调。该病临床症状十分复杂和多样。常见的如思维怪异、情感淡漠、活动减少、退缩、幻觉(如听到实际不存在的声音)、妄想(如坚信某人要害自己)等，病人大多数自知力缺乏(不承认自己有病)。

三、应急心理问题的识别

在大学生中，"应急心理问题"是各班心理委员应该关注的两项重要内容之一。

就心理委员而言，及时处理好"应急心理问题"比处理好"常见心理问题"更加重要。心理委员面对应急心理问题，应及时向所在学院的心理健康教育老师或校心理咨询中心的危机干预热线汇报。

应急心理问题的主要类型可以分为自杀行为、暴力行为和其他心理疾病的急性发作。

(一)自杀行为的特点

自杀行为是指"有意或故意伤害自己生命的行为"。根据其严重程度可以分为三类：一是自杀意念，指有寻死的愿望，但没有采取任何行动；二是自杀未遂，有自杀寻死的愿望，并采取了行动，但没有导致死亡；三是自杀死亡，指采取了有意自我毁灭的行为，并导致死亡。自杀是有一个过程的，从产生厌世的心理到有自杀的念头，再到自杀的计划安排，最后才是自杀的实施。

对于自杀行为的识别可以从个体的自杀原因、自杀者的心理特征等方面进行把握。

造成大学生自杀的原因很多，如竞争失败、考试不及格、被迫降级或休退学、人际关系紧张、恋爱受挫、心灵空虚、压力太大、亲属或朋友意外伤亡、个人生活遭受不幸、自己突然被诊断患有严重疾病或被意外侮辱等。心理委员和心理辅导员应加强对在生活中遭遇上述突发事件的同学的观察和了解，尽量减少恶性事件的发生。

另外对自杀者的心理特点也应做适当了解，自杀者的心理特点为：①对全社会、特别是对周围人群抱有深刻的敌意，习惯于从阴暗面看问题；②缺乏判断力，犹豫不决，毫无主见；③从思想和情感上与社会隔离开来，社会交往极少；④认识偏激，采取非此即彼和以偏概全的思维方式，看不到解决问题的多种途径；⑤行为具有冲动性，情绪不成熟、神经质。

(二)暴力行为的特点

大学生暴力行为的主要表现为：口出秽言、羞辱或谩骂同学，用言语威胁、恐吓同学或师长，经常欺侮弱势同学，用暴力解决问题，徒手或持械打人，故意破坏他人物品或破坏学校公物等。特别地，心理委员们还应该密切注意大学生的语言暴力，语言暴力就是指诉诸口头或书面语言的暴力行为，它是指施暴者在生活中，直接或间接地对他人使用谩骂、诋毁、蔑视、嘲笑等侮辱歧视性语言，它会致使对方的人格尊严、精神和心理健康遭到侵犯和损害，语言暴力还会使被攻击者终日神经紧张，提心吊胆，挫伤进取心，养成怯弱无能、胆小自卑的性格，对人格尊严、心理健康产生不可磨灭的影响，造成严重的对立情绪，丧失生活勇气，引发厌世、逃避、违法犯罪、自杀等严重恶果。

大学生暴力行为的主要原因为：宣泄不满的情绪，恶意的报复，崇拜暴力抗拒权威的心理等。患有诸如偏执型精神分裂症、反社会型人格障碍等心理疾病的个体也容易出现暴力行为。

（三）其他心理疾病急性发作的特点

1.幻觉

外界不存在某种事物而感知到这种事物，这种虚幻的知觉叫作幻觉。幻觉在各个感官都可出现，如幻听、幻视、幻嗅、幻味、幻触及内感受器幻觉等。反复出现的幻觉肯定是病理现象。在精神分裂症中，幻听较多见。遇到这种现象，心理委员要立即向校心理咨询中心的危机干预热线反映。

2.妄想

妄想是一种在病理基础上产生的歪曲的信念，发生在意识清晰的情况下，是病态推理和判断的结果。妄想还可以划分为关系妄想、被害妄想与影响妄想等。患者把和他无关的事物和现象看作和他有关的，叫作关系妄想；患者毫无根据地认为某些人或某个组织在打击他、陷害他，甚至要置他于死地，称为被害妄想；患者感到自己的心理活动受外力控制、干扰和操纵，或感到有一种外力刺激他的身体使他痛苦、不适，内容多是被害性质的。称为影响妄想。妄想的具体特点是：①所产生的信念无事实根据，但患者坚信不疑，不能以亲身经历所纠正，也不能为事实所说服；②妄想内容与切身利益、个人需要和安全密切相关；③妄想具有个人特征，不同于集体所共有的信念；④妄想内容受个人经历和时代背景的影响，患者的妄想内容带有浓厚的文化背景和时代色彩。

3.躁狂

躁狂，又称为躁狂症或躁狂障碍，属于心境障碍中的一种，躁狂症的表现特点为：心境高涨、思维奔逸、精神运动性兴奋，即所谓的三高症状，有时会出现易激惹、自负自傲、行为莽撞，这些症状表现持续一周以上，考虑为躁狂发作。

4.精神分裂症

精神分裂症是以基本人格改变，思维、情感、行为各行其是，精神活动与环境不协调为主要特征的一类常见的精神病，一般无意识障碍和智能障碍。精神分裂症的临床表现为：早期表现为生活懒散、孤僻、学习和工作效率降低或伴有头痛、头晕、乏力、失眠等，常被误认为是思想问题而不予重视。中晚期出现表情淡漠、思维联想、逻辑性障碍，思想和言论前后矛盾、妄想、自我、固执、嫉妒、情感淡漠、无动于衷、不言不动、不吃不喝或急躁、喜怒无常、胡言乱语、幻觉、幻听、幻想、甚至出现六亲不认、做出不知羞耻或违法的行为等。

精神分裂症的症状复杂多样。早期症状与起病形式（急性、亚急性或慢性）有关。临床上以缓慢起病者最为多见。早期症状多为性格改变及类似神经症症状，如性格反常、生活懒散、不遵守纪律、好无端发脾气、敏感、多疑、自语、自笑或无原因的恐惧。部分病人表现为头痛、失眠、情绪不稳、学习工作能力下降等。精神分裂症的症状可分为两大类:特征性症状和其他常见症状。特征性症状可表现为思维缺乏连贯性和逻辑性;其他常见症状主要有言语性幻听、感知综合障碍和妄想。前者反映了"精神分裂"的特征,后者也可见于其他功能性或器质性的精神病。急性发作时还会突然表现出怪异行为,如随地大小便、自言自语、怀疑他人陷害自己、对他人破口大骂甚至以过分手段打击报复同学等。当出现类似上述表现时,心理委员应及时按规定程序上报,以便及时进行干预。

5.惊恐障碍

惊恐障碍是一种精神疾病。表现为反复出现且无法预料的惊恐发作。发作时病人体验着强烈的恐惧和身体的极度难受。

以下症状中存在4种以上就可以被诊断为惊恐发作:

心悸、心跳猛烈或心跳过速

出汗

震颤或发抖

感觉气短或有窒息感

感觉咽喉部有阻塞感

胸痛或胸部难受

恶心或腹部不适

头晕、感到站不稳或坐不稳,头部发飘,晕倒

有不真实感或害怕会发疯

感到自我失控或害怕会发疯

身体各处感觉异常,如发麻、蚁爬感、针刺感等

寒战或潮热感

惊恐发作可以发生于任何焦虑障碍,因此又可称为急性焦虑症。

心理委员在对同学应急心理问题进行观察时,可以从上述大学生常见突发性心理障碍的一些主要症状表现入手,上面简要列举了"幻觉"、"妄想"、"躁狂"、"精神分裂症"与"惊恐障碍"等的症状表现,这些症状表现仅供各位心理委员在正确识别"应急心理问题"时参考。

四、同辈咨询技能——有效沟通的技巧

1.集中注意力

做一个优秀的倾听者,听清对方所说的每一句话,保持轻松的目光交流,使用合适的面部表情与肢体语言。

2.理解

仔细思考并总结别人所说的以表示你对其的理解。

3.给予鼓励或同情

承认感受。这表明你在倾听并理解来访者,比如"你听起来很不安。"

4.收集信息

鼓励来访者谈论他们自己。

使用一些开放性的问题。如你为什么对那位教授感到生气。问题以"怎么样","为什么","什么时候","谁"开头以鼓励进一步的回答。

问题以“是不是”,“会不会”开始则只能得到“是”与“否”的回答,而无法有进一步的描述与反应。

5. 不要轻下判断

对来访者的行为不要表示赞成或不赞成。

对来访者所说的不要批评或评判。

6. 寻求多个解决方案

不要太快提供解决办法或建议。

针对问题与情况,与来访者合作共同确定三个可选办法或者行动方案。

7. 提供精确的信息

提供你确实知道的信息。如果你不知道这个问题的答案,就老实地承认,并表明一旦你知道了正确的信息,你会及时与来访者联系。

8. 跟进

适时跟进来访者,在对方需要时给予一定的帮助。

五、同辈咨询技能——积极倾听的技巧

倾听是一个主动的过程。不管你是否运用各种咨询的技术,首先必须全神贯注地投入到谈话的过程中去。倾听并不是仅仅坐在那里听来访者诉说,积极的倾听要求你全身心地投入,并帮助来访者扩充和丰富他们的讲述。需要你能听出求助者的想法、情感和行为中发生的微妙的变化,这就要求你对来访者的思路了如指掌。所以说,积极的倾听需要全身心的投入,咨询者应该利用积极倾听的技巧使求助者觉得他们被理解。一旦来访者的讲述被真正地倾听,他们便会更为开放,做好准备作出改变,咨访关系也会因此得到更好的建立。以下是倾听技巧的具体说明:

1. 引导

以简短的词语,如“嗯”“欧”“啊”。

2. 鼓励和重复语句

对来访者所说的话进行简短的重复,或用“这样的”“然后呢”鼓励对方进一步讲下去。鼓励和重复可以让对方感到他的话被认真地听着,促进他自发谈话或者引导谈话向某一方向发展。

3. 举例子

帮助对方将谈话从抽象到具体。

4. 澄清

当来访者所陈述的信息模糊、累赘,而且主题复杂难懂时,通常需要澄清,可以询问更多细节“我不太明白你刚才那番话的意思,你能重复一遍吗?”“我没把握我是否清楚了,我是这样理解的”。

5. 释义

咨询者用自己的语言对来访者先前的话和思想进行总结和再编排,即对来访者在谈话中的主要内容和思想的实质进行复述,敏感性的词汇和一些重要词语以使用原话为主。目的有三:一表明咨询者的专注,并确认来访者传达给他的信息。二让来访者感觉到了被理解。三可以鼓励来访者对一些关键想法作进一步阐述,使他能深入关注或探讨某个话题。

“你想要说的是……”“如果我理解的不错的话……”

6.情感反映

主要是咨询者对来访者所讲话中的情感部分的准确把握和明确点出，以达到感情上的共鸣。

7.倾听式总结

来访者表达的多种信息会暗示某种主题，咨询者可以通过其反复强调的信息而确认主题。咨询者对主题的反映就是总结。

应对带有抵触心理的同学：

(1)要有耐心。

(2)找出共同的兴趣点，如运动、音乐、旅游等。

(3)试着成为朋友，倾听他们的问题，但要明白你不能代替他们解决问题。

(4)寻求其他同学、学长或老师的帮助。

特别需要关注的同学：

(1)遭遇强烈的外部刺激事件(家庭有重大变故)的人，如汶川大地震中丧失亲人的同学。

(2)情绪低落(持续时间在两周以上)、悲观、抑郁、自卑者。

(3)性格孤僻内向、与周围人缺乏正常交流者。

(4)严重不良的家庭成长环境，如家庭破裂、缺乏关爱温暖。

(5)缺乏明确的生活目标和自信心的同学。

(6)谈论自杀，有自杀倾向的同学。

第三章　各种主要流派的心理咨询方法和技术

一、精神分析心理咨询方法与技术

(一)精神分析学派理论概要

在心理学史上，经过大浪淘沙有三个学派在心理学中占领军地位。精神分析学派、行为主义学派和人本主义学派。

精神分析学派创始人弗洛伊德认为人格是由潜意识、前意识、意识构成。潜意识是人与生俱来到本能欲望构成，是人在觉醒状态下不可觉察的；前意识是社会化伦理道德的结果，构成一个人动力的评判准则；意识是我们和外界沟通的桥梁。他用一个冰山这样描述这三者的作用与关系，意识是在海平面之上的山尖；前意识是海平面；潜意识是海平面之下的藏在深海里的冰山底部。虽然藏在海底的冰山我们看不见，但是却不是没有作用的。山尖(意识)到海平面(前意识)的高度决定了冰山的高度，潜意识是在海底中托着冰山的，决定了整座冰山的存在时间。也就是说，我们更多的行为是由潜意识控制的。潜意识是个大院子，意识是大院子里的小房子，前意识是连接大院子与小房子的大门或是门口的指挥官，任何行为动能都是由潜意识形成，到达小房子，我们才可以觉察当行为动力与门口指挥官冲突太大，就会被指挥官赶回大院子，只有突破了门口的指挥部才能变成行为。当前意识不够强大，潜意识就把很多行为动能转化为行为，表现出与社会道德或法律所不能接受表现。

后期弗洛伊德为了解释潜意识的本质尤其是在此基础上形成的人格差异，描绘出一场人格的两端——本我和超我之间无休止的战争。本我是追求本能愿望，以获得快乐为目的，遵循快乐原则；超我是社会化的产物，以约束行为为存在意义，遵循道德原则；自我是协调本我与超我矛盾，遵循现实原则。本我与超我永远都在打架，这真是一场永无休止的战争。这些关系如图所示。

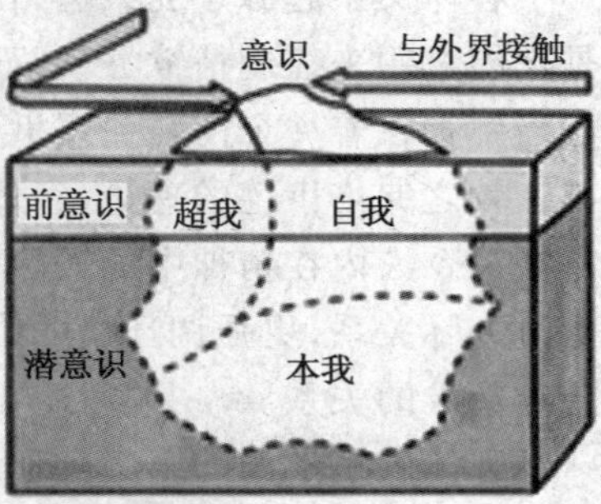

当自我不能平衡这个矛盾，这个人就出了问题，如果他的超我太强大，则做事没有主见，把社会制度机械化。如果本我太强大，就可能去违反道德法律，没有原则，盲目自大。当本我被过分地压抑，超我有一天控制不住，就是精神分裂症。当然，潜意识的本能愿望并不是全部被压制压抑，完全进不来，本能愿望会通过伪装的方式，进入意识变成人们的行为。譬如，当你刚认识某人想和他进一步发展的时候，你的潜意识可能会把你的一本书或者是一件衣服放在这个人的家里，为你们下一次的相遇做好准备。弗洛伊德认为通过释梦，无限制的自由联想可以找到伪装的潜意识的东西，治疗人格障碍或者是精神分裂症。

那么人的本能愿望是什么？是什么给了我们活着的动力，弗洛伊德说是在达尔文进化论的基础上从生物本能的角度是性驱力，我们为性而活，追求快乐。这个理论如果形容动物是完全说得通的，动物活着就是为了繁殖。可是动物要繁殖，就必须活着，想活着，就必须要抵御外侵。这个行为，对内来说叫作防御与保护，对外来说叫作攻击。他认为追求性的满足是第一驱力，攻击、保护自己是第二驱力。

精神分析的发展大致上弗洛伊德是第一代人，荣格、阿德勒他们是第二代人，安娜弗洛伊德、霍妮、弗洛姆、沙利文是第三代人，克莱茵为代表第四代人，科胡特为代表的是第五代人。

这些人中，克莱茵是精神分析划时代的一个人物，我们把克莱茵之前的那群人叫作经典精神分析，把克莱茵之后的叫作现代精神分析。克莱茵为代表的叫作客体关系理论学派，科胡特代表的他们叫作自体心理学派。

作为儿童发展心理学家的克莱茵，在观察了成千上万的儿童之后，在继承弗洛伊德理论的基础之上提出了人的第三个本能愿望——追求关系。克莱茵观察很多出生 14 天左右的婴儿，他们当母亲对他们微笑的时候他们会对母亲微笑。作为刚刚出生没几天的婴儿他们的微笑肯定不是社会性微笑，他们这个动作叫镜映，他们是在模仿自己的妈妈。那么，他为什么要对妈妈笑呢？同时她观察到，当妈妈给婴儿喂奶的时候婴儿不是把眼睛平视妈妈的乳房，而是成 45°去看着妈妈的脸，看着妈妈对她笑。那么他们这样不累吗？他们为什么要这么做？克莱茵认为是人的第三个本能愿望在起作用，这种本能就是追求亲密关系的需求。

精神分析在弗洛伊德的时代被称作是三个人的心理学，是研究爸爸、妈妈和孩子三个人之间关系是如何连接如何发展的。弗洛伊德认为这三个人的连接出了问题都会导致后天出现人格障碍或是精神分裂症或者犯罪狂。克莱茵的理论被称作是两个人的心理学。他认为，天下没有一个婴儿可以单独存在，有一个婴儿，必然伴随着一个妈妈，他把这种关系叫作母婴关系。母婴关系的质量，决定了这个孩子的健康程度，爸爸变得不重要，爸爸变成了母性关系的背景，也就是说一个孩子如果离开了爸爸，不会出现太大的问题，但是，如果是母婴关系出了问题，那么这个人出现严重的人格分裂障碍或者精神分裂症的可能性就大了。

客体关系起源于克莱茵，在把精神分析运用于儿童的治疗中，通过游戏她发现儿童并不是把能量用来控制情欲冲动，而是使用更多的能量构建他们的人际关系世界。在儿童的内心当中存在着一个内在关系世界，且这种关系是以母子关系为原型，它是所有客体关系的基础。较之弗洛伊德的理论，客体关系理论所看重的是儿童前恋母期的发展。客体关系是指存在一个人内在精神中的人际关系形态的模式。客体关系理论是在精神分析的理论框架中探讨人际关系，更强调环境的影响。认为真正影响一个人精神发展过程的是在出生早期婴儿与父母的关系。

客体关系学派的第一个理论，什么是客体（即外在客体）？在客体关系理论中，客体很少用于非人化的事物，比较多的指向一些所渴望的人或直接的活动。什么是客体表象（即内在客体）？外部真实客体在主体内心呈现或感觉到的心理意象，是指一个人内心拥有怎样一个客体。代表着主体内心对于客体的体验、感觉和判断。这些都在婴儿的身上呈现出来。

自我认识，人对环境与关系的反应，自我存在在自身意识层面的反应，一个是自己是什么，一个是自己和环境关系的反应两个要点，去掉一个保留一个，你觉得保留哪个，保留自身与环境的反应。人是一切社会关系的总和，客体关系的理论讲没有单独存在的孩子。儿童心理治疗，每个孩子都伴随着亲子关系而存在，人是关系中的人，即使成年人也必须存在关系之中，没有独立存在的个体。

客体关系理论——分离个体化，是所有心理问题的源头，她们认为弗洛伊德的问题都是本能愿望和环境下的认知。打架的过程的原发动力也是分离个体化阶段产生的。弗洛伊德认为 6 岁之后没有新鲜事。6 岁之前大脑中枢神经发展成熟。6 岁之前的孩子不能吃皮蛋，对大脑影响很大。克莱茵称核心人格从出生第 4～6 周就已形成。我们完全可以通过观察婴儿来理解人性。分离个体化有四个阶段，分别是母性分裂、想象分裂、自体分裂和认同分裂。

什么叫“好”？什么叫“坏”？“好的”感觉和“坏的”感觉源自哪里？这个过程开始于婴儿的原始分裂，即将世界分成令人满意的和令人不满意的感觉：充足是好的；空乏是坏的；温暖是好的，冷淡是坏的；被抱着是好的，不被触碰是坏的。在生命的最初几个星期里，婴儿还不能与他人产生互动，只是与他人的部分——一只手、一束头发或客体关系所指的任何“部分客体”产生互动，例如乳房。当奶汁通畅时就是好的，不通畅时就是坏的。将部分客体分成好与坏的这种早期区分，是与整体客体及人的关系的前身物。随着儿童的增长，出现了日益增强的意识，即无论外界存在的是什么，都不仅仅是乳房而是人。每一个儿童的狂热愿望都是希望给予他满足感的主要客体，即母亲会满足他的所有要求。

但这永远只能是一个梦想而已。因为母亲也是人，她也会疲劳。儿童期的一个清醒认识就是母亲并不是完美的，但这并不会阻止儿童继续坚持完美的幻想。这就是分裂的基础。出生本是痛苦的，脐带被剪断了，和胎儿相比，少了好多东西，还好有个妈妈，可以在新生儿最需要的时候通过哭来告诉妈妈，而妈妈则给他极大的满足，可是胎儿不认识妈妈，他只知道，我需要的时候只要一哭就有了，会有一个心理体验，叫作无所不能感，新生儿认为就是我行啊，我要什么我一哭就搞定了，这就是自恋的源头，也是自我效能感的源头（自我效能感：个体对未知事物自我完成的预测）。到了 3 个月，婴儿认识妈妈了，他知道他很弱小，是妈妈在无条件地满足他，这时候无所不能感变成了弱小无能感，他太需要妈妈了。可是妈妈也是人啊，也会累啊，这时候就是人生的第一个打击，叫作母性分裂。

第二个阶段是想象分裂，在生命最初的几个月中，母子互动的起伏涨落是以一系列的小事行为为显著特征的。这些短暂的消失会引起巨大的惊慌失措。甚至当儿童开始蹒跚地迈开独立的第一步时，他们仍会不时地寻找母亲在哪里。儿童努力地应对由抛弃引起的沮丧感，这可以在儿童与母亲之间进行很多游戏中看到。例如，躲猫猫游戏就是最早应对抛弃感的手段之一。通过将母亲的消失转变成游戏，儿童获得了对母亲可能会消失的恐惧感的控制力。当母亲离开时，内部映象担当着替代物的作用，减轻了在没有替代物存在的情况下，母亲的离开可能会导致的惊慌失措之感。年幼的儿童很自然地寻找一些方式来补偿母亲缺席带来的威胁生命的影响。这些寻找得到了回报，即我们所寻找的“过渡性客体”。过渡性客体是什么呢？他们是一些充当母亲替代物的特殊玩具和玩物。他们必须具备这些特征，“提供温暖、或可以移动、或具有结构、或可以做一些看上去能显示他们本身具有生命力和真实感的事情”。他们可以替代母亲提供给儿童以温暖和安全感。

随着语言作为人际交流工具被越来越多的使用，母亲的心理映象会发生如下变化：内在母亲表象（视觉的），使母亲卷入内部对话（语言的）。当母亲在时，儿童就与母亲进行面对面的对话；当母亲不在时，就在内心与母亲表象对话。我们无意听到的儿童自言自语实际上是儿童与内在母亲之间的对话。这就进入了想象分离阶段。随着儿童人际关系世界的继续扩展，儿童的内部对话不再仅限于与母亲进行，而是包括了与所有其他人的对话。随着时间的流逝，内在世界的口头表达越来越不明显，直至完全消失。这种对话也从内在世界消失。

由于不得不应对我们人际关系世界的丰富性和复杂性，因此儿童的内在表象经历了最后一次转变，即转变为称之为“自体”的东西，叫作“我”。自体，从它最基本的形式来说，是丰富的且正在进行的社会合并过程的语言顶峰。它不受冲突支配，它是构成人类关于他们是谁的内在感觉的多重客体关系的复杂构造。自体是起始于儿童内化了的关系的语言衍生物。

最初他通过自体感受到的通道使他的心理存在得以被知道，但他最终经历了语言的转变，成为最终被体验为自体的事物的完整的一部分。正如早期母亲的分裂产生了内在母亲存在的分裂一样，内在母亲的分裂产生了自体的分裂。好的客体对应好的自体，坏的客体对应坏的自体。这个阶段叫作自体分离。

当进入认同分裂的时候，儿童自体还是相对完整的。客体恒定性已经获得，儿童在使用语言方面也越发得心应手。自体成为儿童安全感的源泉，并且使儿童更加努力地参与和他人的互动。自体建构于个体与他人的关系之上，因此自体包括了社会规范和习俗的内化，所以它可以被看成是个体内部的一个微型社会。自体所包含的人际关系成分分成两种精神内在成分：主格“我”和宾格“我”。两者是通过交谈来互动的。

在他人的互动中就构成了主格我和宾格我的构型。这种构型构成了自体的不同的自体——他体系统的聚集体。并且这些系统中的每一个都是由与此相关的社会环境所激发的。以上的分析中，认同主要是一些次自体。他们建构关系并依赖关系而存在，这就是为什么关系对于心理生存这么重要的原因。自体发展的第四个阶段是持续一生的自体化阶段。

最后一个阶段叫作认同分裂，伴随着我们一生的大部分时间都用于建立一些将会增强这些认同的关系。到了每一个认同成了自体的一部分时，这个过程便有助于个体整体的“自体价值感”的形成。

行为主义的领军人物多拉德与米勒，认为人格就是行为，提出了习得内驱力，反应抑制和强化形成习惯。华生、斯金纳进一步发展出了行为主义理论，最后科胡特发展了自体心理学专门研究自恋，因为心理学偏得太离谱了，华生完全忽视了人格的作用，到了科胡特，弄出了一个自体心理学专门研究自恋，来研究人格的合成。关于自恋，弗洛伊德曾给出“自恋”定义，是自己对于自我投注力比多兴奋(libido，泛指一切身体器官的快感。即弗洛伊德认为的“性”，这里的性不是指生殖意义上的性)的状态。有这一表现情况的个体称之为自恋人格障碍患者。从力比多的方式来说，也就是他将本来应该投注于自我的对象客体的力比多，反向投注到自己身上，这样病人就无法和别人建立有效和融入的亲密人际关系，并且经常沉浸在自己不切实际的幻想中。但科胡特修正了之前弗洛伊德这个“自恋”的定义，而提出自恋其实就是力比多的本质，或者更直接说自恋其实就是人类的一般本质，每个人本质上都是自恋的。自恋是一种借着胜任的经验而产生的真正的自我价值感，是一种认为自己值得珍惜、保护的真实感觉。也就是说一般个体的自恋并不是不健康的，而且我们整个社会也是允许适度自恋的，而只有个体过度自恋并超出了社会对自恋许可的范围那才是不健康的。科胡特把这个叫作“自我价值感”。

总体精神分析认为人有四个原始的驱力——力比多、攻击、关系、自恋。

所以通过前面的论述可以得出结论，精神分析学派是研究人的行为动力的学科，又叫心理动力学。它是研究人的潜意识行为动力的学科。精神分析是人格鉴赏学——它告诉我们为什么有些人会这样，有些人会那样；精神分析是育儿学——它告诉我们长大成人后的一切一切都是幼儿时期的复制；精神分析是关系学——它告诉我们当下的不快都是由于早年的关系雏形缔造的。

精神分析(与其他学派相比)特点：第一，决定论的哲学观点。精神分析也是因果论，小时候的经历与现在的种种，因果联系一个是移情，另一个是强迫性重复。第二，把意识分成不同的层面。研究潜意识层面的东西。前意识，反省能觉察到的。精神分析谈到更多的是潜意识内容。潜意识决定现在的和谐与否。任何行为都是经过大脑的，没有意识到的，超出意识部分的就是潜意识。我们通常所说的“不自觉”就是潜意识。潜意识由早年的关系决定的，阿伦贝克的经验系统潜意识要通过悟得出，而不是逻辑思维推理。意识、前意识、潜意识没有明显的分割，是连续的整体。学东西学到最好的地步是学到潜意识的水平，学到潜意识水平是不需要回忆和思考就可以完成的，譬如我们在童年时候学会了自行车，有好几年不用，也会用，而刚刚学会的孩童则一段时间不联系就会生疏。潜意识水平不需要动脑筋，到达迁移时候，一辈子都不会忘记。怎么样活着，怎么样与他人打交道，更多是由潜意识决定。

所以精神分析是这样的一个学科：研究一个人在早年跟父母的关系中如何形成他的人格，以及在成年后的影响(移情)两个人的关系，一个人对另一个的态度部分是另一个人教会的，即人际交往的模式(反移情)。我们学会了很多自我保护的机制(防御)，冷暖不定的周围环境，时刻存在的大自然的敌意，我们现在依然能够存活下去，说明我们在过去都使用了有效的保护机制。

(二)精神分析治疗技术

精神分析学派是心理治疗的祖先，那么，精神分析是如何治疗呢？精神分析有三把刀：移情、反移情、共情。

精神分析的第四项原则是:婴儿与孩童时期的经验,是造就成年后性格关键性的决定因素。在某些病例中,明显的创伤经验,例如乱伦或身体虐待,造成了成人人格上的障碍;然而更常见的情形是,长期反复出现在家庭中的互动模式,反而是更重要的致病因素。精神动力的观点也注意到以下事实:婴儿和孩童是通过高度主观的筛选方式来感知周遭环境,有可能因此而扭曲了周围人物的真实面貌。另外,有些精神疾病之所以会发生,有可能跟孩子和养育者的气质之间是否"匹配"有关。一个极度躁动的小孩如果有位冷静沉着的母亲,则可能会变得相当不错,但若遇上一位过度紧张的母亲,则可能会表现得很糟。

移情是关系的转移。孩童时期的心理组成模式会一直持续到成人生活中,这就是暗示说,往昔会不断重演。在移情作用下,病人会把治疗师视为自己过往经验中的某个重要人物,病人无意识地重演了过去的人际关系,却不记得曾有过这样的关系。移情的一部分可能是源自于童年早期的依恋关系,但它也会受到治疗师实际行为表现的影响。因此,临床情境下的每一段关系,都是真实关系与移情现象这两者的混合体。精神分析取向心理治疗中医患关系的独到之处,并非是移情作用的存在,而是体验到移情代表一种需要被进一步了解的治疗题材。而同时,分析师成了帮助患者呈现观察内容的一个人,分析师"好像是一个相框,患者把他熟悉的相片框在上面,而这个相片大部分是他自己家人的。"从神经科学的观点来看,移情是关乎内在客体表征被治疗师的真实特质所引发。表征就如同神经元网络一般地存在着,可以一个接一个地被启动,当治疗师的某个特征使病人忆起留存在他的神经网络中与某人相似的特征时,这些表征就好像是诱发电位一样地被触发了。

而反移情则是关系的逆转移。所有精神分析取向的治疗师共同认可的一项中心要旨是:基本上,我们和病人的相似之处远比相异之处要大得多;病态的心理机制,其实不过是正常发展功能所援引的相同原则再加以延伸罢了。医患双方都是凡人,治疗师也有反移情。因为每一个眼下的关系,都是过往关系的新近增添物。所以,治疗师的反移情和病人的移情基本上是完全相同的历程(两者都是无意识地将他人视为昔日的某人)。狭义的反移情是治疗师对病人的移情,指治疗师无意识中尚未消解的内在冲突浮现了出来。广义的反移情是指治疗师面对病人时,有自觉的且适切合宜的情绪反应。此时,反移情成为一种重要的诊断与治疗工具,可以把许多有关病人内在世界的事透露给治疗师。大多数理论观点都视反移情为一种发生在治疗师身上,医患双方共同创造出来的反应,一部分是治疗师过往经验的作用,另外一部分是被病人行为诱发的感受。

关于共情有一大堆概念。譬如一致性反移情、神入、共情。我在这里把这一堆概念统一叫作共情,是指高度的反移情。当客体关系理论为主导的精神分析、自体心理学进入中国之后,由于之前以来访者为中心疗法在中国的影响,它们之间的几个概念值得被关注及澄清。这几个概念就是一致性反移情(或称一致性认同的反移情,拉克尔)、神入(科胡特式的)、共情(罗杰斯式的)、包容(比昂)。拉克尔指出:"一致性认同类似共鸣(虽然不是共鸣),当我们看见一个无父无母的孤儿时,我们可能感到悲伤。这种悲伤是和那个孩子的自体相符合或类似的。那个小孩这时候也感到悲伤。由于看到那个小孩的人认同和感受到那个小孩的悲伤,这在彼此的自体感受上是一致或类似的,那就是一致性反移情。"共情,似乎是罗杰斯的专利,他曾这么定义,"所谓的共情是指站在别人的角度考虑问题,它包含着几个方面的情况。它意味着进入他人的私人认知世界,并完全扎根于此。"

在他后期一篇论文中他又强调说,"促进人际关系的要素是同情心的了解,就是说,治疗师必须具有一种特殊的感应能力，很准确地感受到当事人的个人经验，并能体会到当事人所表达的内容，只要进行得顺利，治疗师不但能够进入当事人的内心世界，去了解他所要澄清的各项意义，甚至他在下意识里对情况一目了然。”对于共情的强调还包括自体心理学创始人科胡特的观点。

在德国和瑞士精神分析师认为一致性反移情和共情的内涵是相同的，虽然不同的作者使用了不同的表达方法，一致性反移情更加属于理性的表达方式，而共情则是从感性上所作的阐述。

一致性反移情似乎是被动引起的，而共情似乎是更多主动性体验的。而实际情况中，一致性反移情在一些来访者的负面移情中可能有被来访者的情绪同步调的感受所控制住的情况，而未必对此有觉察。例如来访者的焦虑引起了治疗师的焦虑感，这可以说是一致性的反移情，但还没有到达共情的阶段，而治疗师未必能够觉察这一焦虑来自来访者的自体而去共情。但共情在咨询过程中似乎能够扮演一更主动和建设性的去体验来访者的角色，心理治疗师似乎能够直接去理解来访者的处境以进入来访者的自我，到达对来访者的感动并促进其生命力的复活。

阻抗是病人的人格中的反防御。精神分析取向心理治疗的最后一项重要原则是病人期望保持现状，并会和治疗师努力想要给予病人的洞见与促使其改变的意图相对抗。与移情一样，对治疗的阻抗是无所不在的，而且可以用很多种方式来表现，包括迟到、不肯服药、忘了治疗师的建议或诠释、沉默、在会谈中只谈无关紧要的小事，或者忘记付费等。阻抗可以是有意识的、潜意识的或无意识的。所有阻抗的共同之处，是试图避开不愉快的感受，不论这种感受是愤怒、罪咎、痛恨、爱（对一个不能去爱的对象）、嫉妒、羞愧、哀痛、焦虑等。阻抗捍卫着病人的疾病。阻抗也可以定义为，在精神动力治疗中，病人所展现出来的防卫机制。防卫与阻抗的强度与潜藏冲动的强度呈正比。精神分析取向的治疗师会预料到病人对治疗的阻抗，使治疗师特别好奇的是：病人的阻抗是在保护着什么？病人是在上演哪一个过往的脚本？

当然，这是精神分析治疗的纲要，每一个心理严重问题的，需要接受心理治疗，他都不会轻易被反移情所治疗，因为成长的痛苦已内化成他人格的组成部分，形成了他的生活模式。对他起着保护作用。在精神分析看来，一个人成年后问题都是在婴儿时期形成的，精神分析打出“天下没有犯错误的孩子，只有犯错误的父母或妈妈；孩子在后天犯的任何错误都是早年父母培养的结果；孩子后天能力的缺失都是早年父母打压的结果等”一系列口号。特别是那些后天出现精神分裂症、人格障碍或是犯罪更是和这个人的原生家庭有很大的关系。

精神分析治疗的第一步是要病人回到童年，找到童年出问题的地方，然后重新改写，所谓的回到童年这个过程叫作退行，退行的实施是病人在安全的环境呈现早年成长的过程，所以共情与安全的环境是病人退行的基础，一般伴随着病人对咨询师的信任会暴露出的隐私会越多，知道潜意识也感觉这个地方很安全，暴露出潜意识的成分和有创伤的成分。病人暴露出童年潜意识的创伤叫作——潜意识意识化。

精神分析过程中的技术包括：移情、反移情、防御机制、释梦、催眠、共情、解释（解释是使潜意识的意义、资源、经历、模式和特定心理事件的原因变为意识）、领悟（潜意识意识化）、修通（修通是指获得新的机能方式以及学会抑制旧习惯，更坚定的建立新习惯的过程）等。

精神分析的第一步，共情，给病人提供一个安全的有利于退行的环境，方便病人退行，找问题。第二步，潜意识意识化，让来访者知道自己的问题的内部驱力是什么，具体方法是把症状变成阻抗。第三步，发现阻抗，处理阻抗，具体方法是把阻抗变成移情。第四步，处理移情。最后问题是解决现实问题。经典精神分析仅仅是发现无意识的作用，不去改变，基本靠病人"自悟"，所以时间很漫长，后期精神分析这五个交叉相互使用，不是靠病人悟，而是在咨询关系中形成新的体验和解决现实问题。

精神分析治疗技术认为潜意识我们虽看不见，但是我们可以发现病人的阻抗，通过阻抗就可以知道潜意识的成分。所以精神分析师找阻抗的过程就是发掘潜意识的过程。

精神分析学派常见的阻抗：原始防御分裂（splitting）、投射认同（projective identification）、投射（projection）、否认（denial）、解离（dissociation）、理想化（idealization）、动作化（acting out）、身体化（somatization）、退行（regression）、分裂幻想（schizoid fantasy）。

高阶精神官能性防御：内射（introjection）、认同（identification）、置换（displacement）、理智化（intellectualization）、隔离（isolation）、合理化（rationalization）、性欲化（sexualization）、反向作用（reaction formation）、潜抑（repression）、抵消（undoing）。

成熟的防御：幽默、压抑（suppression）、禁欲主义、利他主义、预期、升华投射性认同、否认潜抑。

常见发觉潜意识的途径：自由联想、释梦、催眠。

二、行为主义理论与治疗技术

（一）行为主义理论概要

行为主义理论认为人格是行为模式的集合，而行为由经验和特定的情景共同决定。华生依靠巴甫洛夫条件反射的实验之上提出，在《行为主义眼光看心理学》一书提到：①心理学的研究主题是个体的行为而不是意识。②心理学研究的对象是客观观察与测量而不是主观内省。③心理学的研究对目的是预测与控制行为。④环境是影响行为的主要因素，控制环境因素即可以改变人的行为。⑤有研究动物行为所获得的原理原则可解释人的行为。

华生认为恐惧、愤怒、爱是人的基本情绪，而这三种情绪仍然是条件反射的结果。恐惧是突然失去支持引起的，愤怒是行为受到阻碍引起的，爱是抚摸和振动引起的。思维是行为的表现，语言是内隐的语言运动，而这种语言的运动是肌肉习惯性的表达。人格是习惯的总和。我们的行为习惯是刺激强化的产物。

巴甫洛夫的犬，说明了经典条件反射的存在，而斯金纳更是用老鼠做实验证实了操作条件反射的存在。在人格上，斯金纳选择从个体所处的环境的强化程度在考察人格的发展与改变，主张从学习的角度研究行为与控制。多拉德与米勒人格理论的提出是划分机械行为主义与科学行为主义，也是行为主义强化到学习理论的转变。多拉德与米勒人格理论提出习得性内驱力（指一个人去行动，具有足够强度的刺激，可以形成人格能量的单位）、线索（环境的信号）、反应（信号下的行为）、奖赏（有效的正强化）可以形成习惯性的行为模式，稳定的部分称之为人格。

罗特的社会学习理论提出行为预测理论强调学习行为是如何如产生的，他认为具有内部控制点的人认为自己应对自己的行为和所受到的强化负责，而具有外部控制点的人则认为强有力的他人、运气或环境等自己无法控制的东西应该对行为和强化负责。罗特认为拥有内部控制点是更具适应性的动机状态，内部控制与结果期待，包括成就追求呈正相关。他认为行为潜势＝预期×强化效价。预期是指个体对自己在某种特定情境中以某种方式行动就会产生预期强化所抱的信念。强化效价指某一物品或结果对某个特定的个体具有的心理价值而不是实际价值，心理情景是人对情境的主观解释。也就是说一种行为被选择的可能性取决于行为者认为他可以带来的回报有多大的可能性。他认为下列五种人格是不良：①低预期高效价；②冲突；③缺乏能力；④不恰当的最低目标；⑤无法分辨人格需求价值。

班杜拉的社会学习理论则呈现了个体整个学习的过程。他强调我们观察行为要在自然环境下而不是在实验室。强调模仿的作用，提出学习新行为的过程是联结、模仿与强化。并且提出观察学习的过程包括注意过程、保持过程、动作再现过程和动机过程。见下图：

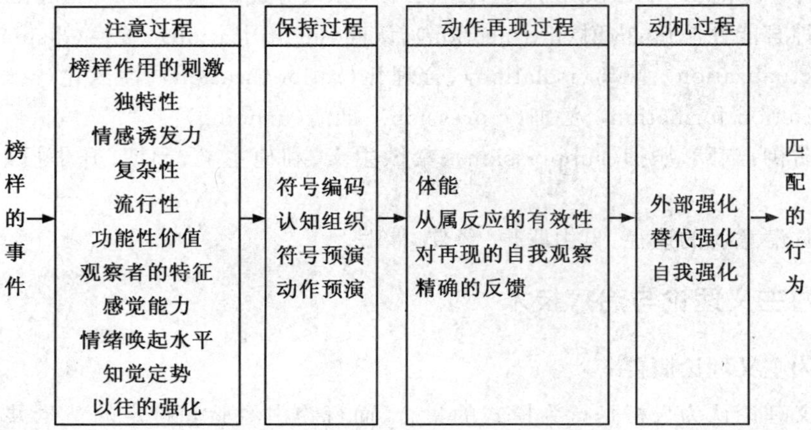

其理论作用：

（1）强调观察学习在人的行为获得中的作用。认为人的多数行为是通过观察别人的行为和行为的结果而学得的。依靠观察学习可以迅速掌握大量的行为模式。

（2）重视榜样的作用。人的行为可以通过观察学习过程获得。但是获得什么样的行为以及行为的表现如何，则有赖于榜样的作用。榜样是否具有魅力、是否拥有奖赏、榜样行为的复杂程度、榜样行为的结果和榜样与观察者的人际关系都将影响观察者的行为表现。

（3）强调自我调节的作用。人的行为不仅受外界行为结果的影响，而且更重要的是受自我引发的行为结果的影响，即自我调节的影响。自我调节主要是通过设立目标、自我评价，从而引发动机功能来调节行为的。

（4）主张奖励较高的自信心。一个人对自己应付各种情境能力的自信程度，在人的能动作用中起着重要作用。它将决定一个人是否愿意面临困难的情境，应付困难的程度以及个人面临困难情境的持久性。如果一个人对自己的能力有较高的预期，在面临困难时往往会勇往直前，愿意付出较大的努力，坚持较久的时间；如果一个人对自己的能力缺乏自信，往往会产生焦虑、不安和逃避行为。因此，改变人的回避行为，建立较高的自信心是十分必要的。

后来的心理学家在社会学理论的指导下。研究了攻击性行为，与习得性无助，取得很高的成就。让行为主义有理论变成了可以运用的行为疗法。

(二)行为主义治疗技术

系统脱敏法、暴露疗法、厌恶疗法、模仿法、强化法。

1. 系统脱敏疗法

又称交互抑制法或对抗条件作用。其机理是应用经典性条件反射原理,逐步地使正常反应加强,不正常反应消失,从而达到行为矫正的目的。此法主要用于神经症如恐怖症、焦虑症等,因为恐惧行为属于不适应环境条件,表现出对自己无益甚至有害的不合理行为。往往是在焦虑的处境中由于错误的或不良的条件作用而产生的泛化性不适应行为。这类行为有不自觉的或自主神经系统学习的成分,因而系统脱敏法较有效果。

实验:内心矛盾的猫。

将猫放在特制的笼子里,笼内有一压杆,压一下可获得食物。此时给予一阵强烈声响,同时也挨一次电击,每次猫都提心吊胆地去压杆,同时也都免不了挨电击。

结果:饥饿的猫想吃东西,又不敢去碰压杆,内心矛盾重重,焦虑不安,甚至看到笼子都害怕,过一段时间血压升高,得"实验性神经症"。

治疗:让猫渐渐接近笼子并给以食物,猫最后回到铁笼平静生活。

系统脱敏法的具体步骤是将引起来访者焦虑、恐惧、厌恶的刺激分成轻重不同的层次、等级,然后让来访者学会松弛反应(经过神经肌肉放松训练),由刺激反应程度轻的逐渐过渡到反应程度重的,其间当来访者一出现恐惧、焦虑就让其放松,形成交互抑制或对抗情境,直到各等级的刺激与焦虑反应的联结消除为止,即使之逐渐习惯而除去敏感。

方法步骤:

(1)放松训练(见前)

(2)建构等级脱敏表　按照产生焦虑严重程度的顺序,列一份10～20个有关场景的等级表,并给每个事件等级指定一个焦虑分数,从0～100。如考试焦虑病人等级脱敏表。

①教师宣布下星期考试

②考试前一天晚上复习功课

③考试当天正在吃早饭

④走在去考场的路上

⑤站在考场外等候进去

⑥进入考场

⑦坐在考试的位置上

⑧教师发放考卷

(3)系统脱敏训练　让病人在深度放松状态下,按照设计的焦虑等级表,由小到大依次生动逼真地想象自己身临(或亲身体验)等级表上的每一场景,从而完成对接触每一组情景所致焦虑的条件化。

适应证:恐怖症和其他某些以焦虑为主导症状的行为障碍(口吃、强迫症等)。

系统脱敏法治疗高空恐怖症

第一步:评定主观焦虑或主观不适单位(等级结构训练)

焦虑分级(5分,10分,100分)(最轻到最重依次排列):平地(0分),二楼(1分),四楼(2分),六楼(3分),八楼(4分),十楼(5分)。

第二步：放松训练

按照一定的程序，学会全身肌肉放松状。听到治疗者的指令即能进入放松状态。

第三步：系统脱敏

在放松状态下逐级想象每一层次的情境，焦虑消除后，再向高一层次想象。进入现实生活中脱敏。

系统脱敏失败的可能原因：

放松训练不成功，不能做到全身放松；

焦虑情境的等级划分不恰当；

提供想象的线索不对，对情境的想象有障碍；

开始焦虑分数不应＞50。

系统脱敏法的变式：快速脱敏法或真实生活脱敏法(in vivo desensitization)。适用于社交恐怖和广场恐怖。

接触脱敏法(contact desensitization)：适用于特殊物体恐怖症，如对羽毛或蜘蛛恐惧的恐怖症。

分两步

①示范：首先让求助者观看治疗者或其他人处理引起恐惧的情境或东西。

②接触：然后让求助者一步一步地照着做。

例：羽毛动物

观看治疗者拿起、放下羽毛；求助者拿起、触摸羽毛、观看治疗者触摸羽毛动物；求助者走近、触摸羽毛动物。

2. 厌恶疗法

(1)原理　经典条件反射原理发展起来的一种治疗方法。每逢不良行为出现时即给予一痛苦(厌恶)刺激，形成条件反射。前面的"猫"实验。

(2)治疗方法

确定靶症状(要单一、具体、有针对性)。

选用厌恶刺激(要有较大强度且能压倒原来的快感)。

电刺激。

药物刺激：吐酒石，吐根碱，阿扑吗啡。

想象刺激：内隐致敏法，同性恋治疗。

其他刺激：憋气，羞辱，强光，橡皮筋等。

把握时机施加厌恶刺激，不过早、不迟，否则难形成厌恶反应。

适应症：药物成瘾、酗酒、吸毒、强迫症、同性恋、性变态。

使用厌恶疗法的注意事项：厌恶疗法是一种惩罚的方法，它带有一定的残酷性和非道德性，尤其是使用强烈的厌恶刺激，所以使用时应事先向来访者说明，并征得对方同意，一般应把厌恶疗法作为最后一种选择。

3. 冲击(暴露)疗法

(1)原理　是根据条件反射消退原理发展而来，即条件反射建立以后，如果条件刺激不与相应的非条件刺激结合出现，一段时间后已建立起来的反射即会消退。

(2)放松训练　刀、剪、钉等物品放于显眼处，衣袋里、枕头下等；念"没有什么可怕，这是病态”，同时进行放松。

一般每次 30～60 min；

治疗次数依情况而定，1～4 次不等，不宜过多；

疗程短，收效快；痛苦大，难实施；

不宜首选和滥用。

适用于恐怖症、强迫症。

4. 模仿法

又称示范法，是向求助者呈现某种行为榜样，让其观察示范者如何行为以及他们的行为得到了什么样的后果，以引起他从事相似行为的治疗方法。班杜拉(1967 年)首先倡导运用模仿法矫治儿童的不良行为。是建立在班杜拉社会学习理论之上的一种行为治疗方法。

模仿学习通常采用三种方式：看电影或电视录像，听录音，由治疗者做示范。

例如，一个怕和异性打交道，也不会与异性打交道的男学生，可引导他看男女学生交往、谈话的录像，或让他听男女青年对话的录音，或由辅导者做示范——怎样与异性交谈。在这一过程中，辅导者要求来访者要注意看别人做了什么，怎样做；听别人说了什么，怎样说。在看完录像、听完录音或观察完之后，辅导者要和来访者进行有重点的讨论——究竟在与异性接触中要注意什么，怎样做更好。与此同时，辅导者要注意利用正强化，强化来访者的适当的反应倾向。

“流行”就是模仿的结果。

5. 强化法

强化法是指应用强化手段去增进某些适应性行为，减弱或消除某些不适应行为的方法。

强化法是建立在操作性条件反射原理之上的。例如，某一行为若得到奖赏，那么，以后这个行为重复出现的频率就会增多；反之，得不到奖赏的行为出现的次数就可能会减少。

(1)强化的类型

正强化：给予一个好刺激。如运用奖励的方法，使适应性行为模式重复出现，保持下来。

负强化：去掉一个坏刺激。如一位一年级小学生仍有吸手指的习惯，这种行为一出现就受到指责，一旦他不再吸吮手指了，立即停止对他的批评。

正惩罚：施加一个坏刺激，即当不适应行为出现时给予处罚的一种方法。如批评、罚款等。这种惩罚必须注意，惩罚的是什么，意义要明确，时间要适当。如随地吐痰，当即罚款。

负惩罚：去掉一个好刺激。如小孩完成作业之后可以让他看电视，未完成则不让他看。

(2)强化的方法

塑造法：塑造是通过强化的手段，矫正人的行为，使之逐步接近某种适应性行为模式。塑造过程中，采用正强化手段，一旦所需行为出现，立即给予强化。如要塑造孩子学会关心他人的行为。

代币法：使用有形的可以得到实物奖励的正强化的方法促进更多的适应性行为出现的方法。

代币指可以在某一范围内兑换物品的证券，其形式有小红旗、小票券等。来访者可用这些证券换取自己所需的物品。

在运用代币法时，应注意以下几点：

①要制定十分具体、明确的行动计划。

②要赏罚分明。

③要让病人看到自己的成绩与进步。

④要让病人感到自己的努力是为了自己。

消退法:对不适应的行为不予注意,不给予强化,使之渐趋削弱以致消失。

应用强化法的注意事项:

①强化物要适宜。

②强化物的呈现要及时,意义要明确。

③强化的标准要逐渐提高,强化的次数要逐渐减少。这主要是对正强化而言。

④强化亦可由实物渐次变为言语。

行为治疗的技术与方法较之精神分析疗法等治疗理论来说,更适合于小学生的心理辅导工作。不仅因为行为疗法的一整套技术与方法除了较易学习和掌握外,更重要的是基于小学生心理发展水平、采用非语言的辅导方法更适合小学生。

三、人本主义学派理论概要与治疗技术

(一)人本主义学派理论概要

作为心理学的第一势力的精神分析被看作是"伤残心理学",精神分析经过 100 多年的发展永远都在强调创伤,第二势力的行为主义被称作"幼稚心理学"行为主义庞大的理论,人就是一个庞大的复杂的老鼠。马斯洛等在浪漫主义、存在主义、人道主义理论的基础上打出人本主义的招牌,马斯洛在《人本主义心理学》中说道:"心理学只研究精神病人是不够的,研究正常人也是不够的,心理学若想取得更大的发展,必须去研究杰出的人,研究健康的人的人格。心理学的终极目标应该是自我实现,成为人的生活的指南,去帮助人们解决生活中的问题。"

人本主义强调人的责任与时间的此时此刻,就是人要在此时此刻为他们的行为负责任。所谓的人的责任是指人们要为自己所发生的事情负责任,这是人本主义的基础。所谓此时此刻是指只有按生活的本来面目去生活,我们才是真正完善的人。所谓的计划与反省都是在浪费时间,过去我们无法挽回,未来无法把握,人之所以痛苦是因为活在过去,人之所以不快乐是因为活在未来,人本主义让人们活在此时此刻。

人本主义创始人马斯洛强调人的自我实现。所谓"自我实现"(self-actualized)的人身上,尝试归纳出那些对生命感到满意、能发挥潜能又具有创造力的人的共通点。马斯洛发现,这些人之所以较不易受到焦虑与恐惧影响,是因为他们对自己及他人都能抱着喜欢及接纳的态度。他们虽然也有缺点,但因为能够接受自己的缺点,所以他们较一般人更真诚、更不防卫,也对自己更满意。

马斯洛提出需要是人行为的根本动力,并且提出需要层次理论。这个理论被公认为是最完整、最有系统、最有影响的动机理论。马斯洛指出,人类动机是由多种不同性质的需要组成的,这些需要又有先后与高低之分,即有一个需要层次,由低到高依次为:生理需要、安全需要、隶属与爱的需要、自尊需要、求知需要、美的需要、自我实现需要。自我实现即自

我完善，指个人潜力的实现，是人类需求的最高层次。马斯洛把四个低层次需要——生存、安全、隶属以及自尊需求称为缺失性需要。后三种高层次需要——求知需要、美学欣赏以及自我实现被称为成长需要。必须先满足较低层次的需要才能满足较高层次的需要。一旦缺失性需要得到满足，成就这些需要的动机就会降低。成长需要则不同，它不会完全被满足。成长需要越多，人为寻求进一步成就的动机越强。需要层次理论不仅可以解释行为动机，也可以解释人格发展，提供了一种如何看待整体的人的发展的方式。

马斯洛认为“我”是独立的心理存在，思想、情感的存在。表现为自我完整的“文章”，一些人类共同书写的密码。认识到自己“我”的存在，如同认识另一个人，并对“我”的思想情感进行真善美的取舍。保持镜中之我，超脱，淡定，不净不垢，不生不灭，科学理性的幸福认识。

自我实现的人格特征：

(1)了解并认识现实，持有较为实际的人生观。

(2)悦纳自己、别人以及周围的世界。

(3)在情绪与思想表达上较自然。

(4)有较广阔的视野，就事论事，较少考虑个人利益。

(5)能享受自己的私人生活。

(6)有独立自主的性格。

(7)对平凡事物不觉厌烦，对日常生活永感新鲜。

(8)在生命中曾有过引起心灵震动的高峰经验。

(9)爱人类并认同自己为全人类之一员。

(10)有至深的知交，有亲密的家人。

(11)具民主风范，尊重别人的意见。

(12)有伦理观念，能区别手段与目的。绝不为达到目的而不择手段。

(13)带有哲理气质，有幽默感。

(14)有创见，不墨守成规。

(15)对世俗不轻易苟同。

(16)对生活环境有时时改进的意愿与能力。

罗杰斯是继马斯洛之后的人本主义心理学家，受歌尔德斯坦《机体论》和格式塔心理学的影响，将集体和现象作为自我理论的出发点。在这里机体是指一切经验的所在地，由一种主要的不同的内驱力所激发，这种内驱力就是个体对实现天生自我的价值。

在《患者中心疗法》中，他将一个人的内心世界或经验叫作现象场，他是由个人的知觉经验组成，每一个人的现象场都不同，但是我们可以通过每个人的知觉的解释了解其内心世界。

自我及自我的发展是罗杰斯人格理论的核心，他认为个体在发展过程中，与环境的交叉作用，将自我与环境分开，随着年龄的增长，自我与环境整合稳定一致。

罗杰斯与马斯洛提倡无条件的积极关注，他认为有条件的积极关注的结果让人们抛弃了自己真实的情感，只接受他人赞许的那一部分自我，他们拒绝承认错误和缺点，最终人们变得越来越不了解自己，这样人们也自然变得不完美。只有完全的无条件的积极关注，才能让人们真实地表达自己，自我的缺点和错误才会呈现出来，当人们知道自己的缺点和错误是能被他人所接受的，人们便会自由的表达自我，人们需要无条件的积极关注来接受自己的与完善自己的人格。当人们知道自己在做什么，都会被接受，都会引以为荣了，人们就可以体会到真实的自我。

当然无条件的自我需要维持与尊重价值观。许多人的价值观是在学校、社会中形成的，这些观念可能和现实有些冲突，但是常常是被接受的，以维持自己的积极尊重。

他强调，好的人是一个成长的过程，而不是一种稳定的状态，人的本性是要努力保持一种乐观的感受，要想成为一个完善的人，就必须不断接受新的考验。

(二)人本主义治疗技术

1.求助者中心疗法

罗杰斯根据自己的经验，尤其是在同那些有各种烦恼的人直接接触中，得到了许多知识并积累了许多经验。简言之，有以下几点：

(1)他发现在与别人相处的过程中，不能长时间装假。如当自己生病时，不能装成正常人。

(2)在他承认自己不完善，接受别人的真实感情时，他才能有所改变，和别人相处也会更有效些。

(3)对别人理解越深，自己和被理解人的关系越会有所改变。罗杰斯说，他从了解患者的各种体验中学到了改善自己的方法，使自己成为一个更有责任心的人。

(4)用他的态度创造一种安全的关系和自由的氛围，能减少和别人之间的隔阂，才能互相公开自己的内心世界。

(5)能接受别人的感情、态度，包括愤怒的感情和仇视的态度，才能助人成长，因为这才是他真实的、要害的部分。

(6)他不急于叫别人照他的意愿去做。即不去塑造别人，越是如此，就越发现自己和别人都在成长变化。

(7)应当相信自己的经验。别人评价好的对自己不一定有用，只有自己最了解自己。例如罗杰斯不是医生却在做心理治疗，批评和鼓励的人都有，可以不去管它。

(8)经验是最高权威。罗杰斯认为，不论是圣经或预言，不论是弗洛伊德学说或其他理论，不论是上帝启示或人的指教，都不能胜过自己的直接经验。

(9)同样，应认识到事实才是真正的朋友。

(10)经验证明：人们都有一个基本的、指向成熟的、建设性的、自我实现和社会化的潜在趋势。如果能理解别人的感情，能承认他们作为独立的人拥有自己的权力，理解越充分，他们就越能放弃以前对付生活的假面具，向前迈进。

(11)生命是一个流动、变化的过程，其中没有固定不变的东西(包括信仰)，应当允许别人发展自己内在的自由，对他的生活经验做出自己有意义的解释。罗杰斯把这些生活经历和实践经验，都渗透到了他的咨客中心疗法的理论和实践中。

2.与其他心理治疗的不同

(1)打破了以前疾病诊断的界限。不进行疾病诊断和鉴别诊断，治疗对象部分神经病人和正常人，甚至精神病人，因为不叫他们为病人，而称之为咨客。

(2)只注重治疗环境和氛围，不重治疗技巧。罗杰斯说，心理分析法的“钻心”技术无用，行为矫正法过分“机械”而失去人性。他批评以前的心理施治者把自己的判断和价值观强加给别人，叫他们无条件接受，阻碍了病人发挥自己的潜力。

(3)轻视专家的作用。批评心理分析中父母—子女式的医患关系和行为疗法中的师生关系，主张施治者不应以医生、专家的身份出现，以平等的态度对待咨客，不给予具体的指导和分析，指引到他们抒发自己的情感。

3. 罗杰斯的心理病理学观点以及治疗步骤

罗杰斯认为，有机体都有一种天生的基本趋势，要以各种方式去发挥他的潜在能力，来推动有机体的生长、前进、成熟。比如幼儿学步，在正常情况下，小孩不论跌倒多少次，最后总是可以学会独自走路的，心理的成长也是如此。在合理、良好的环境中，一个人总是能靠这种天生的力量由小到大发育成熟，成为一个健全的、机能完善的人，在人的成长中，不利的环境条件，使人的这种趋势受到歪曲和阻碍，形成冲突，人就会感到适应困难，表现为各种乖僻古怪的行为。罗杰斯认为，儿童在成长发育过程中与环境相互作用，感受到许多经验并赋予正性或负性的价值，才形成了自身。自身能感知哪些经验是自己的，哪些是环境的、别人的。照罗杰斯的看法，一个人的自身结构包括三个部分：

(1)自己的态度和感情，即直接经验到的、符合自己价值观的经验；

(2)符合别人的价值观，但已全部内化为自己的经验；

(3)符合别人的价值观，但并未被完全内化为自己的经验，使自己的经验受到歪曲，包含在自身结构中。

对正在成长中的儿童，这第三部分的经验，会使他感到别人的评价和自身的经验发生矛盾的冲突。例如，一个小孩打了他的弟弟感到很快活，但不符合父母的价值观而受到了惩罚，因而得出经验是“这种行为不是令人满意的”。这个经验便使他自己的经验受到歪曲。如果不被完全内化为自己的，他就可能在得到快活和避免痛苦这两个欲望之间陷入冲突。在解决这些冲突时，他必须改变自己的态度和相应的价值观。这样，他的真实经验就被扭曲了，这个扭曲的经验虽然不一定能清楚地被意识到，但它仍以不同方式在影响着人的行为。由于自己的真实经验被否认而接受符合别人价值的经验，照罗杰斯的话说，人们的自身结构中就加进了虚假的成分，这些成分并不基于他的本来面目。在虚假的可意识到的价值和真实的意识不到的价值之间，就存在着冲突，然而，自身应当具有整体性和一致性，如果一个人的真实价值越来越多地被从别人借来的价值所取代，而本人又感觉好像是自己的价值。这样，自身内就出现了分裂，这个人就会感到紧张、不舒适。为了阻止这些使自己感到威胁的经验形成意识，就要建立防御机制，来维持自身造成的假象，好像戴着假面具生活。这时，人就越来越不能与环境适应，并出现烦恼、焦虑和各种异常行为。这就是咨客中心疗法的心理病理学。

罗杰斯认为，这一心理病理学观点可以适用于精神病人、神经症病人和一些有烦恼体验的正常人，他们都是咨客中心疗法的对象。所以，罗杰斯不把他所治疗的对象叫作病人(patient)，而叫作咨询客人(client)。

咨客中心疗法可分为若干步骤，罗杰斯强调，这些步骤并非截然分开，而是有机结合在一起的。

(1)咨客前来求助。这对治疗来说是一重要的前提，如果咨客不承认自己需要帮助，不是在很大的压力之下希望有某种改变，咨询或治疗是很难成功的。

(2)施治者向咨客说明咨询或治疗的情况。施治者要向对方说明，对于他所提的问题，这里并无确定的答案，咨询或治疗只是提供一个场所或一种气氛，帮助咨客自己找到某种答案或自己解决问题。施治者要使对方了解，咨询或治疗的时间是属于他自己的，可以自由支配，并商讨解决问题的方法。施治者的基本作用就在于创造一种有利于咨客自我成长的气氛。

(3)鼓励咨客情感的自由表现。施治者必须以友好的、诚恳的、接受对方的态度，促使对方对自己情感体验作自由表达。咨客开始所表达的大多是消极的或含糊的情感，如敌意、焦虑、愧疚与疑虑等。施治者要有掌握会谈技巧的经验，有效地促使对方表达。

(4)施治者要能够接受、认识、澄清对方的消极情感。这是很困难也是很微妙的一步。施治者接受了对方的这种信息必须对此有所反应，但不应是对表面内容的反应，而应深入咨客的内心深处，注意发现对方影射或隐含的情感，如矛盾、敌意或不适应的情感。不论对方所讲的内容是如何荒诞无稽或滑稽可笑，施治者都应能以接受对方的态度加以处理，努力创造出一种气氛，使对方认识到这些消极的情感也是自身的一部分。有时，施治者也需对这些情感加以澄清，但不是解释，目的是使咨客自己对此有更清楚的认识。

(5)咨客成长的萌动。当咨客充分表达出其消极的情感之后，模糊的、试探性的、积极的情感，会不断萌生出来，成长由此开始。

(6)施治者对咨客的积极感情要加以接受和认识。对咨客所表达出的积极的情感，如同对其消极的情感一样，施治者要予以接受，但并不加以表扬或赞许，也不加以道德的评价。而只是使咨客在生命之中，有这样一个机会去自己了解自己，使之既无须为其消极情感而采取防御措施，也无须为其积极的情感而自傲。在这种情况下，促使咨客自然达到领悟与自我了解的境地。

(7)咨客开始接受真实的自我。由于社会评价的作用，一般人作出任何反应总有几分保留，加之价值的条件化，使人具有不正确的自我概念，因此常常会否认、歪曲若干情感和经验。这与人的真实自我是有很大距离的。而在治疗中，咨客因处于良好的、能被人理解与接受的气氛之中，有一种完全不同的心境，能够有机会重新考察自己，对自己的情况达到一种领悟，进而达到接受自我的境地。咨客的这种对自我的理解和接受，为其进一步在新的水平上达到心理的调和奠定了基础。

(8)帮助咨客澄清可能的决定及应采取的行动。在领悟的过程之中，必然涉及新的决定及要采取的行动。为此，施治者要协助咨客澄清其可能作出的选择。另外，对于咨客此时常常会恐惧与缺乏勇气，以及不敢作出决定的表现应有足够的认识。此时，施治者也不能勉强对方或给予某些劝告。

(9)疗效的产生。领悟导致了某种积极的、尝试性的行动，此时疗效就产生了。由于是咨客自己领悟到了，有了新的认识，并且付诸行动的，因此这种效果即使只是瞬间的，但仍然很有意义。

(10)进一步扩大疗效。当咨客已能有所领悟，并开始进行一些积极的尝试时，治疗工作就转向帮助咨客发展其领悟，以求达到较深的层次，并注意扩展其领悟的范围。如果咨客对自己能达到一种更完全、更正确的自我了解，则会具有更大的勇气面对自己的经验、体验并考察自己的行动。

(11)咨客的全面成长。咨客不再惧怕选择，处于积极行动与成长的过程之中，并有较大的信心进行自我指导。此时，施治者与咨客的关系达到顶点，咨客常常主动提出问题与施治者共同讨论。

(12)治疗结束。咨客感到无须再寻求施治者的协助，治疗关系就此终止，通常咨客会对占用了施治者许多时间而表示歉意。施治者要采用与以前的步骤中相似的方法，来澄清这种感情，使咨客接受和认识治疗关系即将结束的事实。

参考文献

【美】理查德·格里格，飞利浦·津巴多．心理学与生活．北京：人民邮电出版社，2014．

【美】南希·麦克威廉斯．精神分析案例解析．北京：中国轻工业出版社，2014．

【美】南希·麦克威廉斯．精神分析诊断．北京：中国轻工业出版社，2015．

【美】David J. Wallin．心理治疗中的依恋．北京：中国轻工业出版社，2014．

【美】M·斯科特·派克．少有人走的路——心智成熟之旅．长春：吉林文史出版社，2006．

【美】Deborah L. Cabaniss，Sabrina Cherry Carolyn. Douglas，R. Schwartz．心理动力学疗法．徐玥，译．北京：中国轻工业出版社，2014．

陈琦．刘儒德．当代教育心理学．北京：北京师范大学出版社，2005．

中公教育广西壮族自治区教师招聘考试研究院．世界图书出版公司北京公司．教育心理学与德育工作基础知识，2014．

王国华，刘合群．职业教育心理学．广州：广东高等教育出版社，2004．

彭聃龄．普通心理学(修订版)．北京：北京师范大学出版社，2004．

郑雪．人格心理学．广州：广东高等教育出版社，2004．

李瑛．惯守本能的毛毛虫：奇妙的心理效应．重庆：重庆出版集团，重庆出版社，2011．

【英】理查德·怀斯曼．怪诞心理学：揭秘不可思议的日常现象．路本福，译．天津：天津教育出版社，2011．

【美】乔纳森·布朗．自我．陈浩莺，等译．北京：人民邮电出版社，2004．

张明．从心认识自己和他人——心理杂谈．北京：科学出版社，2006．

【美】马斯洛，等．人的潜能和价值．林方，译．北京：华夏出版社，1987．

夏中义．大学人文读本——人与自我．南宁：广西师范大学出版社，2002．

孙瑞雪．完整的成长——儿童生命的自我创造．北京：中国妇女出版社，2014．

李继兵，杨国新，李美清．青春如歌：大学生心理成长指南．南宁：广西师范大学出版社，2014．

过慧敏．大学生心理健康教育与实践．南宁：广西科学技术出版社，2008．

中共广西壮族自治区高等学校工作委员会，广西壮族自治区教育厅．大学生心理健康教程．南宁：广西师范大学出版社，2011．

宋凤宁．大学生心理健康教育读本．南宁：广西师范大学出版社，2007．

冉超凤，黄天贵．高职大学生心理健康与成长．2版．北京：科学出版社，2008．

黄群瑛．大学生心理素质训练．大连：大连理工大学出版社，2008．

李万县．大学生心理健康：问题与对策．北京：中国铁道出版社，2004．

焦玉梅，王健，林萌．大学生心理健康教育．北京：航空工业出版社，2009．

康巧灵.哲学和哲学家们的爱情观.企业文化(下旬刊),2011,10.
李煜,等.普通人的爱情观研究——兼开放式问题的量化尝试.社会科学,2007,7.
杨柳.真爱的9个字.文苑,2005,2.
周倩茹.心理热线电话中遇到的婚姻恋爱问题解析.中国民族民间医药,2010,18.
石玲.当代在校大学生恋爱行为的行为地理学原理研究.重庆:西南大学,2012.
曹彦.神奇的生命之旅.黑龙江科学,2012,11.
阮芳斌.性知识手册(修订本).北京:科学技术文献出版社,人民卫生出版社,1988.
苏昭仪,程利南,任方明.常用避孕节育方法指导.上海:上海医科大学出版社,2000.
彭晓辉.性科学概论.北京:科学出版社,2002.
张晓辉,等.性别认同障碍的诊断——来自DSM-4、CCMD-3、ICD-10的观点.神经疾病与精神卫生,2006,5.
刘晓明.心理健康教育.长春:吉林大学出版社,2012.
周玉敏,等.关于中职学生职业生涯设计的几点思考.辽宁教育行政学院学报,2008,4.
贾霞.用"科学发展观"的理念指导中职生的职业生涯规划.科学咨询,2012,7.
郑素君.论职业兴趣测验在大学生职业生涯规划中的应用.法制与社会,2008,8.
王华.职业生涯规划的问与答.中国大学生就业,2006,17.
郑宇钧.大学生职业生涯规划研究.上海:复旦大学,2007.
张勇.汽车制造企业员工职业发展管理研究——以江铃控股陆风总厂为例.南昌:南昌大学,2009.
林文校.NW公司基层员工职业发展方案设计.济南:山东大学,2012.
于伟.我国高校学生职业生涯设计研究.哈尔滨:哈尔滨工程大学,2006.
刘福芹.中学信息技术教师职业生涯管理研究.金华:浙江师范大学,2009.
罗利琴.正确定位科学的认识自我——浅谈高职院校毕业生的就业观.科技信息(学术版),2008,34.
叶育旺.对大学生自主创业的反思.中山大学学报论丛,2001,3.
柯四海.绘就自我职业蓝图.中国人力资源开发,2001,2.